Ehescheidungsrecht

Die Ehescheidungsgründe des Bürgerlichen Gesetzbuches durch die Rechtsprechung erläutert

Eine Sammlung grundlegender Entscheidungen des Reichsgerichts, der Oberlandesgerichte usw.

von

Dr. jur. Gustav Tunica
weil. Landgerichtsdirektor

Zweite umgearbeitete und ergänzte Auflage

von

Professor Dr. jur. et Dr. oec. publ.
Ernst Goldschmidt
Beratender Jurist in Berlin

Berlin und Leipzig 1926.
Walter de Gruyter & Co.
vormals G. J. Göschen'sche Verlagshandlung — J. Guttentag, Verlagsbuchhandlung — Georg Reimer — Karl J. Trübner — Veit & Comp.

Meiner Lebensgefährtin
in Dankbarkeit für ihre Mitarbeit
zugeeignet!

Vorwort.

Die vorliegende Sammlung enthält eine übersichtlich geordnete Zusammenstellung von Entscheidungen, welche von dem Reichsgerichte und verschiedenen Oberlandesgerichten erlassen sind. Diese Entscheidungen sind zum größten Teile Sammlungen und Zeitschriften entnommen, in denen sie teils ausführlich, teils im Auszuge, teils nur unter Beschränkung auf den für den konkreten Streitfall maßgebenden Rechtssatz zerstreut zum Abdruck gelangt, teils nur in Bezug genommen sind.

Die Mitteilung der Entscheidungen in der vorliegenden Sammlung ist zum Teil in ausführlicher Weise, zum Teil auszugsweise erfolgt, zum Teil sind nur die darin zur Anwendung gekommenen Rechtssätze angegeben.

Bei der Bearbeitung von Ehescheidungssachen hat sich vielfach in unangenehmer Weise bemerkbar gemacht, daß es für verschiedene Sammlungen von Entscheidungen an einem Repertorium, das einen größeren Zeitraum umfaßt, fehlt. Es ist deshalb oft nötig, zum Zweck eingehender Information in den in Rede stehenden Prozeßsachen verschiedene Jahrgänge von Sammlungen und Zeitschriften zur Hand zu nehmen und darin die einschlägigen Entscheidungen aufzusuchen. Diese Mühewaltung ist häufig lästig und erfordert nicht selten einen nicht unerheblichen Zeitaufwand.

Die Herausgeber der vorliegenden Sammlung von Entscheidungen hat bei ihrer Herstellung die Absicht geleitet, die praktisch sich betätigenden Juristen der Mühe zu überheben, über Ehescheidungsgründe ergangene höchstrichterliche Entscheidungen zu dem vorerwähnten Zwecke in mehreren Jahrgängen von Sammlungen und Zeitschriften aufzusuchen, beziehungsweise den Praktikern deren Aufsuchung an der Hand der mitgeteilten Zitate wesentlich zu erleichtern.

Bei den in die vorliegende Sammlung aufgenommenen Entscheidungen sind die Sammlungen und Zeitschriften, denen sie entlehnt sind, als Quellen angegeben. Ein Gleiches ist hinsichtlich derjenigen Entscheidungen geschehen, welche, ohne sie selbst mitzuteilen, lediglich in Bezug genommen sind. Auf diese Weise dürfte das vorliegende Werk rücksichtlich der höchstrichterlichen Rechtsprechung in Ehescheidungssachen vielfach die Stelle eines Repertoriums vertreten.

Die Identität der in den verschiedenen Sammlungen und Zeitschriften zum Abdruck gekommenen bzw. in Bezug genommenen gleichen Entscheidungen ist bei deren Erwähnung in der vorliegenden Sammlung durch das Zeichen * erkennbar gemacht.

In deren erster Abteilung sind die Entscheidungen enthalten, welche die allgemeinen Voraussetzungen des Scheidungsrechts gemäß dem Bürgerlichen Gesetzbuche und damit in Beziehung stehende Gesichtspunkte betreffen, die Entscheidungen in der zweiten Abteilung haben die unbedingten Scheidungsgründe aus den §§ 1565, 1566, 1567 und 1569 BGB. zum Gegenstande, und es beziehen sich die in der dritten Abteilung mitgeteilten Entscheidungen auf die unter § 1568 BGB. fallenden bedingten Scheidungsgründe.

Herrn stud. Fritz Karl Heymann sei auch an dieser Stelle für seine Hilfe bei der Herstellung des Sachregisters gedankt.

Berlin-Charlottenburg.
Hardenbergstr. 9a.

Prof. Dr. jur. **Ernst Goldschmidt.**

Verzeichnis der Abkürzungen.

BadRpr.	= Badische Rechtspraxis.
BayObLGZ.	= Sammlung von Entscheidungen des obersten Landesgerichts für Bayern in Gegenständen des Zivilrechts.
BayZ.	= Zeitschrift für Rechtspflege in Bayern.
BGB.	= Bürgerliches Gesetzbuch für das Deutsche Reich.
BrschwZfR.	= Zeitschrift für Rechtspflege im Herzogtum Braunschweig.
DJZ.	= Deutsche Juristenzeitung.
E.	= Entscheidung.
Gruch.	= Gruchot, Beiträge zur Erläuterung des deutschen Rechts.
HansGZ.	= Hanseatische Gerichtszeitung.
HessR.	= Hessische Rechtsprechung.
JW.	= Juristische Wochenschrift.
KG.	= Kammergericht.
LZ.	= Leipziger Zeitschrift.
Meckl.Z.	= Mecklenburgische Zeitschrift für Rechtspflege und Rechtswissenschaft.
Mugdan und Falkmann	= Mugdan und Falkmann, Entscheidungen der Oberlandesgerichte.
OLG.	= Oberlandesgericht.
PosM.	= Juristische Monatsschrift für Posen, West- und Ostpreußen.
PucheltsZ.	= Zeitschrift für deutsches bürgerliches Recht und französisches Zivilrecht.
Recht	= Das Recht, Rundschau für den deutschen Juristenstand.
RG.	= Reichsgericht.
RGE.	= Entscheidungen des Reichsgerichts in Zivilsachen.
RGRKom.	= Bürgerliches Gesetzbuch, erläutert von Reichsgerichtsräten. 5. Aufl. 1923.
RGSt.	= Entscheidungen des Reichsgerichts in Strafsachen.
Rpr.	= Repertorium.
SächsA.	= Sächsisches Archiv für Rechtsprechung.
Schl.HolstAnzeigen	= Schleswig-Holsteinische Anzeigen.

SeuffertArch.	= Seufferts Archiv der obersten Gerichte.
SeuffertBlätter	= J. A. Seufferts Blätter für Rechtsanwendung.
Sörgel	= Sörgel, Rechtsprechung.
Staudinger	= Staudinger, Kommentar zum Bürgerlichen Gesetzbuch 1913 mit Nachtrag 1922.
StGB.	= Strafgesetzbuch.
WarnJ.	= Warneyer, Jahrbuch der Entscheidungen des Reichsgerichts.
WarnR.	= Warneyer, Rechtsprechung des Reichsgerichts.
ZPO.	= Zivilprozeßordnung.

Soweit RGE. nur mit Aktenzeichen zitiert ist, findet sich die Entscheidung im RGRKom. aufgeführt.

Inhaltsverzeichnis.

Zweite Abteilung.

Die unbedingten Ehescheidungsgründe des BGB. §§ 1565, 1566, 1567 und 1569.

Einleitung.

Die Enscheidungsgründe der Urteile, welche die unbedingten Ehescheidungsgründe des Bürgerlichen Gesetzbuches — Ehebruch, Bigamie, widernatürliche Unzucht, § 1565 Abs. 1 (§§ 171 und 175 StGB.) Lebensnachstellung, § 1566, bösliche Verlassung, § 1567, und Geisteskrankheit, § 1569 — betreffen, gestalten sich insofern wesentlich einfacher, als die Entscheidungen in betreff der bedingten Scheidungsgründe des § 1568 BGB., da der Gesetzgeber rücksichtlich jener Scheidungsgründe ohne weiteres allgemein angenommen hat, daß bei ihrem Vorliegen die durch die Ehe begründeten Pflichten so schwer und unmittelbar verletzt seien, daß die sittliche Grundlage der Ehe zerstört sei. Bei Geltendmachung eines unbedingten Scheidungsgrundes ist daher die Begründetheit der Scheidungsklage an sich lediglich von dem Beweise dieses Scheidungsgrundes, mithin von der Feststellung eines rein tatsächlichen Sachverhaltes abhängig.

Rücksichtlich der bedingten Scheidungsgründe ist im § 1568 BGB. nur ein allgemeiner Grundsatz aufgestellt, der als Richtschnur für die Entscheidung darüber maßgebend ist, ob das Verhalten eines Ehegatten dem anderen Teile einen Scheidungsgrund gewährt oder nicht. Dieser Grundsatz ist in bestimmter klarer Weise dahin zum Ausdruck gekommen:

> „Ein Ehegatte kann auf Scheidung klagen, wenn der andere Ehegatte durch schwere Verletzung der durch die Ehe begründeten Pflichten oder durch ehrloses oder unsittliches Verhalten eine so tiefe Zerrüttung des ehelichen Verhältnisses verschuldet hat, daß dem Ehegatten die Fortsetzung der Ehe nicht zugemutet werden kann. Als schwere Verletzung der Pflichten gilt auch grobe Mißhandlung."

Nach dieser Gesetzesvorschrift ist der Tatbestand der darunterfallenden Scheidungsgründe erfüllt, wenn einem Ehegatten ein ihm zur Verschuldung anzurechnendes Verhalten zur Last fällt, welches objektiv geeignet ist, eine Zerrüttung des ehelichen Verhältnisses herbeizuführen und in einem solchen Maße auch herbeigeführt hat, daß dem anderen Ehegatten nach seinem subjektiven Empfinden die Fortsetzung der Ehe mit Rücksicht auf deren Wesen als einer auf sittlicher Grundlage beruhenden Lebensgemeinschaft eine unerträgliche Last sein würde.

Von entscheidender Bedeutung für die rechtliche Beurteilung des ehewidrigen Verhaltens eines Ehegatten, wobei dem richterlichen Ermessen ein weiter Spielraum gewährt ist, sind die Standes- und Bildungsverhältnisse, die Charaktere, die Persönlichkeit der Ehegatten, die Anschauungsweise der Gesellschaftskreise, denen dieselben angehören, und die Umstände, unter welchen die Eheverfehlungen vorgekommen sind.

Erste Abteilung.

Allgemeine Voraussetzungen des Scheidungsrechts gemäß dem Bürgerlichen Gesetzbuche und damit in Beziehung stehende Gesichtspunkte.

§ 1.

Gegenstand der Scheidungsgründe.

Nur Verfehlungen, die in die Zeit des Bestehens der Ehe fallen, also *nach* der Eheschließung und *vor* Lösung der Ehe begangen sind, kommen als Scheidungsgründe in Betracht.

1. Die Ausführung der Revision, daß nach § 1568 BGB. nicht ausgeschlossen sei, auch solche Umstände zu berücksichtigen, welche *vor* der Eheschließung sich ereignet haben, geht fehl. Der Annahme des Berufungsrichters ist beizutreten, daß die einem Ehegatten zur Last fallende schwere Verletzung der durch die Ehe begründeten Pflichten sowie das demselben zum Vorwurf gemachte ehrlose oder unsittliche Verhalten *während des Bestehens der Ehe* erfolgt sein muß, wie sich zweifellos aus dem Wortlaute des § 1568 BGB. ergibt. RGE. IV. ZS. v. 14. Juni 1900 100/00 in JW. 1900 S. 563 ff.; *DJZ. erste Spruchsammlung 1905 S. 48; *WarneyerJ. 1 S. 170 I 1d; GruchBd. 45 S. 1027; *„Recht“ 1900 S. 462 Nr. 508; *Staudinger IV. 1 S. 675 unter 6 Abs. 1; Recht 1915 Nr. 553; BayZ. 1920 S. 27.

2. Der erste Richter hat den § 1568 BGB. im vorliegenden Falle für anwendbar erachtet, obwohl diejenigen Straftaten, wegen deren der schon früher mehrfach bestrafte Beklagte durch Urteil vom 2. Januar 1900 rechtskräftig verurteilt worden ist, bereits verübt waren, bevor die Ehe der Parteien am 28. September 1899 geschlossen wurde. Dabei wird im ersten Urteile ausgeführt, daß durch „dieses“ ehrlose Verhalten des Beklagten eine so tiefe Zerrüttung des ehelichen Verhältnisses verursacht worden sei, daß der Klägerin die Fortsetzung der Ehe nicht zugemutet werden könne. Demgegenüber ist vom Berufungsrichter erwogen worden:

Nach § 1568 BGB. werde zwar ein von dem einen Ehegatten verübtes Verbrechen oder Vergehen unter Umständen als Ehescheidungsgrund in Betracht kommen können, jedoch immer nur dann, wenn die Straftat während der Ehe begangen sei. Nicht durch die unabhängig von seinem Willen eintretende Verurteilung, sondern nur durch die Begehung der strafbaren Handlung verstoße der verheiratete Täter gegen die durch die Ehe begründeten Pflichten. Liege aber die betreffende Tat vor der Eheschließung, so sei es begrifflich ausgeschlossen, daß die erst mit der später eingegangenen Ehe übernommenen Pflichten durch seine früher verübte Handlung verletzt sein könnten. Ein Ehescheidungsgrund sei daher in solchen Fällen nicht gegeben; vielmehr könne dann, unter den in den §§ 1333 und 1334 BGB. bezeichneten Voraussetzungen, nur eine Anfechtung der Ehe stattfinden.

Diesen Ausführungen muß im Endergebnisse beigetreten werden. Dabei bedarf es keiner weiteren Darlegung, daß im Sinne des § 1568 a. a. O. von einer „Verletzung der durch die Ehe begründeten Pflichten" nur dann die Rede sein kann, wenn die in Frage kommende Handlung während der Ehe begangen wurde. Aber auch die fernere Bestimmung des § 1568 a. a. O., wonach ein Scheidungsgrund ebenfalls dann gegeben sein soll, wenn die tiefe Zerrüttung des ehelichen Verhältnisses vom anderen Ehegatten „durch ehrloses oder unsittliches Verhalten" verschuldet worden ist, läßt erkennen, daß dabei ein die Zerüttung der Ehe herbeiführendes Handeln des anderen Ehegatten, mithin eine Verfehlung nach geschlossener Ehe vorausgesetzt wird.

Es erscheint die Annahme als ausgeschlossen, daß der Gesetzgeber bei der im § 1568 BGB. erwähnten zweiten Alternative (einer Zerrüttung durch ehrloses oder unsittliches Verhalten) auch den Fall mit im Auge gehabt habe, wenn infolge einer bereits vor dem Abschluß der Ehe begangenen Straftat des einen Teils der Keim einer Zerrüttung in die Ehe hineingetragen worden war. RGE. IV. ZS. vom 26. Mai 1902 $\frac{H}{2}$ in RGE. Bd. 51 S. 340 ff.; *Staudinger IV 1 S. 675 unter 6, Abs. 1 und 2; * JW. 1902 Beil. S. 242; RGRKom. III S. 269 unter 4.

3. Voreheliche sittliche Verfehlungen eines aus § 1568 klagenden Ehegatten können unter Umständen von Bedeutung sein, und zwar nicht nur für die Zumutungsfrage, sondern auch insofern, als sie die Eheverfehlungen des verklagten Ehegatten möglicherweise in milderem Lichte erscheinen lassen. Dagegen können solche Tatsachen weder zur Begründung der Mitschuldigerklärung

(§ 1574 Abs. 3) noch im Sinne des § 1573 unterstützend, sondern gegebenenfalls nur insofern herangezogen werden, als sie Beweisanzeigen für spätere Eheverfehlungen bilden sollen. RG. 10. 1. 21 im Recht 1921 Nr. 1627—1629.

4. „Ein Scheidungsgrund kann daraus nicht hergeleitet werden, daß der Ehemann die Frau bei der Eheschließung über seine wahren, auf die Erlangung einer pekuniären Versorgung gehenden Absichten getäuscht hat." RGE. IV. ZS. vom 7. Oktober 1907 64/07 im „Recht" 1907 S. 1406 Nr. 3527; *Sörgel 1907 S. 449 unter 29.

§ 2.

Ehezerrüttung.

Eine Zerrüttung des ehelichen Verhältnisses setzt Kenntnis der Eheverfehlung auf seiten des klagenden Ehegatten voraus.

„Ohne Kenntnis von dem ehewidrigen Verhalten des einen Ehegatten kann für den anderen Ehegatten der bedingte Scheidungsgrund aus § 1568 BGB. nicht erwachsen, denn bis dahin fehlt es an jedem Anhalt für eine nachteilige Beeinflussung des unschuldigen Ehegatten infolge der — ihm gänzlich unbekannten — Verfehlungen des anderen Ehegatten und an einer Zerrüttung des ehelichen Verhältnisses auf seiner Seite. Deshalb ist auch objektiv bis zur erlangten Kenntnis der bedingte Scheidungsgrund aus § 1568 BGB. nicht vorhanden, denn dessen Vorliegen ist eben dadurch bedingt, daß von dem unschuldigen Ehegatten die infolge der Verfehlungen des anderen Ehegatten eingetretene Zerrüttung des ehelichen Verhältnisses als eine so tiefe empfunden wird, daß ihm die Fortsetzung der Ehe nicht zugemutet werden kann." RGE. IV. ZS. v. 3. Dezember 1903 218/03 in JW. 1904 S. 63; *DJZ. zweite Spruchsammlung 1905 S. 32; *„Recht" 1904 S. 168 Nr. 786; *Sörgel 5 S. 264 Nr. 8.

§ 3.

Durch Erhebung einer Scheidungsklage wird eine Zerrüttung des ehelichen Verhältnisses noch nicht dargetan, wie aus der Nichterhebung auch nicht der umgekehrte Schluß gezogen werden kann.

1. „Die Schlußfolgerung, daß die Klägerin das Verhalten des Beklagten ehezerrüttend empfunden, weil sie hierauf die Ehescheidungsklage gestützt habe, ist verfehlt. Ein solches prozessuales Vorgehen zwingt keineswegs zu dem Schlusse, daß es der Empfindung entsprungen sei, die Ehe sei aus dem geltend gemachten Grunde zer-

rüttet. Erfahrungsgemäß werden häufig Tatsachen als Ehescheidungsgründe geltend gemacht, die von der Partei gar nicht als ehezerrüttend empfunden oder nachträglich verziehen worden sind.“ RGE. IV. ZS. vom 30. Oktober 1902 $\frac{189}{02}$ in JW. 1902 Beil. S. 285; *„Recht“ 1903 S. 104 Nr. 492; vgl. RGE. IV. ZS. vom 21. März 1907 $\frac{577}{06}{}_{1}$; „Recht“ 1907 S. 1070 Nr. 2568; *JW. 1907 S. 259; WarneyerJ. 1906 S. 170 unter 1; *DJZ. 12. Spruchsammlung Jahrgang 8 S. 257 Nr. 32; RGRKom. III S. 273 unter 5; vgl. ferner hier zitierte Urteile des RG. vom 21. 3. 07, IV 577/06; 19. 6. 11, IV 450/10; 19. 10. 11, IV 698/10.

2. In der *Unterlassung einer alsbaldigen Klageerhebung* kann kein unbedingter Gegenbeweis gegen eine Zerstörung der ehelichen Gesinnung des gekränkten Ehegatten gesehen werden, es kommt vielmehr immer auf die Umstände des einzelnen Falles an. Die Unterlassung der Klage kann sehr wohl ihren Grund darin haben, daß der gekränkte Ehegatte den Versuch unternehmen will, ob sich im Laufe der Zeit eine Aussöhnung erreichen läßt, ob insbesondere es ihm selbst möglich sein wird, sich über die ihm zugefügten Kränkungen hinwegzusetzen und die rechte eheliche Gesinnung gegenüber dem andern Teile wiederzugewinnen, oder daß der gekränkte Ehegatte im Hinblick auf ein tatsächliches Getrenntleben der Eheleute zurzeit kein besonderes Interesse daran hat, auch rechtlich eine Auflösung der Ehe herbeizuführen. Abgesehen von diesem Bedenken ist für die Frage nach der ehezerrüttenden Wirkung einer ehelichen Verfehlung allein der Zeitpunkt der Urteilsfällung maßgebend. Es ist aber an sich sehr wohl denkbar, daß eine Verfehlung, die zunächst nicht als schwere Kränkung empfunden wird, im Laufe der Zeit und in Verbindung mit dem späteren Verhalten des pflichtwidrig handelnden Ehegatten eine ehezerrüttende Wirkung erlangen kann. Es ist daher keineswegs ausgeschlossen, daß der Kläger ein vor der Trennung der Parteien liegendes ehewidriges Verhalten der Beklagten, das ihm zunächst die Fortsetzung der Ehe nicht als unmöglich erscheinen ließ, jetzt in Verbindung mit dem langjährigen Fernhalten so schwer empfindet, daß dadurch sein eheliches Empfinden zerstört worden ist. RG. 7. 5. 23 in Recht 1923 Nr. 1169.

§ 4.

Verneinung oder Bejahung der Zerrüttung der Ehe im Fall einer bedingungsweisen Bereitwilligkeit der Ehegatten zur Fortsetzung der Ehe, sowie *unter Umständen* im Fall der Verbindung der Scheidungsklage mit der Klage auf Herstellung der ehelichen Gemeinschaft.

1. „Die Zerrüttung der Ehe kann nicht als erfolgt angesehen werden, wenn die Ehegatten sich bedingungsweise zur Fortsetzung der Ehe bereit erklären." RGE. von 2. Juli 1906 $\frac{27}{06}$ in „Recht" 1906 S. 1081 Nr. 2509; *WarneyerJ. 5 S. 154 unter 12; vgl. Urteil des RG. vom 28. April 1910 IV. ZS. $\frac{403}{09}$; *„Recht" 1910 Nr. 2204.

2. In dem Urteile des RG. IV. ZS. vom 26. März 1903 $\frac{399}{02}$ in JW. 1903 Beil. S. 72; *„Recht" 1903 S. 402 Nr. 2169 ist übrigens ausgesprochen, „daß das Bestreben eines Ehegatten recht wohl darauf gerichtet sein könne, die Wiederherstellung des ehelichen Lebens auf neuer Grundlage anzubahnen, ohne daß dadurch die Tatsache der vordem erfolgten Zerrüttung der Ehe in Frage gestellt werde". Vgl. hierzu auch folgende Entscheidungen: RG. 16. 10. 05, IV 191/05 JW. 1905 S. 693[17]; RGRKom. III S. 272 unter 5; RG. IV, 28. 4. 10 in Recht 1910 Nr. 2204; RG. 23. 11. 05, IV 259/05 JW. 1906 S. 22; RG. IV, 7. 5. 08 in Recht 1908 S. 522 Nr. 2945; RG. 15. 4. 08, IV 420/07 in Recht 1908 Nr. 2003.

3. Nach § 615 Abs. 1 ZPO. können die Klage auf Herstellung des ehelichen Lebens, die Scheidungsklage und die Anfechtungsklage verbunden werden. Die Verbindung braucht nicht schon in erster Instanz zu geschehen. Wenn nun das BG. die Scheidungsklage einfach deshalb abweist, weil der Kläger sich in erster Instanz, obwohl ihm die Scheidungstatsachen schon damals bekannt waren, auf die Herstellungsklage beschränkt hat, also die Scheidungstatsachen nicht ehezerrüttend empfunden habe, so unterliegen diese Erwägungen rechtlichen Bedenken. Es kann nicht anerkannt werden, daß rechtsgrundsätzlich die zuvorige Erhebung der Herstellungsklage insoweit ein Hindernis für die Durchführung der Scheidungsklage aus § 1568 BGB. abgäbe, als sie von vornherein den Mangel eines Tatbestandsmerkmals offenbare und deshalb mit dem späteren Scheidungsbegehren unvereinbar sei. Der auf Herstellung klagende Ehegatte kann von der Erwägung geleitet gewesen sein, daß eine Wiedervereinigung der Parteien einer Scheidung vorzuziehen sei, daß aber, wenn die Wiedervereinigung durch die Weigerung des anderen Teils vereitelt werde, die Scheidung unvermeidlich werde. Mit dieser Erwägung verträgt sich vollkommen die Gesinnung, daß Scheidungstatsachen, die in Wirklichkeit als ehezerrüttend empfunden werden, aus anderen Gründen für den Fall und zugunsten des Zustandekommens der Wiedervereinigung — aber auch nur für diesen Fall — verwunden und nicht geltend gemacht werden sollen. Eines im Rechtsstreite

zum Ausdruck zu bringenden ausdrücklichen oder stillschweigenden Vorbehalts der künftigen Geltendmachung der Scheidungstatsachen bedarf es nicht. RG. 16. 2. 11. in JW. 1911 S. 369 Nr. 28.

§ 5.
Ursächlicher Zusammenhang zwischen Eheverfehlung und Ehezerrüttung.

Es bedarf der Feststellung des ursächlichen Zusammenhanges zwischen der bestehenden Zerrüttung des ehelichen Verhältnisses und dem dem beklagten Ehegatten zur Last gelegten ehewidrigen Verhalten zur Anwendung des § 1568 BGB.

1. „Das Berufungsgericht stellt fest, daß das Eheleben der Parteien tief zerrüttet ist, es erkennt auch an, daß die von der Beklagten gegen den Kläger erhobenen Beschuldigungen an sich betrachtet wohl geeignet wären, eine solche Zerrüttung hervorzurufen, es hält aber nach der Gestaltung des Falls nicht für erwiesen, daß das Verhalten der Beklagten die tatsächlich vorhandene Zerrüttung verursacht hat, spricht vielmehr dem Kläger das Recht ab, sich darauf berufen zu können, weil er selbst, und zwar in höherem Maße als die Beklagte, zur Zerrüttung des Ehelebens beigetragen habe. Damit verneint es, daß dem Kläger ein Ehescheidungsgrund überhaupt erwachsen sei, und zwar um deswillen, weil die Handlungsweise der Beklagten dem Kläger die Fortsetzung der Ehe keineswegs unmöglich gemacht habe.

Das Reichsgericht hat für zutreffend erklärt, daß das Berufungsgericht bei Prüfung der Frage, ob die tatsächlich vorhandene Zerrüttung des Ehelebens durch die Handlungsweise der Beklagten herbeigeführt ist, und ob die Fortsetzung der Ehe dem Kläger noch zugemutet werden kann, auch dessen Handlungsweise in Betracht gezogen und mit jener verglichen und hat hinzugefügt, wenn das Berufungsgericht hierbei mit Rücksicht auf die von ihm für erwiesen angenommenen Verfehlungen des Klägers nicht die Überzeugung gewonnen hat, daß das Verhalten der Beklagten die Zerrüttung des Ehelebens verursacht hat, so kann hierin in keiner Weise ein Rechtsirrtum gefunden werden." Urteil des RG. VI. ZS. vom 10. Mai 1900 $\frac{87}{1900}$ in JW. 1900 S. 518; *RGRKom. III S. 272 unter 5; *DJZ. 1900 Beilage zu Nr. 19 S. 421; *„Recht" 1900 S. 373 Nr. 216; Gruch. Bd. 45 S. 1028, SächsA. Bd. 10, 600; vgl. Urteil des RG. IV. ZS. vom 3. Januar 1901 Nr. $\frac{278}{1900}$ in JW. 1901 S. 74; Urteil des RG. III. ZS. vom 29. Oktober 1901 in JW.

1901 S. 832; vgl. Urteil des RG. IV. ZS. vom 11. Dezember 1905 $\frac{283}{05}$ in SeuffertA. 61 S. 280 Nr. 158; *WarneyerJ. 5 S. 153 Nr. 5; „Recht" 1900 S. 418 Nr. 382; *Sörgel 1906 S. 353 unter 5.

2. „Zur Anwendung des § 1568 BGB. ist nicht nur erforderlich, daß Handlungen eines Ehegatten vorliegen, die unter Umständen geeignet sind, die eheliche Gesinnung des andern Teils zu zerstören, und gerechtfertigterweise ihm die Fortsetzung der Ehe unerträglich zu machen, sondern es muß auch diese Wirkung in dem zur Entscheidung stehenden Falle eingetreten, die eheliche Gesinnung des anderen Teils auch zerstört sein. Ob dies geschehen, ist in jedem einzelnen Falle unter Berücksichtigung aller konkreten Umstände zu würdigen. Motive zum ersten Entwurfe eines BGB. Bd. 4 S. 574; Planck, Kommentar zum BGB. § 1568 Anm. 2. Der Vorwurf der Revision, daß dies im angefochtenen Urteile nicht geschehen sei, ist unbegründet. Das Berufungsgericht hat gerade in dieser Beziehung es an einer eingehenden Würdigung nicht fehlen lassen, und wenn es hierbei zu einer Verneinung jener Frage gelangt ist, so handelte es sich um eine tatsächliche Feststellung, die, da dabei ein Rechtsirrtum nicht unterlaufen ist, der Nachprüfung durch das Reichsgericht nicht unterliegt." Urteil des RG. VI. ZS. vom 12. Juli 1900 $\frac{163}{1900}$ in JW. 1900 S. 645; *RGRKom. III. S. 271 unter 5; *WarneyerJ. Jahrg. 1 S. 170 unter 5; *Sörgel 1. und 2. Jahrgang S. 178. Vgl. auch Urteil des RG. VI. ZS. vom 6. Dezember 1900 $\frac{284}{1900}$ in JW. 1900 S. 892; Urteil des RG. IV. ZS. vom 7. Februar 1907 $\frac{313}{1906}$ in Sörgel 1907 S. 441 unter 1; Urteil des RG. vom 11. Dezember 1905 in DJZ. 1906 S. 45; RG. in JW. 1916 S. 1192.

3. Von dem Berufungsgerichte war festgestellt, daß die beklagte Ehefrau sich grober Beleidigungen und Mißhandlungen des Klägers schuldig gemacht habe, es war jedoch nicht für erwiesen erachtet, daß hierdurch das eheliche Verhältnis zerrüttet sei und hervorgehoben, daß die Zerrüttung schon Jahre hindurch bestanden habe, ohne daß sich feststellen lasse, welcher der Gatten die Schuld trage. Die Revision des Klägers blieb ohne Erfolg. In den Urteilsgründen heißt es: „Ist eine Zerrüttung des ehelichen Verhältnisses ohne nachweisbares Verschulden eingetreten, so wird hierdurch allerdings einer Verfehlung der im § 1568 BGB. bezeichneten Art noch nicht die Eigenschaft als Scheidungsgrund entzogen. Die Ursächlichkeit der Zerrüttung ergibt sich bei solchen späteren Verfehlungen daraus, daß dem schuldigen Teile als Erfolg derselben die Zerrüttung in gleichem Maße, als ob sie

vorher noch nicht bestanden hätte, zuzurechnen ist, denn es wird durch seine Handlung die bestehende Zerrüttung nach dem gewöhnlichen Laufe der Dinge verstärkt oder doch aufrechterhalten. Hier ist jedoch vom Berufungsgericht angenommen, daß die Handlungen der Beklagten die Zerrüttung der Ehe überhaupt nicht verursacht haben, und diese tatsächliche Annahme läßt, da in der Erwägung, es habe sich nicht feststellen lassen, wodurch und von welchem Gatten die Zerrüttung der Ehe verschuldet sei, die Möglichkeit unterstellt ist, daß auch dem Kläger die Schuld zur Last fallen könne, einen Rechtsirrtum nicht erkennen. Urteil des RG. IV. ZS. vom 28. Mai 1900 $\frac{85}{00}$ in DJZ. 1900 Beilage zu Nr. 19 unter Nr. 58²; *JW. 1900 S. 549; *Staudinger IV. 1 S. 675 unter 5 Abs. 4; vgl. JW. 1914 S. 149.

4. „Die Revision rügt Verletzung des § 1568 des BGB. Das Berufungsgericht erblickt zwar in den in zweiter Instanz behaupteten Vorgängen zum Teil erhebliche Pflichtverletzungen des Ehemannes; aber es schließt die Anwendung des § 1568 des BGB. aus, weil der Klägerin selbst unter allen Umständen ein großer Teil der Schuld an dem ehelichen Zerwürfnisse beigelegt werden müsse, und deshalb jedenfalls die wesentliche Mitschuld der Klägerin an dem ehelichen Zerwürfnisse dem Recht auf Scheidung entgegenstehe. Dieser Grund beruht auf unrichtiger Auffassung des § 1568 cit. Dadurch, daß das BGB. die in verschiedenen bisherigen Rechten zugelassene Kompensation nicht aufnahm, hat es zum Ausdruck gebracht, daß ein Ehegatte von dem Antrage auf Scheidung aus irgendeinem der absoluten oder relativen Scheidungsgründe um deswillen nicht ausgeschlossen sein solle, weil er selbst sich des nämlichen Scheidungsgrundes schuldig gemacht habe. Ein gleiches oder ähnliches schuldvolles Verhalten des auf Scheidung klagenden Teils könne lediglich insofern tatsächlich in Betracht kommen, als der Richter daraus die Überzeugung gewinne, daß nach der durch dieses eigene Verschulden charakterisierten Persönlichkeit des klagenden Teils demselben das unter den Ehegatten bestehende zerrüttete eheliche Verhältnis gar nicht unerträglich sei und ihm deshalb die Fortsetzung dieses Zustandes sehr wohl zugemutet werden könne." Urteil des RG. IV. ZS. vom 24. September 1900 $\frac{151}{1900}$ in JW. 1900 S. 726; *Staudinger IV. 1 S. 676 unter 8 a; *Sörgel Jahrg. 1 und 2 S. 174 unter t; Urteil des RG. IV. ZS. vom 16. April 1903 in JW. 1903 Beilage 9 S. 82; Staudinger IV. 1 S. 676 unter 8 a Abs. 2; Urteil des RG. vom 7. April 1904 in Sörgel 1904 S. 263 unter 2; *„Recht" 1908 S. 283; Urteil des RG. IV. ZS. vom 11. Oktober 1909 $\frac{663}{08}$ in Sörgel 1910 S. 390 unter 6.

5. „Eine ursächliche Verschuldung, wodurch die tatsächlich bestehende Zerrüttung des ehelichen Verhältnisses durch den einen Ehegatten herbeigeführt ist, liegt dann nicht vor, wenn die als schwere Verletzung der durch die Ehe begründeten Pflichten sich darstellende Handlung des einen Ehegatten durch ein gleiches schuldvolles Verhalten des die Scheidung suchenden Ehegatten veranlaßt wurde. Denn dann bildet das schuldvolle Verhalten des letzteren die eigentliche, wenn auch entfernte Ursache der entstandenen Zerrüttung des ehelichen Verhältnisses, da es ohne dasselbe zu dem schuldvollen Verhalten des anderen Ehegatten und somit auch zu dieser Zerrüttung des ehelichen Verhältnisses überhaupt nicht gekommen wäre. Die durch ihn selbst verschuldete Zerrüttung darf selbstverständlich der Ehegatte als Scheidungsgrund nicht geltend machen. Nur in diesem Sinne kann übrigens von einer ‚Aufrechnung wechselseitigen Verschuldens' die Rede sein, und es ist zu verstehen, wenn der jetzt erkennende Senat in dem Urteile vom 24. September 1900 (s. das unter 4 vorstehend angezogene Urteil) angenommen hat, daß bei der Würdigung, ob das ehewidrige Verhalten des Ehegatten eine schwere Verletzung der für ihn durch die Ehe begründeten Pflichten enthalte, die Berücksichtigung des etwaigen ehewidrigen Verhaltens des die Scheidung suchenden Ehegatten, sofern durch dasselbe im einzelnen Falle die Handlungsweise des anderen Ehegatten beeinflußt und der Grad der darin liegenden Verletzung seiner ehelichen Pflichten bedingt wurde, nicht nur nicht ausgeschlossen, sondern zutreffendenfalls sogar geboten ist.

Für eine abweichende Beurteilung ist gegenüber dem den Scheidungsgründen des BGB., insbesondere dem bedingten Scheidungsgrunde aus § 1568 zugrunde liegenden Prinzipe der Verschuldung auch dann kein Raum, wenn die dem Ehegatten vorgeworfene schwere Verletzung der durch die Ehe begründeten Pflichten in grober Mißhandlung im Sinne des § 1568 cit. besteht.

Die Annahme selbst, daß das Verschulden der Parteien an den bezeichneten Vorgängen ein gleiches sei, ist *tatsächlicher Natur*, ausreichend begründet und nicht zu beanstanden. Es rechtfertigt somit der zweite Entscheidungsgrund für sich die Verwerfung des Scheidungsgrundes aus § 1568 cit." Urteil des RG. IV. ZS. vom 24. Juni 1901 in JW. 1901 S. 596; *„Recht" 1901 S. 466 Nr. 1873; *Sörgel 1903 S. 223 unter 3; vgl. Urteil des RG. VI. ZS. vom 8. Januar 1903 $\frac{417}{02}$ in JW. 1903 Beil. 4 S. 31 Nr. 62; Urteil des RG. IV. ZS. vom 7. April 1904 $\frac{8}{04}$ in „Recht" 1904 S. 283 Nr. 1286; JW. 1910 S. 334^{12}.

6. „Das Vorhandensein einer Ehezerrüttung und der ursächliche Zusammenhang mit Verfehlungen des andern Teils wird nicht dadurch ausgeschlossen, daß beides *erst im Verlaufe des Eheprozesses* hervorgetreten ist. Es wird im Gegenteil regelmäßig einer besonderen Begründung bedürfen, wenn angenommen werden soll, daß eine in der Tat vorhandene eheliche Zerrüttung *nicht* auf die geltend gemachten, an und für sich triftigen Scheidungsgründe zurückzuführen sei, daß sich vielmehr die Klagpartei in Wahrheit hiergegen gleichgültig verhalten oder sie lediglich als Vorwand zu einer aus anderen Gründen erstrebten Ehescheidung benutzen wolle." Urteil des RG. IV. ZS. vom 9. Dezember 1907 $\frac{137}{07}$ in JW. 1908 S. 42 Nr. 17; *„Recht" 1908 S. 335 Nr. 1997; *Staudinger IV. 1 S. 674 unter 5.

§ 6.

Maßstab für die Beurteilung einer Ehezerrüttung.

Über das Bestehen einer Zerrüttung des ehelichen Verhältnisses, d. h. einer gänzlichen inneren Entfremdung auf seiten des verletzten Ehegatten, ist *nicht allein nach dessen Empfinden* zu entscheiden, *sondern es ist auch nach einem der sittlichen Bedeutung der Ehe zu entnehmenden objektiven Maßstabe* zu beurteilen, ob dem anderen Ehegatten eine so schwere Verletzung der durch die Ehe begründeten Pflichten zur Last falle, daß dem klagenden Eheteile die Fortsetzung der Ehe nicht zugemutet werden könne.

1. „Es beruht auf einer Verkennung der in früheren reichsgerichtlichen Entscheidungen entwickelten Grundsätze, wenn das Berufungsgericht ohne Rücksicht darauf, ob die bereits vorhandene Zerrüttung in einem ehewidrigen Verhalten des klagenden Ehegatten ihren *ausschließlichen* Grund hat, eine bloße *Steigerung* dieser Zerrüttung durch hinzutretende Verfehlungen des bis dahin *schuldlosen* Ehegatten in einer Weise in Betracht zieht, wie wenn die gesteigerte Zerrüttung nunmehr dem bisher schuldlosen Ehegatten als in vollem Maße von ihm verschuldet zur Last gelegt werden könnte. Das Berufungsgericht hat nicht das mindeste in der Richtung festgestellt, daß die den Verfehlungen des Beklagten bereits vorausgehende Zerrüttung etwa auf einem *beiderseitigen* Erlöschen der ehelichen Gesinnung beruhte und daß die annehmbarerweise nur auf seiten der Klägerin

bestehende Entfremdung nicht etwa in der eigenen Leichtfertigkeit der Klägerin ihren Grund gehabt hätte, sondern vom Manne verschuldet oder doch mitverschuldet war. Finden in dieser Beziehung die Feststellungen des Berufungsgerichts nicht zum Nachteil der Klägerin eine Ergänzung, so würde eine dem Beklagten zur Last fallende bloße Steigerung der Ehezerrüttung den Tatbestandsanforderungen des § 1568 BGB. nur in dem Falle entsprechen, wenn sie ohne die bereits vorausgehende Störung des ehelichen Verhältnisses sich nach Art und Maß in der Weise beurteilen ließe, daß sie auch für sich allein einer gänzlichen Vernichtung der ehelichen Gesinnung auf seiten der klagenden Partei gleich käme. Dazu kommt, daß der Berufungsrichter die rechtliche Bedeutung des letzten, durch § 1568 cit. vorgeschriebenen Tatbestandserfordernisses verkannt hat, indem er zu der Frage, ob es ausgeschlossen sei, der Klägerin die Fortsetzung der Ehe zuzumuten, sich auf folgende Bemerkungen beschränkt: ‚Der Beklagte hat durch die in seinem Verhalten zu findende Verletzung der durch die Ehe begründeten Pflichten eine so tiefe Zerrüttung des ehelichen Verhältnisses verschuldet, daß der Klägerin die Fortsetzung der Ehe nicht zugemutet werden kann, da sie diese nur als eine unerträgliche Last empfinden würde.‘ Daß der gekränkte Ehegatte die Fortsetzung der Ehe als eine ihm unerträgliche Last empfindet, bildet bereits eine subjektive Tatbestandsvoraussetzung jeder Ehezerrüttung und stellt das wesentliche Begriffsmerkmal der Zerrüttung selbst dar. Knüpft das Gesetz außerdem die Scheidung an die Bedingung, daß die Zerrüttung eine besondere Beschaffenheit aufweise, nämlich vermöge ihrer Tiefe die Zumutung einer Fortsetzung der Ehe dem klagenden Ehegatten gegenüber ausschließen müsse, so wird damit dem subjektiven ein objektives Tatbestandserfordernis an die Seite gestellt. Dem Wesen der Ehe als einer auf sittlicher Grundlage beruhenden Lebensgemeinschaft und einer über dem Willen der Eheleute stehenden Ordnung soll ein Maßstab dafür entnommen werden, ob ungeachtet der grundsätzlichen Unverbrüchlichkeit des Ehegelöbnisses es dennoch in Rücksicht sowohl auf die Schwere der Verfehlung des andern Teils, als auch auf das Maß der dadurch hervorgerufenen subjektiven Entfremdung mit dem sittlichen und rechtlichen Empfinden unvereinbar sein würde, dem gekränkten Ehegatten anzusinnen, daß er unter Hinnahme der erlittenen Kränkung das eheliche Verhältnis aufrecht erhalte. Dieser Zumutung kann daher die Klägerin nicht schon um deswillen überhoben bleiben, weil mit dem Berufungsrichter angenommen werden darf, daß sie vom

Standpunkte *ihrer* Lebensanschauung aus und nach ihrem *eignen* subjektiven Empfinden die Aufrechterhaltung der Ehe nicht glaubt ertragen zu können. Entsprechend diesen Grundsätzen, die der Senat auch bereits durch Urteil v. 1. Mai 1905 IV. ZS. $\frac{588}{04}$, sowie in früheren Urteilen betont hat, wird der Berufungsrichter deshalb bei Anwendung jenes *objektiven* Maßstabes in Erwägung zu ziehen haben, ob nach Lage der Verhältnisse, bevor der Klägerin die Zumutung einer Fortsetzung der Ehe fernzuhalten sei, es ihre *sittliche* Pflicht und damit zugleich eine unter allen Umständen ihr anzusinnende *Rechtspflicht* sein würde, das von ihrer Seite dem Manne angetane Unrecht gut zu machen, seine Verfehlungen dagegen ihm nachzusehen und auf diese Weise die fehlenden Voraussetzungen für eine erträgliche Gestaltung des ehelichen Verhältnisses zunächst einmal in ihrer eigenen Person herzustellen." Urteil des RG. IV. ZS. vom 4. Mai 1905 $\frac{601}{04}$ in JW. 1905 S. 393 ff.[13]; *WarneyerJ. Bd. 4 S. 150 unter 2 b; *DJZ. 1906 S. 45; *BayZ. Bd. 1 S. 346; *RGRKom. III. S. 271 unter 5; *Staudinger IV. 1 S. 676 unter 7 Abs. 2; vgl. Urteil des RG. IV. ZS. vom 28. Januar 1904 $\frac{284}{03}$ in „Recht" 1904 S. 140 Nr. 644; Urteil des RG. IV. ZS. vom 11. Dezember 1905 $\frac{283}{05}$ in SeuffertArch. Bd. 61 Nr. 158; Urteil des RG. IV. vom 13. Januar 1910 $\frac{139}{09}$ im „Recht" 1910 Nr. 717; Sörgel 1910 S. 389 unter 1; RGWarn. 1915 Nr. 56; 1919 Nr. 177.

2. Die Klägerin verlangte Scheidung wegen Mißhandlungen durch den Beklagten, dieser verlangte, die Klägerin als mitschuldig zu erklären. Die Vorinstanzen gaben beiden Anträgen statt. Die Revision der Klägerin hatte Erfolg, und erklärte das Reichsgericht die unter Heranziehung des § 1574 Abs. 3 BGB. geschehene Anwendung des § 1568 BGB. für rechtsirrig aus folgenden Gründen:

„Unterstellt man, wie in det Vorinstanz, die Richtigkeit der Behauptungen des Beklagten ihrem ganzen Umfange nach, so ist es zwar richtig, daß die Klägerin durch die eigenmächtige Wegnahme des Geldes rechtswidrig gehandelt sowie gleichzeitig die durch die Ehe begründeten Pflichten verletzt hat. Allein ebenso unbedenklich ist die weitere Annahme des Berufungsrichters, daß die besondere Lage, in die der Beklagte sie durch sein Verschulden gebracht hatte, ihre Handlungsweise in gewissem Maße entschuldigte. Für die Frage, ob Klägerin auch ihrerseits dem Beklagten einen Scheidungsgrund gegeben hat, konnte im wesentlichen nur in Betracht kommen, daß sie in der Aneignung des Geldes über den ersten Notbedarf hinausging. Insoweit ist aber schließlich dem Beklagten nicht einmal ein Schaden entstanden, da er selbst nicht einmal in Zweifel zieht, daß die der Klägerin zukommenden Unterhaltsbeiträge den mitgenommenen Geldbetrag alsbald erreichten. Der Beklagte hat dafür, daß er durch den Geldverlust ernstlich in Not geraten sei, nichts vorgebracht.

Das Berufungsgericht hält dafür, daß nach dem subjektiven Empfinden des Beklagten die Mitnahme der Gelder und der sich daran anschließende weitere Geldverlust dem Beklagten die Ehe unerträglich gemacht hätten. Die als einziges der Tatbestandserfordernisse des § 1568 BGB. damit festgestellte Ehezerrüttung hat überdies auch nicht vom objektiven Standpunkte aus eine Würdigung nach der Richtung erfahren, ob sie so beschaffen war, daß dem Beklagten für seinen Teil die Fortsetzung der Ehe nicht mehr hätte zugemutet werden können. Den Maßstab hierfür bildet, wie der Senat wiederholt ausgesprochen hat, nicht die individuelle Lebensanschauung und das eigene Empfinden des durch die Verfehlung des anderen Teils gekränkten Ehegatten und darum auch im gegebenen Falle nicht das nach den eigenen Feststellungen des Berufungsrichters keineswegs einwandfreie und von einer wahren ehelichen Gesinnung ausgehende Pflichtbewußtsein des Beklagten. Vielmehr ist die Entscheidung darüber, ob es dem Wesen der Ehe als einer auf sittlicher Grundlage beruhenden Lebensgemeinschaft und einer über dem Willen der Ehegatten stehenden Ordnung entspricht, daß der gekränkte Ehegatte die Verfehlung hinzunehmen und ihrer ungeachtet die Ehe fortzusetzen hat, oder dieser Zumutung für überhoben gelten darf, in abstrakter Abwägung vom Standpunkte des sittlichen Empfindens eines Ehegatten aus zu treffen, der sich seiner durch die Ehe begründeten Pflichten in vollem Maße bewußt ist. Legt man diesen Maßstab an, so kann schon jetzt, ohne daß es eines weiteren Eingehens auf die Tatfrage und einer Ergänzung der Verhandlung bedarf, auf Grund der eigenen Sachdarstellung des Beklagten als schlechthin ausgeschlossen gelten, daß, wenn Klägerin in einem vereinzelten Falle, und noch dazu in einer von dem Beklagten selbst verschuldeten Notlage, den Beklagten um einen Geldbetrag gebracht hat, der das ihr Zukommende überschritt, diese Verfehlung, mochte auch die Aneignung in ihrer Art rechtswidrig sein, dem Beklagten einen Anlaß geben durfte, sich auf die Dauer von der Klägerin abzuwenden und ihr seine eheliche Gesinnung gänzlich zu entziehen." Urteil des RG. IV. ZS. vom 22. Juni 1905 $\frac{I}{1}$ in JW. 1905 S. 496[24]; *„Recht" 1905 S. 501 Nr. 1952; *RGR-Kom. III. S. 274 unter 7; *Staudinger IV. 1 S. 676 unter 7 Abs. 2;

*DJZ. 1906 S. 46 unter 22. Vgl. Urteil des RG. IV. ZS. vom 5. Oktober 1905 $^{1}_{0}{}^{6}_{5}{}^{9}$ in JW. 1905 S. 693; *SeuffertArch. Bd. 61 Nr. 86; *Warneyer Bd. 4 S. 149 unter 2[1]; * Bd. 5 S. 153 unter 4; *„Recht" 1906 S. 304 Nr. 724. RG. IV. ZS. vom 2. Januar 1908 $^{2}_{0}{}^{3}_{7}{}^{3}$ in „Recht" 1908 S. 94 Nr. 542; *Sörgel 1908 S. 380 unter 1[a]. Vgl. Urteil des RG. IV. ZS. vom 15. April 1907 $^{4}_{0}{}^{4}_{6}{}^{6}$ in Sörgel 1907 S. 456 unter 64 und Urteil des RG. IV. ZS. vom 13. Januar 1910 $^{1}_{0}{}^{3}_{9}{}^{9}$ in „Recht" 1910 Nr. 717.

§ 7.

Verzeihbarkeit der Eheverfehlungen.

Die Verzeihbarkeit der Eheverfehlungen gibt keinen Maßstab für ihre Schwere ab, auch verlieren sie ihren Charakter als Scheidungsgründe nicht vor erfolgter Verzeihung.

„Das Berufungsgericht kennzeichnet die Handlungsweise des Klägers als in hohem Grade ungehörig, die um so mehr eine Verletzung seiner ehelichen Pflichten enthalte, als er seine Frau vor ihren eigenen Dienstboten herabgewürdigt habe. Es erblickt jedoch darin keinen Ehescheidungsgrund im Sinne des § 1568 BGB., indem es weiter ausführt: ‚So schwer erscheint aber die Pflichtverletzung nicht, daß eine Verzeihung als völlig ausgeschlossen gelten müsse, auch berechtigt die einzelne Verfehlung nicht, dem Kläger den Vorwurf eines ehrlosen oder unsittlichen Verhaltens zu machen; keinenfalls aber beruht die Zerrüttung des ehelichen Verhältnisses auf diesem Vorfall, denn die Beklagte hat schon, ehe ihr derselbe bekannt geworden war, Ende September 1900 einen Rechtsanwalt mit Erhebung der Scheidungsklage beauftragt.' Mit Recht wurde von der Revision gerügt, daß diese Begründung eine Verletzung der Normen des § 1568 BGB. erkennen lasse.

Es ist richtig, daß der Tatbestand des Gesetzes eine schwere Verletzung der durch die Ehe begründeten Pflichten voraussetzt, und daß die Beurteilung des Grades der Pflichtverletzung wesentlich dem Tatrichter zusteht. Wenn dieser aber an das ehewidrige Verhalten hierbei den Maßstab der Verzeihbarkeit anlegt und danach die Schwere des Vergehens abmißt, so trägt er in das Gesetz einen fremden und abwegigen Gesichtspunkt hinein. Es genügt hervorzuheben, daß das Gesetz sogar die Verzeihung des Ehebruchs als möglich vorsieht und ihn dennoch als absoluten Scheidungsgrund behandelt.

BGB. §§ 1565 und 1570. Und ebenso kann auch das Ehevergehen des § 1568 BGB. die Verzeihung des anderen Teils finden, ohne doch, solange dies nicht geschehen ist, den Charakter eines relativen Scheidungsgrundes zu verlieren." Urteil des RG. IV. ZS. vom 30. März 1903 $\frac{407}{02}$ in JW. 1903 Beil. 28 S. 72 Nr. 165; *DJZ. 1905 S. 32; *„Recht" 1903 S. 264 Nr. 1424; *Sörgel 1903 S. 224 unter 11; *WarneyerJ. Bd. 4 S. 149 1 a.

§ 8.

Wechselseitige Verfehlungen der Ehegatten.

Ist durch Verschulden des einen Ehegatten das eheliche Verhältnis bereits zerrüttet, und läßt sich der andere Ehegatte hinterher Verfehlungen zuschulden kommen, durch welche die Zerrüttung der Ehe dergestalt vertieft wird, daß jenem die Fortsetzung der Ehe nicht zugemutet werden kann, so steht ihm ein Scheidungsanspruch zu. Erfüllen die wechselseitigen Verfehlungen beider Ehegatten den gesetzlichen Tatbestand eines Scheidungsgrundes, so können beide Ehegatten Scheidung der Ehe verlangen.

1. Zunächst wird dadurch, daß eine Ehe bereits zerrüttet ist, nicht ausgeschlossen, daß die Zerrüttung durch weitere Handlungen eines Ehegatten nicht noch vertieft werden kann. Aber selbst, wenn man im konkreten Falle einmal annehmen will, daß die Zerrüttung der Ehe bereits eine so tiefe ist, daß dieselbe einer Steigerung nicht mehr fähig ist, so wird damit die Möglichkeit einer Ehescheidung auf Grund späterer Handlungen des einen Ehegatten dann nicht ausgeschlossen, wenn diese Handlungen die Ehe, falls dieselbe nicht bereits zerrüttet wäre, für sich derartig zerrütten müßten, daß dem anderen Teile die Fortsetzung nicht zugemutet werden kann. Wollte man das nicht annehmen, so würde man zu dem Ergebnis gelangen, daß, wenn die Ehe bereits durch Verhältnisse zerrüttet ist, ohne daß die Voraussetzungen des § 1568 BGB. vorliegen, nie mehr ein Ehegatte die Möglichkeit zu einem Verhalten hätte, welches, auch wenn es noch so sehr dem Wesen der Ehe widerspricht und dem anderen Teile die Fortsetzung der Ehe zur unerträglichen Last macht, den letzteren zur Scheidungsklage berechtigen würde. Damit wäre — abgesehen von einer strafrechtlichen Verfolgung — ein Freibrief zu Beleidigungen, Mißhandlungen des anderen Teils, zur dauernden Versagung der ehelichen Pflicht und jedem anderen ehrlosen und unsittlichen Verhalten gegeben." Urteil

des KG. XII. ZS. vom 5. Mai 1900 in Mugdan und Falkmann Bd. 1 S. 88 f. unter 44; *Staudinger IV. 1 S. 675 unter 5 Abs. 4; *„Recht" 1900 S. 373 Nr. 215²; vgl. JW. 1900 S. 550; RGRKom. III. 272 unter 5; Warn. 1913 Nr. 295; 1915 Nr. 88, 1917 Nr. 20. Vgl. auch RG. 14. 1. 15 V $\frac{458}{14}$ in LZ. 1915 S. 907 Nr. 10.

2. „Der Berufungsrichter fordert zur Anwendung des § 1568 BGB. nicht bloß, daß die Beklagte durch schuldhaftes Verhalten die Zerrüttung der Ehe verursacht habe, sondern auch, daß sie demgemäß für den schuldigen Teil erklärt werden müsse. Er behandelt also *die Schuldigerklärung als Voraussetzung der Ehescheidung*, während sie gemäß § 1574 Abs. 1 BGB. nur *als Folge der Scheidung* zu erkennen ist. Von diesem Rechtsirrtume sind augenscheinlich seine übrigen Ausführungen beeinflußt. Denn obwohl er schwere Verletzungen der durch die Ehe begründeten Pflichten gegen die Beklagte annimmt, glaubt er dennoch den ursächlichen Zusammenhang zwischen ihrem Verhalten und der eingetretenen ehelichen Zerrüttung verneinen zu müssen, weil auch dem Kläger ein fortgesetztes schuldhaftes Benehmen gegen seine Familie zur Last falle. Soll hiermit ausgesprochen sein, die Beklagte, deren eheliche Gesinnung als ‚vernichtet' bezeichnet wird, habe durch ihr Verhalten eine Zerrüttung der ohnedies schon zerrütteten Ehe nicht mehr herbeiführen können, so ist verkannt, daß auch in solchen Fällen eine *Vertiefung* der Zerrüttung angenommen werden kann, die ausreicht, den Tatbestand des § 1568 BGB. zu erfüllen. Dies ist bereits in zahlreichen Entscheidungen ausgeführt worden." Urteil des RG. IV ZS. vom 23. Oktober 1905 $\frac{226}{05}$ in JW. 1905 S. 723 unter 15; *DJZ. 1907 S. 106 Nr. 22; *„Recht" Jahrgang 1906 S. 54 Nr. 48; Urteil des RG. VI. ZS. vom 5. Mai 1902 $\frac{52}{02}$ in JW. 1902 Beilage 8 S. 243 unter 132; * Scherer Bd. 3 S. 363 unter c; *Staudinger Bd. IV Teil 1 S. 675 unter 5 Abs. 4; Urteil des RG. IV. ZS. vom 6. Dezember 1906 in WarneyerJ. 1906 S. 170 unter 2.

3. Der Beklagte stützte die Widerklage auf zwei ihm von der Klägerin nach der letzten mündlichen Verhandlung erster Instanz geschriebene Briefe, in denen er auf das schwerste beleidigt und beschimpft wurde. Das OLG. Kiel schied unter Abänderung der Vorentscheidung die Ehe auf Klage und Widerklage und legte beiden Teilen die Schuld an der Scheidung auf. Die Revision der Klägerin war erfolglos.

Bei der rechtlichen Abwägung der beiderseitigen Verfehlungen nach der objektiven und subjektiven Seite fällt zuungunsten der Klägerin schwer und entscheidend die Gehässigkeit ihrer Gesinnung ins Gewicht, die sich in ihrer Freude über die Verurteilung des Beklagten zu einer Gefängnisstrafe ausspricht. Dem OLG. ist deshalb nicht entgegenzutreten, wenn es dem Beklagten bei dieser ihm gezeigten Gesinnung seiner Ehefrau trotz seiner eigenen schweren Eheverfehlungen die Fortsetzung der Ehe mit einer ihn so hassenden Frau nicht zumutet. Auch wenn der Beklagte es an der Unterhaltspflicht hat fehlen lassen, und die Klägerin durch ihre Briefe ihn an die Erfüllung dieser Pflicht hat mahnen wollen, nimmt das den Briefen nicht den erörterten gehässigen Inhalt. Auch dann noch stellt die Gehässigkeit und Lieblosigkeit, die sich in der Freude über die Bestrafung des Beklagten ausspricht, eine schwere Eheverfehlung dar, die den Beklagten der Zumutung zur Fortsetzung der Ehe enthebt. Schimpfworte des Beklagten, auch die Bezeichnnug „Hure" könnten nur die in den Briefen gebrauchten Schimpfworte, wie „Lump" usw. entschuldigen, nicht aber die der Klägerin zur Last fallende G e h ä s s i g k e i t i h r e r G e s i n n u n g gegen den Beklagten so entkräften, daß zu einem andern Ergebnisse zu gelangen ist. LZ. 1920 S. 236 RGE. 24. 6. 19, VII 115/19.

4. Der Vorderrichter befindet sich bei seiner Auffassung im Widerspruch mit dem Standpunkte, den der Gesetzgeber nach dem Wortlaute des Gesetzes und nach den Motiven zu § 1568 BGB. in dieser Beziehung einnimmt. Nach der Fassung des § 1568 wird das Recht des klagenden Ehegatten nicht davon abhängig gemacht, daß ihm selber dem verklagten Teile gegenüber nicht eine ebenso schwere und für die Zerrüttung der Ehe in gleicher Weise kausal gewordene Verschuldung zur Last falle. Eine Bedingung und Beschränkung dieser Art würde die Einführung des Kompensationsprinzipes für die Ehescheidung bedeuten, welchem das Bürgerliche Gesetzbuch, wie auch aus seinen Materialien ersichtlich ist, die Anerkennung versagt hat. Jedoch kann der Umstand, daß auch der Kläger seinerseits sich einer unter § 1568 cit. fallenden Handlung schuldig gemacht hat, i n s o f e r n von Einfluß sein, als das eigene schuldvolle Verhalten des Klägers unter Umständen den Schluß rechtfertigen wird, daß die der Klage zugrunde liegenden Tatsachen, vom Standpunkte des Klägers aus betrachtet, nicht geeignet seien, seine eheliche Gesinnung zu zerstören und ihm die Fortsetzung der Ehe unerträglich zu machen.

Wie es scheint, wird von der Vorinstanz normwidrig vorausgesetzt, es sei überhaupt rechtlich unmöglich, daß beide Ehegatten zugleich sich Pflichtwidrigkeiten zuschulden kommen ließen, welche auf jeder Seite selbständig den Tatbestand des § 1568 cit. erfüllten, und es könne daher auch niemals der Fall eintreten, daß jeder von ihnen, der eine im Wege der Klage, der andere im Wege der Widerklage, bei wechselseitigen Verschuldungen dieser Art darauf einen Scheidungsanspruch gründe. Eine solche Annahme würde jedoch, da eine Kompensation nicht stattfindet, auf einer unrichtigen Auslegung des Gesetzes beruhen. Warum an sich nicht jeder Ehegatte durch ehewidriges Verhalten die Ehe zerrütten und ihre Fortsetzung dem andern moralisch zur Unmöglichkeit machen könne, ist rechtlich nicht abzusehen, und wechselseitige Verfehlungen solcher Art rechtfertigen auch keineswegs immer und unter allen Umständen den Schluß, daß nunmehr keiner der Ehegatten, weil er auch selbst schuldig sei, an der Verschuldung des anderen einen so schweren Anstoß nehmen könne, daß ihm die fernere Aufrechterhaltung der Ehegemeinschaft nicht anzusinnen sei.

RGE. Bd. 46 S. 159 ff.; *SeuffertArch. Bd. 57 Nr. 13; *Warneyer 1900 S. 170 unter 1 c; *JW. 1900 S. 644; *„Recht" 1900 S. 418 Nr. 383; *Staudinger IV 1 S. 676 unter 8 a; RGRKom. III S. 274, unter 6; *vgl. Urteil des RG. II. ZS. vom 2. Juli 1901 $\frac{166}{1901}$ in JW. 1901 S. 595; *BadRpr. 1901, 342; *Sörgel 1902 S. 179 unter 2; *Urteil des RG. IV. ZS. vom 12. Mai 1902 $\frac{53}{1902}$ in JW. 1902 Beil. 8 S. 242 Nr. 130; *„Recht" 1904 Nr. 2616[1]; *Sörgel 1907 S. 445 unter 2; Urteil des RG. IV. ZS. vom 4. Februar 1909 $\frac{240}{08}$ in JW. 1909 S. 166; *DJZ. 1910 Spruchsammlung 20 S. 252; Urteil des RG. vom 21. September 1905 IV. ZS. $\frac{139}{05}$ in RGRKom. III S. 272 unter 5; vgl. Urteil des RG. IV. ZS. vom 4. November 1909 $\frac{674}{09}$ in „Recht" 1910 Nr. 3788; *JW. 1910 S. 21[32]; *Sörgel 1910 S. 390 unter 10.

5. Die Ehefrau klagte auf Scheidung der Ehe wegen Ehebruchs des Ehemannes, dieser erhob Widerklage wegen Ehebruchs bzw. ehewidrigen Verhaltens seiner Ehefrau. Das Oberlandesgericht Braunschweig sprach die Scheidung der Ehe sowohl auf die Klage als auch auf die Widerklage aus. Es erachtete hinsichtlich der Widerklage zwar den behaupteten Ehebruch der Klägerin mit U. nicht für festgestellt, nahm jedoch an, daß der Tatbestand des § 1568 BGB. vorliege. Die Revision der Klägerin wurde zurückgewiesen. In den Entscheidungsgründen des reichsgerichtlichen Urteils heißt es:

„Die Mehrzahl der Vorkommnisse, welche ein Liebesverhältnis der Klägerin mit U. dartun, fällt allerdings in die Zeit nach der Trennung der Eheleute, allein daraus folgt nicht ihre Unerheblichkeit. Solange das Band der Ehe noch nicht gelöst ist, *bestehen die durch die Ehe begründeten Pflichten eines jeden Teils fort.* Von diesen Pflichten wurde die Ehefrau auch dadurch *nicht* befreit, daß sich der Ehemann des Ehebruchs schuldig gemacht hatte, der Ehefrau ein Scheidungsgrund erwachsen und die Scheidungsklage von ihr bereits erhoben war. Urteil des RG. vom 14. April 1904 in JW. 1904 S. 295 unter 19; RGRKom. III S. 265 unter 2; *Staudinger IV 1 S. 675 unter 5 Abs. 4. Die Feststellung kann nicht beanstandet werden, daß das der Klägerin zum Vorwurf gemachte Verhältnis zu U. die eheliche Gesinnung des Beklagten aufs tiefste berührte. Möge das eheliche Verhältnis auch schon vorher durch Verschulden des Beklagten zerrüttet sein, immerhin schloß dies nicht aus, daß die bereits vorhandene Zerrüttung durch das Verhalten *der Klägerin* noch *verschärft*, *vertieft* und *befestigt* wurde. Endlich muß es auch als ein Rechtsirrtum bezeichnet werden, wenn die Revision meint, die Klägerin habe, nachdem ihr Mann die Ehe gebrochen habe, keine besondere Rücksicht mehr auf sein Empfinden als Gatte zu nehmen brauchen, ihr Verhalten sei vielmehr entschuldbar. Die hierauf gerichteten Ausführungen der Revision stehen in Widerspruch mit dem erwähnten Grundsatze, daß die beiderseitigen Pflichten der Ehegatten bis zur Lösung des Bandes fortbestehen und die Verfehlungen des einen Teils für den anderen Teil keine Befreiung jener Pflichten mit sich bringen." Urteil des RG. IV. ZS. vom 23. September 1907 $\frac{45}{07}$ in JW. 1907 S. 674 unter 10; *Staudinger a. a. O.; *WarnJ. 1907 S. 238 unter 3; vgl. Urteil des RG. IV. ZS. vom 21. März 1910 $\frac{297}{1909}$ im § 13 unter 4; Urteil des RG. II. ZS. vom 2. Juli 1901 in Scherer 1904 S. 423 unter 1331; Urteil des OLG. Hamburg vom 27. September 1904 in HansGZ. 1904 Beibl. S. 276; *Recht 1905 S. 108 Nr. 441; *Staudinger IV 1 S. 675 unter 5 Abs. 4; Urteil des RG. vom 26. September 1910 $\frac{556}{09}$ IV. ZS. in „Recht" 1911 Nr. 91.

6. „Was das Verschuldungsmoment aus § 1568 BGB. betrifft, so wird nicht gefordert, daß der Klägerin und Widerbeklagten ein die Ehe zerrüttendes Handeln *allein* zur Last fällt. Das Gesetz verlangt nur, daß das *alleinige* Verschulden des beklagten Ehegatten *unabhängig* von einem *Mitverschulden* des anderen Teils *ausreicht*, um die unheilbare Zerrüttung im Sinne des § 1568 cit. hervorzurufen. Es bleibt daher möglich, daß auch der klagende Ehegatte sich seinerseits in der gleichen Richtung ebenso schuldig gemacht hat, und der Erfolg ist in diesem Falle nur, daß auch die *beklagte*

Ehepartei berechtigt ist, auf Scheidung gegen den klagenden Teil anzutragen, RGE. Bd. 46 S. 159, und daß dann *beide* gemäß § 1574 Abs. 2 BGB., wenn Widerklage erhoben ist, von Amts wegen, und wenn keine Widerklage erhoben ist, auf Antrag des Gegners für schuldig erklärt werden. Auf der subjektiven Seite bedarf es jedoch für die Anwendung des § 1568 cit. der Feststellung, daß das gerügte Verhalten des schuldigen Ehegatten dazu führt, die eheliche Gesinnung des klagenden (oder widerklagenden) Teils zu zerstören und ihm die Fortsetzung der Ehe moralisch unmöglich zu machen. In dieser Beziehung erscheint es zum Zweck einer vollständigen Prüfung geboten, das gegenseitige Verhalten und mithin insbesondere auch die etwa vorhandenen eigenen Verfehlungen der klagenden (oder widerklagenden) Partei in Betracht zu ziehen. Erwächst hierbei der Schluß, daß sie an dem ehewidrigen Handeln des anderen Ehegatten ihrerseits keinen besonderen Anstoß genommen, es nicht als ehewidrig empfunden und ungeachtet desselben in der bisherigen Weise das Zusammenleben fortgesetzt hat, so wird auch der Regel nach *nicht feststellbar* sein, daß eine weitere Fortsetzung ihr nicht zuzumuten ist.“ RGE. IV. ZS. vom 10. Dezember 1903 $\frac{244}{03}$ in JW. 1904 S. 63 Nr. 25; *DJZ. 1909 Nr. 19 zu § 1568 BGB.; vgl. Urteil des RG. IV. ZS. vom 11. Oktober 1909 $\frac{663}{08}$ in Sörgel 1910 S. 390 unter 6; Urteil des RG. IV ZS. vom 28. Februar 1910 $\frac{220}{09}$ in Sörgel 1910 S. 390 unter 7.

7. Die Parteien sind seit dem 28. August 1900 in kinderloser Ehe miteinander verheiratet. Am 4. Mai 1906 hat die beklagte Ehefrau den Mann verlassen und lebt seitdem von ihm getrennt. Dieser hat mit dem Antrage, sie zur Herstellung der häuslichen Gemeinschaft zu verurteilen, Klage erhoben. Die Beklagte beantragte, die Klage abzuweisen und erhob Widerklage auf Ehescheidung. Der Widerklage gegenüber beantragte der Kläger nicht nur die Abweisung, sondern er verlangte eventuell auch, daß die Ehe aus Verschulden der Beklagten geschieden, und daß jedenfalls die Beklagte für mitschuldig an der Scheidung erklärt werde.

Das Landgericht hat die Klage des Mannes abgewiesen und die Ehe der Parteien auf die Widerklage aus alleinigem Verschulden des Klägers geschieden. Das Oberlandesgericht hat dem Antrage des Klägers, die Ehe aus Verschulden beider Ehegatten zu scheiden, stattgegeben. Das Reichsgericht hob auf Revision der Beklagten das oberlandesgerichtliche Urteil auf und wies die klägerische Berufung zurück aus folgenden Gründen:

Der Berufungsrichter hat sich jeder Erörterung der Frage enthalten, ob die Voraussetzung eines auf § 1568 BGB. gestützten Scheidungsantrags zutreffen würde, ob nämlich, sofern die Ehe nicht wegen der Verfehlungen des Klägers geschieden werden müßte, mit Rücksicht auf die auch in der Person des Klägers durch die Verfehlungen der Beklagten verschuldete Tiefe der Ehezerrüttung dem Kläger gleichfalls die Fortsetzung der Ehe nicht mehr zugemutet werden könnte. Die Beantwortung dieser Frage enthält keine tatsächliche Feststellung, sondern sie besteht in einer auf Grund der feststehenden Tatsachen unter ethischem Gesichtspunkte anzustellenden Erwägung, was unter den gegebenen Verhältnissen dem in seinen ehelichen Empfinden verletzten Ehegatten zuzumuten sei: ob es dem Wesen der Ehe als einer über dem Willen der Parteien stehenden höheren sittlichen Ordnung entspreche, daß er das ihm widerfahrene Unrecht verwinde und die Ehe fortsetze, oder ob in Rücksicht auf die Schwere der Verfehlungen des anderen Teils und die dadurch verschuldete Tiefe der Ehezerrüttung ein derartiges Ansinnen ihm gegenüber ausgeschlossen sei. RGE. IV ZS. vom 4. Mai 1905 in JW. 1905 S. 393 unter 13; vom 22. Juni 1905 in JW. 1905 S. 496; vom 5. Oktober 1905 in JW. 1905 S. 693 unter 18.

Im gegebenen Falle führt der Berufungsrichter das Verhalten der Beklagten auf die Ehewidrigkeit ihrer Gesinnung, diese Gesinnung aber auf das Verhalten des Klägers zurück; der Kläger habe durch seine Ausschreitungen die ehewidrige Gesinnung der Beklagten „geweckt und genährt". Damit ist auf die schweren Verfehlungen hingewiesen, deren sich der Kläger fortgesetzt gegen die Beklagte schuldig gemacht hat. Ein Mann, der sich dazu hinreißen läßt, seine ihm ihrer Herkunft und Bildung nach durchaus ebenbürtige Gattin nicht nur körperlich in grober Weise zu mißhandeln, sondern sie auch beständig durch grobe Beschimpfungen und durch die ihr im Hauswesen angewiesene Stellung zu demütigen, ist, wenn sie in der durch sein Verhalten hervorgerufenen Entfremdung sich auch ihrerseits in verletzenden Äußerungen ergeht, der Zumutung noch nicht überhoben, daß er die Ehe mit ihr fortsetze. Auch der Umstand, daß sie in dem Falle von Pfingsten 1905 unter einem Widerstreit ihr obliegender Pflichten die übernommenen Privatstunden gab, anstatt bei dem damaligen Krankheitsanfalle der höher stehenden Pflicht zu genügen und zur Krankenpflege bei dem Kläger zu verbleiben, rechtfertigt eine derartige Annahme nicht, zumal da nicht feststeht, daß infolge dieser Pflichtversäumung das Leiden des Klägers sich verschlimmert hat. Fühlte sich der Kläger durch die Verfehlungen der Beklagten in seinem ehelichen Empfinden aufs ärgste getroffen, so geziemte es an erster Stelle ihm selbst, daß er sein Verhalten der Beklagten gegenüber von Grund aus änderte, ihre durch ihn verscherzte eheliche Gesinnung zurückzugewinnen suchte und auf diese Weise die Ursache wegräumte, aus der sich die festgestellten Verfehlungen der Beklagten ergaben. Keineswegs darf ihm zugestanden werden, daß das sittliche Gebot der Unverbrüchlichkeit des Ehegelübdes bei objektiver Abwägung durch das Verhalten der Beklagten in dem Maße mißachtet, und er selbst in seinem ehelichen Empfinden so schwer dadurch getroffen worden sei, daß sein Verlangen, von der Beklagten geschieden zu werden, darin eine sittliche Rechtfertigung fände." RGE. IV. ZS. vom 4. November 1909 $\frac{674}{08}$ in JW. 1910 S. 21 unter 32; RGRKom. III S. 275 unter 7.

8. „Andererseits wird gegen die Klägerin festgestellt, daß sie zu derselben Zeit, in der sie vom Beklagten beschimpft und mißhandelt wurde, den Beklagten wiederholt durch die Worte Strolch, Lause-junge, dummer Affe, Verrückter, beleidigt hat. Der Berufungsrichter hält den Tatbestand des § 1568 BGB. dadurch nicht erfüllt. Er sieht zwar für erwiesen an, daß der Beklagte diese Verfehlungen der Klägerin verziehen habe und hat deshalb die Abweisung der Widerklage aufrecht erhalten. Dagegen erblickt er in diesen Verfehlungen einen ausreichenden Anlaß, auf Grund des § 1574 Abs. 3 BGB. die Mitschuld auszusprechen. Mit Recht rügt die Revision, daß ungeachtet der darauf gestützten Verteidigung der Klägerin der Berufungsrichter unterlassen habe, zu prüfen, ob die außerordentlich schweren Verfehlungen des Beklagten in einem ursächlichen Zusammenhange gestanden haben mit den sehr viel leichteren Verfehlungen der Klägerin. Waren jene durch die groben Ausschreitungen des Beklagten hervorgerufen, so konnte dies dahin führen, das Verhalten der Klägerin zwar als eine Verletzung der durch die Ehe begründeten Pflichten, immerhin aber nicht als eine schwere Verletzung dieser Pflichten anzusehen.

Es ist weiter richtig, daß bei der Entscheidung darüber, ob das Betragen der Klägerin in der Person des Beklagten eine völlige eheliche Entfremdung und damit eine Ehezerrüttung auch in dieser Gestalt hervorgerufen habe, die besonderen Umstände des Falles in Betracht gezogen werden mußten, daß dagegen mit der bloßen Erwägung, Beklagter habe nach seinem Stande und Bildungsgrade die Worte der Klägerin als ehezerrüttend empfunden, und es sei aus seinen Briefen nichts Gegenteiliges zu entnehmen, eine derartige Annahme sich noch nicht rechtfertigen ließ. Indessen würde in den angegebenen Beziehungen die mit Recht gerügte Verletzung des § 1568 BGB. zwar zur Aufhebung des Berufungsurteils, dabei jedoch nur zur Zurückweisung der Sache in die Berufungsinstanz führen. Der Berufungsrichter hat jedoch diese Gesetzesvorschrift auch weiter darin verletzt, daß — unter der Voraussetzung der Richtigkeit aller seiner übrigen Erwägungen — sein Urteil zugleich auf der Annahme beruht, die von der Klägerin verschuldete Ehezerrüttung wiege so schwer, daß — wenn die Ehe nicht auf *ihre* Klage geschieden werden müßte — *dem Beklagten* die Fortsetzung der Ehe nicht würde zugemutet werden können. In dieser Beziehung handelt es sich nicht *um eine Tatfrage*, sondern um eine auf Grund der getroffenen — hier wenigstens zu unterstellenden — tatsächlichen Feststellungen unter objektiven Gesichtspunkten vorzunehmende *rechtliche Abwägung* (vgl. RGE. IV. ZS. vom 4. November 1909 $\frac{674}{08}$ in JW. 1910 S. 21 unter 32). Eine Nachprüfung in diesem Punkte, bei dem die ungemein rohen, der Klägerin widerfahrenen Mißhandlungen deshalb um so schwerer ins Gewicht fallen, weil nach Annahme des Berufungsrichters die Parteien den gebildeten Ständen angehören, führt zu dem Ergebnis, daß, solange der Beklagte sein eigenes Verhalten der Klägerin gegenüber nicht von Grund aus änderte, er der Zumutung, die Ehe mit ihr fortzusetzen, *nicht* überhoben gewesen wäre, auch wenn er sich in seinem ehelichen Empfinden durch die von der Klägerin gebrauchten Schimpfworte aufs tiefste verletzt gefühlt haben sollte. In Ermangelung dessen beruht das angefochtene Urteil, selbst wenn die Feststellung einer durch schwere Eheverfehlungen von der Klägerin verschuldeten Ehezerrüttung bestehen bliebe, auf einer rechtlich fehlsamen Anwendung des § 1568 BGB. Die Sache ist in dieser Beziehung für eine Zurückweisung des Antrags, die Klägerin für mitschuldig an der Scheidung zu erklären, spruchreif." Urteil des RG. IV. ZS. vom 28. Februar 1910 $\frac{220}{09}$ in JW. 1910 S. 334 unter 12; RGRKom. III S. 275 unter 7; *Sörgel 1910 S. 389 unter 2a; vgl. RGE. IV. ZS. vom 13. Oktober 1910 $\frac{591}{09}$ in „Recht" 1910 Nr. 4098.

§ 9.

Aufrechterhaltung einer bestehenden Ehezerrüttung.

„Besteht bereits eine Zerrüttung des ehelichen Verhältnisses, so genügt schon zur Begründung der Scheidungsklage aus § 1568 BGB. die dem beklagten Ehegatten zur Last fallende *bloße Aufrechterhaltung des bestehenden Zustandes der Zer-*

rüttung." Urteil des RG. IV. ZS. vom 23. Dezember 1907 $\frac{230}{07}$ in „Recht" 1908 S. 94 Nr. 541; *Warn. 1908 Ergänzbd. Nr. 165; *BadRpr. 1908, 126; *DJZ. 1909 Spruchsammlung zu § 1568 BGB. unter 2; *Sörgel 1908 S. 380 unter 3c.

§ 10.

Zusammentreffen von mehreren nicht schweren Eheverfehlungen.

Hat sich ein Ehegatte einer Mehrzahl von Verletzungen der durch die Ehe begründeten Pflichten schuldig gemacht, von denen keine einzelne an sich zur Herbeiführung einer Zerrüttung des ehelichen Verhältnisses für ausreichend zu erachten ist, so ist zu prüfen, ob sie in ihrer Verbindung diese Wirkung zur Folge gehabt haben können und anzunehmen ist, daß sie in der Tat zur Zerstörung der ehelichen Gesinnung des anderen Ehegatten geführt haben.

1. Das Gericht durfte sich nicht auf die Prüfung beschränken, ob die einzelne, dem Beklagten zur Last gelegte Verfehlung geeignet gewesen sei, die Zerrüttung der Ehe herbeizuführen und herbeigeführt habe. Die einzelnen Vorgänge kommen hier nicht als selbständige Tatsachen, sondern als einzelne Momente des Gesamtverhaltens des Beklagten in Betracht. Mehrere Verfehlungen, von denen keine eine schwere, keine an sich geeignet gewesen ist, die eheliche Gesinnung zu zerstören, können in ihrer Verbindung jene Wirkung herbeiführen. Die Vorinstanzen hätten daher das gesamte Verhalten des Beklagten in dieser Beziehung ins Auge fassen sollen.

2. Bilden die schweren Verfehlungen eines Ehegatten erst in ihrer Gesamtheit einen Scheidungsgrund, so ist ein vollendeter Scheidungsgrund erst mit dem Eintritt der letzten Verfehlung entstanden, was für die Fragen der Verjährung und des Zeitablaufs sowie des Rechtes auf Mitschuldigerklärung im Falle des § 1574 Abs. 3 von Wichtigkeit ist. (RG. Warn. 1915 Nr. 145 zu 3; RG. 30. 5. 18, IV 122/18.)

Urteil des RG. VI. ZS. vom 2. Oktober 1902 $\frac{167}{02}$ in JW. 1902 Beilage 12 S. 267 Nr. 200; RGRKom. III S. 265 unter 2; *Sörgel 1903 S. 223 unter 1; *„Recht" 1903 S. 18 unter 42; *WarnJ. 1 S. 170 unter 1e.

3. „Das Berufungsgericht hat die einzelnen Vorgänge, die von der Berufungsklägerin zur Verteidigung gegen die Vorklage und zur Begründung der Widerklage behauptet und unter Beweis gestellt

worden waren, auseinander gehalten, jeden Vorgang für sich allein beurteilt, aber nicht geprüft, ob den Verfehlungen der Berufungsbeklagten nicht in ihrer Gesamtheit die ihnen von der Berufungsklägerin beigemessene Bedeutung zukomme. Das Oberlandesgericht hat nur erwogen, daß bei Eheleuten in den Lebensverhältnissen der Parteien Mißhandlungen durch Faustschläge keine Seltenheit sind, regelmäßig milde beurteilt werden, daß Beleidigungen durch Worte keine Zerrüttung des ehelichen Verhältnisses herbeizuführen pflegen, wenn nicht erschwerende Umstände vorliegen, daß endlich die von der Berufungsklägerin behaupteten lieblosen Bemerkungen die Scheidung oder die Verweigerung der Herstellung des ehelichen Lebens nicht rechtfertigen. Aber darüber hat sich das Berufungsgericht nicht schlüssig gemacht, ob, wenn Mißhandlungen, Beschimpfungen, lieblose Bemerkungen jeder Art zusammentreffen, wie die Berufungsklägerin sie aufgestellt hat, trotzdem die Voraussetzungen des § 1568 oder des § 1353 Abs. 2 BGB. nicht als gegeben zu erachten sind. Die Nichtanwendung dieser Gesetzesbestimmung ist hiernach durch die in dem angefochtenen Urteile angegebenen Gründe nicht gerechtfertigt." Urteil des RG. IV. ZS. vom 12. Januar 1903 $^{359}_{02}$ in JW. 1903 Beilage 4 S. 36 Nr. 75; *Sörgel 1903 S. 223 unter 2; *„Recht" 1903 S. 181 unter 967; *BrschwZfR. Jahrg. 50 S. 191; vgl. Urteil des RG. IV. ZS. vom 27. Juni 1904 in JW. 1904 S. 473 unter 13; *DJZ. 1904 Spruchsammlung 3 S. 37; JW. 1902 Beilage 12 S. 267 unter 200; RGE. IV. ZS. vom 17. Dezember 1906 $^{257}_{06}$ in JW. 1907 S. 107 unter 9; RGRKom. III S. 265 unter 2; RGE. IV. ZS. vom 11. Febr. 1907 $^{321}_{06}$ in Sörgel 1907 S. 447 unter 14; RGE. IV. ZS. vom 9. Juni 1910 $^{709}_{09}$ in JW. 1910 S. 756 unter 19; RG. JW. 1920 S. 437 Nr. 9 *a*, auch Seufferts Arch. 77 Nr. 4 n; RG. Recht 1913 Nr. 1608.

4. „Ist die Verfehlung des einen Ehegatten an sich geeignet, eine Zerrüttung des ehelichen Verhältnisses herbeizuführen, so verliert sich diese Eigenschaft nicht dadurch, daß der andere Ehegatte wegen eines früheren Anlasses schon die häusliche Gemeinschaft aufgegeben und die Scheidungsklage angestrengt hat. Nur für die bereits eingetretene Zerrüttung kommt selbstverständlich die spätere Verfehlung nicht als ursächlich in Betracht, dagegen kann sie ursächlich wirksam werden für die Fortdauer und Verschärfung der vorhandenen Zerrüttung, und zwar so lange, als die Ehe überhaupt rechtlich besteht. Dies tritt klar hervor, wenn die Verfehlungen des schuldigen Ehegatten bis zur Erhebung der Scheidungsklage zur Erfüllung des

Tatbestandes des bedingten Scheidungsgrundes aus § 1568 BGB. nicht ausreichen, wohl aber in Verbindung mit weiteren, im Laufe des Rechtsstreits begangenen Verfehlungen, deren Geltendmachung die prozessuale Lage noch gestattet. Das Berufungsgericht verkennt daher den Begriff der Zerrüttung des ehelichen Verhältnisses im Sinne des § 1568 BGB., wenn es die aus der Veräußerung des ehelichen Hausstandes hergeleitete Verfehlung der Beklagten lediglich deshalb für die Zerrüttung des ehelichen Verhältnisses der Parteien als nicht ursächlich erachtet, weil die Veräußerung erst geschehen ist, nachdem der Kläger die Beklagte bereits verlassen und die Scheidungsklage erhoben hatte." RGE. IV. ZS. vom 14. April 1904 in JW. 1904 S. 295 unter 19; *WarnJ. 3 S. 135 unter d; vgl. RGE. IV. ZS. vom 13. Januar 1908 $\frac{237}{07}$; *Sörgel 1908 S. 381 unter 10; *„Recht" 1908 Nr. 770; Urteil des RG. IV. ZS. vom 10. Mai 1909 $\frac{452}{08}$ in „Recht" 1909 Beil. Nr. 2965; RGE. IV. ZS. vom 26. September 1910 $\frac{556}{09}$ in „Recht" 1911 Nr. 91; RG. Warn. 1910 Nr. 124.

5. Der Kläger klagte wiederholt auf Ehescheidung und verwertete in der neuen Klage zur Begründung der Scheidung aus § 1568 BGB. Tatsachen, die in dem früheren Prozesse geltend gemacht waren oder geltend gemacht werden konnten, um in Verbindung mit neuen Tatsachen seine jetzige Klage zu begründen. Das Berufungsgericht hat dies trotz der Vorschrift des § 1573 BGB. gestützt auf § 616 ZPO. für unzulässig erklärt. Das angefochtene Urteil ist vom Reichsgericht aufgehoben, „denn § 616 ZPO. habe nur den Sinn, daß die dort erwähnten Tatsachen als selbständiger Klaggrund nicht mehr verwertet werden dürften. RGE. IV. ZS. vom 29. Januar 1903 $\frac{317}{02}$ in in DJZ. 1903 Beil. zu Nr. 9 S. 223 unter 42.

§ 11.

Besonders schwere Eheverfehlungen.

Der Einwand der Revision, der Berufungsrichter habe die individuellen Verhältnisse und Beziehungen der streitenden Ehegatten zueinander nicht geprüft und behandele tatsächlich das Verhalten der Klägerin als absoluten Ehescheidungsgrund, trifft nicht zu. Allerdings hat die Tatsache, daß die Klägerin durch schwere Verletzungen der ehelichen Pflichten bzw. durch ehrloses oder unsittliches Verhalten eine so tiefe Zerrüttung des ehelichen Verhältnisses verschuldet hat, daß dem

Beklagten die Fortsetzung der Ehe nicht zugemutet werden kann (§ 1568 BGB.), vor allem zur Voraussetzung, daß die Verfehlung vom subjektiven Standpunkte des Beklagten aus angesehen, überhaupt geeignet ist, jene Wirkung auf seine eheliche Gesinnung herbeizuführen. Auch hat der Berufungsrichter der individuellen Verhältnisse der Parteien bei seiner Feststellung nicht besonders Erwähnung getan. Allein daraus folgt nicht, daß diese Feststellung durch Rechtsirrtum beeinflußt ist. Der Berufungsrichter nimmt als erwiesen an, daß Klägerin bei Zubereitung einer für den Beklagten und dessen Eltern bestimmten Speise eine große Anzahl Phosphorstreichhölzer verwandt hat, um diesen Personen Gift beizubringen, und daß ihre Absicht dabei, wenn auch nicht auf Tötung der genannten Personen, so doch jedenfalls auf Schädigung ihrer Gesundheit und Bereitung von Schmerz und Pein gerichtet gewesen ist. Hiermit ist ein Verhalten festgestellt, welches die ehelichen Pflichten in dem Maße verletzt, den Mangel an Ehrgefühl und Sittlichkeit in dem Grade offenbart, daß es zur völligen Zerstörung der ehelichen Gesinnung des verletzten Ehegatten geeignet erscheint, ohne daß seine Lebensstellung, Bildung und Charakter dabei weiter von Einfluß ist. Der geistige und körperliche Zustand der Klägerin, der ihre Zurechnungsfähigkeit nicht in Frage gestellt hat, ändert die Beurteilung des Verhaltens nicht. Ist die Verfehlung aber solcher Art, so erübrigt sich auch das weitere Eingehen auf die individuellen Verhältnisse; eine Handlung, die im allgemeinen geeignet ist, solche Wirkung hervorzurufen, ist es auch im konkreten Falle, es sei denn, daß besondere Umstände, die eine Ausnahme begründen könnten, vorliegen sollten. RGE. III. ZS. vom 22. Juni 1900 $\frac{116}{1900}$ in RGE. Bd. 46 S. 154; *„Recht" 1901 S. 386 Nr. 1495; *Scherer Bd. 2 S. 228 II[2]; Görgel 1901 S. 174 r; *Warneyer Bd. 1 S. 172 unter 12; RGRKom. III S. 275 unter 7; *Staudinger IV 1 S. 676 unter 7 Abs. 5.

§ 12.

Subjektives Verschulden eines Ehegatten.

Der § 1568 BGB. setzt subjektives Verschulden eines Ehegatten rücksichtlich der schweren Verletzung der durch die Ehe begründeten Pflichten, durch welche eine Zerrüttung des ehelichen Verhältnisses eingetreten ist, voraus. Es genügt sein Bewußtsein, daß sein ehewidriges Verhalten die Ehezerrüttung möglicherweise zur Folge haben kann, und ist eine subjektive Verschuldung auch dann anzunehmen, wenn der Ehegatte bei seiner ehewidrigen Handlungsweise sich aus Fahrlässigkeit der schweren Pflichtverletzung nicht bewußt gewesen ist oder jenen Erfolg aus Fahrlässigkeit nicht bedacht hat.

Das Verschulden im Sinne des § 1568 muß im Willen und im Bewußtsein des Handelnden gesucht werden, nicht in der ungewollten Wirkung. (RG. JW. 1911, 48[37]).

1. „Die Revision bemängelt als rechtsirrtümlich die Annahme, daß in der nicht erweislich wahren Behauptung der Klägerin eine Verfehlung im Sinne des § 1568 BGB. insoweit nicht zu finden sei, als sie dieselbe nur bei der Rechtsverfolgung im gegenwärtigen Prozesse aufgestellt habe. Verfehlungen, die an sich unter den § 1568 BGB. fielen, könnten dadurch nicht unerheblich werden, daß sie im Prozesse aufgestellt würden.

Die Auffassung der Revision trifft nur zu beim Vorbringen böslicher, wissentlich unwahrer Vorwürfe, weil dieselben, wenn auch zur eigenen Verteidigung, so doch zugleich mit dem Bewußtsein der widerrechtlichen Verunglimpfung des anderen Ehegatten aufgestellt werden. Anders dagegen liegt die Sache, wenn es sich um Vorwürfe handelt, die in gutem Glauben an ihre Richtigkeit zur Verteidigung geltend gemacht werden. In solchen Fällen ist nach der konkreten Sachlage zu beurteilen, ob in dem erhobenen Vorwurfe eine schwere Verletzung der durch die Ehe begründeten Pflichten enthalten ist, und ist daher bei der wesentlich tatsächlichen Natur dieser Würdigung nicht zu beanstanden, wenn das Berufungsgericht diese Frage im vorliegenden Falle verneint." RGE. IV. ZS. vom 24. Juni 1901 $\frac{129}{01}$ in JW. 1901 S. 596; *Sörgel 1903 S. 223 unter 3; *„Recht" 1901 S. 466 Nr. 1874 und 1903 S. 528 Nr. 2665; vgl. Urteil des BayObLG. vom 26. September 1903 N. Folge Bd. 4 S. 658 ff.; *Staudinger IV 1 S. 674 unter 4c; Urteil des OLG. Hamburg vom 6. November 1907 in „Recht" 1907 S. 1468 Nr. 3667.

2. Bei objektiv vorliegendem ursächlichen Zusammenhange zwischen der Eheverfehlung und der eingetretenen Ehezerrüttung bedarf es nach der subjektiven Seite nicht der Feststellung, daß der Wille des Ehegatten bei seiner Handlungsweise unmittelbar auf die Zerrüttung des ehelichen Verhältnisses gerichtet gewesen ist, oder daß derselbe deren Eintritt vorausgesehen hat. Urteil des RG. IV. ZS. vom 25. Februar 1909 $\frac{292}{08}$ in „Recht" 1909 Nr. 1145; RGRKom. III S. 273 unter 6; *Staudinger IV 1 S. 674 unter 4c, wo das vorstehend näher bezeichnete Urteil des BayObLG. in Bezug genommen ist.

3. Die Ehe der Parteien ist auf Klage des Ehemanns wegen Trunksucht der Ehefrau geschieden. Die von der Beklagten gegen das Urteil des Kammergerichts verfolgte Revision ist zurückgewiesen. In den Entscheidungsgründen des reichsgerichtlichen Urteils ist gesagt:

„Das Berufungsgericht hat die Frage bejaht, ob die Trunksucht, — wegen welcher die Beklagte durch Gerichtsbeschluß vom 11. Januar 1904 entmündigt und auf Anordnung ihres Vormundes am 17. April 1904 in einer Trinkerheilanstalt untergebracht ist, in welcher sie sich noch während der Dauer des Rechtsstreits befunden hat, — als eine ihr anzurechnende Verfehlung mindestens noch zur Zeit der Klagestellung, am 26. Juni 1904, bestanden habe. Das Berufungsgericht führt aus, die *Verschuldung* reiche auch in die Zeit *nach* dem 26. Juni 1904 hinein. Ohne Rechtsirrtum gehe das Berufungsgericht davon aus, daß auch ein wegen Geistesschwäche beschränkt geschäftsfähiger Ehegatte für schwere Eheverfehlungen gemäß § 1568 BGB. verantwortlich sei. Es folgert dann aus dem Briefe, den die Beklagte an ihren Vormund am 15. Mai 1905 geschrieben hat, *daß sie sich ihres Fehltritts vollständig bewußt gewesen ist* und gelangt zu dem Ergebnisse, daß sich die Beklagte, mögen auch ihre geistigen Fähigkeiten infolge des Trunkes geschwächt worden sein, bis in die entscheidende Zeit hinein in einer ihr *als Schuld anzurechnenden Weise* dem übermäßigen Genusse geistiger Getränke hingegeben habe. Die von dem Berufungsgerichte aus dem Inhalte jenes Briefes gezogenen Schlußfolgerungen lassen sich rechtlich nicht beanstanden." RGE. IV. ZS. vom 15. Januar 1906 $\frac{337}{05}$ in JW. 1906 S. 140 unter 13; *Sörgel 1906 S. 354 unter 14.

4. Nach dem Urteile des OLG. in Frankfurt a. M. vom 10. Juni 1907 in „Recht" 1908 S. 166 Nr. 985 und *Sörgel 1908 S. 382 unter 13 ist ein subjektives Verschulden eines Ehegatten als vorliegend angesehen, wenn ein Ehegatte aus *grober Fahrlässigkeit* der schweren Pflichtwidrigkeit seiner Handlungsweise sich nicht bewußt gewesen ist.

5. Daß schwere Pflichtverletzungen eines Ehegatten unter Umständen auch in bloß *fahrlässiger Außerachtlassung* der durch das eheliche Verhältnis gebotenen Rücksicht gefunden werden können, ist in dem Urteil des RG. IV ZS. vom 8. Mai 1905 $\frac{603}{04}$ in Sörgel 1905 S. 277 unter a; *WarnJ. 4 S. 149 unter b; *Staudinger IV 1 S. 674 unter 4 b; „Recht" 1905 S. 343 Nr. 1572 ausgesprochen. Vgl. RGE. IV ZS. vom 4. Mai 1905 $\frac{627}{04}$ in JW. 1905 S. 395, JW. 1913 S. 95.

6. „Verschulden im Sinne des § 1568 setzt voraus, daß der Ehegatte die Ehewidrigkeit seines Verhaltens kennt oder kennen muß. Ein vorsätzliches oder fahrlässiges Handeln in diesem Sinne kann auch vorliegen, wenn der Gatte sich in einem Gewissenskonflikt befindet, der ihn vor die Wahl stellt, die ihm bekannten bürgerlichrechtlichen oder die ihm entgegenstehenden kirchlichen Gebote zu verletzen. Der vorhandene Gewissenszwang und die unter dessen Einfluß zugunsten der kirchlichen Verpflichtungen getroffene Wahl vermögen vor der Rechtsordnung sein Verschulden noch nicht zu beseitigen. Es genügt insbesondere nicht, daß er des irrigen Glaubens war, die Erfüllung religiöser Gebote verdiene den Vorrang vor der Leistung bürgerlich-rechtlicher Ehepflichten, sondern es muß hinzukommen, daß dieser Irrtum entschuldbar, also nicht durch Fahrlässigkeit verursacht war. Eine weitere Frage ist, ob nicht auch bei dem Vorliegen eines solchen Verschuldens nach den Umständen des Falles das Vorhandensein gerade einer schweren Eheverfehlung zu verneinen ist." (RG. 11. Dez. 22. 4 ZS., JW. 24, 45; Vgl. auch RG. 12. 10. 22 IV 25/22 RGRKom. III Anm. 6 zu § 1568.)

§ 13.

Krankhafter Geisteszustand eines Ehegatten.

Wenn das ehewidrige Verhalten eines Ehegatten, durch welches eine Zerrüttung des ehelichen Verhältnisses herbeigeführt worden, durch krankhafte Geisteszustände — krankhafte Wahnvorstellungen, unverschuldete Geistesschwäche, Hysterie, Nervosität, krankhafte Erregungszustände, Morphiumsucht — veranlaßt worden ist, kann die Frage:

> ob der Ehegatte für sein ehewidriges Verhalten verantwortlich, und die Ehezerrüttung ihm zur Schuld anzurechnen ist, oder ob die Eheverfehlung, wegen welcher der Ehegatte zwar verantwortlich, jedoch eine mildere Beurteilung gerechtfertigt erscheint, als schwere Verletzung der durch die Ehe begründeten Pflichten im Sinne des BGB. anzusehen ist,

verneint werden. Ein Ehegatte, der im Zustand der Bewußtlosigkeit oder in einem die freie Willensbestimmung ausschließenden Zustande krankhafter Störung der Geistestätigkeit (§ 104 Nr. 2, § 827 BGB. § 51 StGB.) handelt, ist für sein Verhalten nicht verantwortlich. (RG. JW. 04, 470[9]; RG. Warn. 1914 Nr. 336.) Dagegen ist bei der Beurteilung der Schuldfrage nicht zu berücksichtigen, ob ein Ehegatte seiner Charakteranlage nach wegen Leidenschaftlichkeit, Heftigkeit und leichter Erregbarkeit zu einem ehewidrigen Verhalten neigt, oder ob einem Ehegatten, welchem besonders schwere Verfehlungen zur Last fallen, von dem andern Ehegatten gerechter Anlaß zur Erbitterung gegeben ist.

A. 1. „Die Parteien haben Scheidung der Ehe beantragt, der klagende Ehemann wegen Ehebruchs, dessen sich die Beklagte mit S. schuldig gemacht haben sollte, die Beklagte, welche den Ehebruch bestritt, widerklagend Scheidung auf Grund des § 1568 BGB., indem sie dem Kläger vorwarf, sie fortgesetzt ohne jeden Anlaß des Ehebruchs mit verschiedenen Personen auch Dritten gegenüber beschuldigt zu haben. Das Oberlandesgericht wies Klage und Widerklage ab. Die Revision der Beklagten und Widerklägerin wurde zurückgewiesen aus folgenden Gründen:

Das Berufungsgericht nimmt nach der Erklärung, daß es dem Sachverständigen folge und unter näherer überall bedenkenfreier Begründung ausdrücklich an, daß die Verdächtigungen durch krankhafte Wahnvorstellungen beim Kläger veranlaßt sind und ihm, weil sie außerhalb seiner freien Willensbestimmung liegen, nicht als schwere Verletzung der durch die Ehe begründeten Pflichten angesehen werden können. Damit ist erkennbar zum Ausdruck gebracht und festgestellt, daß der Kläger bei den in Rede stehenden Verdächtigungen seiner Frau in einem die freie Willensbestimmung ausschließenden Zustande krankhafter Störung der Geistestätigkeit im Sinne des § 827 BGB. gehandelt hat. Dieser Feststellung gegenüber wird die an sich zutreffende Ausführung der Revision gegenstandslos, daß in Ermangelung einer solchen Feststellung auch von dem Kläger verlangt werden dürfe, daß er seine krankhaften Wahnvorstellungen jedenfalls nicht zur Grundlage fortgesetzter Verleumdungen und Verdächtigungen seiner Frau mache. Denn es ist allerdings richtig, daß das Recht an jeden, dessen freie Willensbestimmung nicht durch eine krankhafte Störung seiner Geistestätigkeit ausgeschlossen ist, die Anforderung stellen muß, daß er krankhafter Wahnvorstellungen Herr wird. Diese Anforderung findet aber selbstverständlich ihre Grenzen in der Möglichkeit des Herrwerdens, die im vorliegenden Falle ausgeschlossen war, da nach der Feststellung des Berufungsgerichts die durch krankhafte Wahnvorstellungen beim Kläger veranlaßten Verdächtigungen außerhalb seiner freien Willensbestimmung lagen. Abgesehen hiervon kommt entscheidend in Betracht, daß der bedingte Scheidungsgrund des § 1568 BGB., welcher alle ehelichen Verfehlungen mit Ausnahme der absoluten Ehevergehen aus den §§ 1565 bis 1567 BGB. umfaßt, seine Ausgestaltung und seinen Inhalt gefunden hat entsprechend dem durch die Eigenartigkeit, insbesondere das vorwiegend sittliche Wesen der Ehe zwischen den Ehegatten begründeten, sie zur ehelichen Gemeinschaft verpflichtenden Rechtsverhältnisse. Es ist daher insbesondere auch die hier eingreifende Frage, ob die eheliche Verfehlung eines Ehegatten eine schwere Verletzung der durch die Ehe begründeten Pflichten im Sinne des § 1568 BGB. darstellt, aus dem Wesen der Ehe und nach den Umständen des einzelnen Falls zu entscheiden, ohne daß es dabei auf die Handlungs- und Zurechnungsfähigkeit des Ehegatten im allgemeinen ausschlaggebend ankommen kann. Daß nun die Veranlassung zu einer ehelichen Verfehlung durch ‚krankhafte Wahnvorstellungen' bei dem handelnden Ehegatten an sich geeignet ist, die Verfehlung des sonst ihr innewohnenden Charakters einer schweren Verletzung der durch die Ehe begründeten Pflichten zu entkleiden, kann nicht zweifelhaft sein. Ob die einzelne Verfehlung eine solche schwere Verletzung darstellt, ist wesentlich tatsächlicher Natur, und es würde daher im vorliegenden Falle die Annahme des Berufungsgerichts, daß dem Kläger die Verdächtigungen seiner Frau, weil sie außerhalb seiner freien Willensbestimmung liegen, bei ihrer gehörigen und schlüssigen, von Rechtsirrtum erkennbar nicht beeinflußten Begründung als schwere Eheverfehlung nicht anzurechnen seien, selbst dann nicht zu beanstanden sein, wenn die betreffende Feststellung nicht getroffen wäre. Schon damit entfällt eine wesentliche Voraussetzung der Anwendbarkeit des § 1568 BGB., da nicht jede, sondern nur eine s c h w e r e Verletzung der durch die Ehe begründeten Pflichten den Tatbestand des bedingten Scheidungsgrundes des § 1568 cit. erfüllt. Im übrigen durfte das Berufungsgericht auch nach der Feststellung, daß dem Kläger die mehrgedachten Verdächtigungen als schwere Verletzung nicht anzurechnen seien, weil sie außerhalb seiner freien Willensbestimmung liegen, fernerhin annehmen, es könne nicht festgestellt werden, daß der Kläger die Zerrüttung der Ehe v e r s c h u l d e t habe. Danach bleibt dann der Tatbestand des bedingten Scheidungsgrundes aus § 1568 cit. noch in Ansehung eines weiteren wesentlichen Bestandteils unerfüllt." RGE. IV. ZS. vom 30. Juni 1904 $\frac{31}{4}$ in JW. 1904 S. 470 unter 9; *„Recht" 1904 S. 529 Nr. 2238; *Sörgel 1904 S. 263 unter 4; *DJZ. 1904 dritte Spruchsammlung S. 37; *WarnJ. 3 S. 135 unter b; RGRKom. III S. 273 unter 6; *Staudinger Bd. 4

Teil 1 S. 651 unter 4a; LZ. 1916 S. 937; Warn. 1914 Nr. 336; Recht 1915 Nr. 2520 u. 2521; Recht 1916 Nr. 1923 mit 1925.

2. „Es könnte den Anschein gewinnen, daß der Berufungsrichter habe sagen wollen:

> Selbst dann, wenn der eine Ehegatte durch ein ihm subjektiv zuzurechnendes Verhalten sich gegen die durch die Ehe begründeten Pflichten schwer vergangen und infolgedessen eine tiefe Zerrüttung des ehelichen Verhältnisses herbeigeführt habe, sei doch die Bestimmung des § 1568 BGB. unanwendbar, wenn nicht der sich so vergehende Ehegatte die Herbeiführung der Zerrüttung der Ehe als den von ihm in bewußter Weise angestrebten Erfolg beabsichtigt habe.

Eine derartige Auslegung des § 1568 cit. würde als irrtümlich bezeichnet werden müssen. Es wäre daher die Aufhebung des Berufungsurteils geboten, wenn sich der Berufungsrichter wirklich auf solchen Standpunkt hätte stellen wollen und wenn angenommen werden könnte, daß ein derartiger unrichtiger Gesichtspunkt für die getroffene Entscheidung mitbestimmend gewesen sei. Die weiteren Ausführungen des Berufungsrichters lassen jedoch erkennen, daß er zur Abweisung der Klage nur deshalb gelangt ist, weil er für festgestellt ansieht, daß die Zurechnungsfähigkeit der Beklagten bei einzelnen der ihr zur Last gelegten Vorgänge ausgeschlossen gewesen sei, und daß auch in den übrigen Fällen das Verhalten der Beklagten von ihrem krankhaften Zustande derartig beeinflußt worden sei, daß auch hier eine Verfehlung im Sinne des § 1568 cit. nicht angenommen werden könne.

In dieser Beziehung hat sich zunächst der Berufungsrichter im wesentlichen dem Gutachten des in erster Instanz vernommenen Sachverständigen Dr. L. angeschlossen, welcher zu dem Ergebnisse gelangt war, daß die eine (von ihm näher bezeichnete) Gruppe der in Frage kommenden Verfehlungen von der an einer Allgemeinerkrankung des Nervensystems leidenden Beklagten — wie mit einer gewissen Wahrscheinlichkeit angenommen werden könne — in einem die Verantwortlichkeit ausschließenden Zustande begangen sei, wogegen bezüglich der übrigen Verfehlungen — zu welchen der Sachverständige mit Bestimmtheit namentlich die von den Zeuginnen bekundeten ehrverletzenden Äußerungen rechnet — kein genügender Grund vorliege, die Verantwortung der Beklagten als ausgeschlossen anzusehen. Während aber dieser Sachverständige davon ausging, daß die Verfehlungen der letzten Kategorie — bei welcher er übrigens einen Zusammenhang mit der Nervenkrankheit der Beklagten voraussetzte — ihre Erklärung in einem starken Hasse fänden, welchen die Beklagte gegen ihren Ehemann hege, hat abweichend der Berufungsrichter angenommen, daß die Beklagte von einem solchen tief eingewurzelten Hasse nicht beherrscht werde, sondern daß ihre leidenschaftliche Erregung vielmehr durch eine — wenn auch vielleicht unbegründete — Eifersucht hervorgerufen sei. Auch nimmt der Berufungsrichter als erwiesen an, daß der Kläger, welcher allerdings durch die Beklagte auf das höchste gereizt worden, das in derselben vorhandene Gefühl, in ihren Rechten als Gattin gekränkt und beeinträchtigt zu werden, durch sein — näher erörtertes — Verhalten genährt und verstärkt habe, und daß dadurch eine Verschlimmerung des Leidens der Beklagten herbeigeführt worden sei.

Die Ausführungen des Berufungsrichters schließen sodann mit den Worten:

Das Berufungsgericht ist nach alledem zu der Feststellung gelangt, daß die Beklagte keine der ihr zur Last gelegten und erwiesenen Verfehlungen aus böser Absicht begangen, sondern daß sie dabei lediglich unter dem Einflusse ihrer krankhaften, gereizten Gemütsverfassung gehandelt, daß sie also die Zerrüttung der Ehe nicht verschuldet habe.

Hieraus ergibt sich, daß der Berufungsrichter die Frage, ob eine Verschuldung der Beklagten im Sinne des § 1568 BGB. anzunehmen sei, in Wahrheit nur aus dem Grunde verneint hat, weil das Verhalten der Beklagten — obwohl es den objektiven Tatbestand schwerer Pflichtverletzung dargestellt haben würde — doch der Beklagten in subjektiver Beziehung mit Rücksicht auf ihren krankhaft erregten Zustand nicht in voller Schwere angerechnet werden könne. Mit dieser Auffassung steht der von dem Berufungsrichter an einer früheren Stelle der Entscheidungsgründe getane Ausspruch keineswegs in einem unauflösbaren Widerspruche. Aus allen diesen Erwägungen des Berufungsrichters geht hervor, daß derselbe eine milde Beurteilung für geboten hält, welche ihn schließlich zu dem Ergebnisse führte, daß die Anwendbarkeit des § 1568 BGB. im vorliegenden Falle mit Rücksicht auf den krankhaften Zustand, unter dessen Einwirkung die Beklagte gehandelt habe, für ausgeschlossen zu erachten sei."

Hierin ist eine Rechtsverletzung nicht zu erblicken.

RGE. IV. ZS. vom 18. Dezember 1902 $\frac{271}{02}$ in JW. 1903 Beil. S. 27 Nr. 56; *Sörgel 1903 S. 223 unter 4; *Warn. 2 S. 119 unter 1 a; RGRKom. III. S. 273 unter 6; *„Recht" 1903 S. 181 unter 11; *DJZ. 1902 zweite Spruchsammlung S. 32; vgl. auch Urteil des Reichsgerichts IV. ZS. vom 5. Juli 1909 $\frac{573}{08}$ im „Recht" 1909 Nr. 2429.

3. „Der Kläger behauptet, die Beklagte sei in Geisteskrankheit verfallen, auch die sonstigen Voraussetzungen des § 1569 BGB. seien vorhanden, und hiernach sei die Scheidung gerechtfertigt. Die Klage wurde von dem Oberlandesgerichte abgewiesen und die Revision zurückgewiesen.

Die Annahme, es handele sich bei der Beklagten nur um Geistesschwäche, ist mit der Erwägung, daß sie auch nur wegen Geistesschwäche entmündigt sei, im übrigen durch Bezugnahme auf die Aussage der Zeugen und auf das Gutachten des Dr. G. begründet. Es ist richtig, daß dieses Gutachten an einer Stelle zu der Schlußfolgerung kommt: Frau H. sei zurzeit geisteskrank und habe an dieser Geisteskrankheit schon länger gelitten, während es sich an anderer Stelle dahin ausspricht: sie leide an bedeutendem Schwachsinn, an dementia, die schon jahrelang in ähnlicher Form bei ihr bestehe. Allein die Revision selbst hebt mit Recht hervor, daß die Fachausdrücke der ärztlichen Kunstsprache sich mit der Begriffsbestimmung der Geisteskrankheit und Geistesschwäche im § 6 Ziff. 1 BGB. nicht zu decken brauchen. Im Sinne des Gesetzes sind, wie das Reichsgericht in früheren Entscheidungen angenommen hat — Entscheidungen des RG. Bd. 50 S. 207 — zwischen beiden Formen der regelwidrigen Geistesbeschaffenheit nur Gradunterschiede anzuerkennen. Es bedeutet deshalb nicht notwendig, weder im medizinischen noch im Rechtssinne, einen Widerspruch, wenn das geistige Leiden der Beklagten im allgemeinen als Geisteskrankheit, im besonderen aber als Schwachsinn — dementia — bezeichnet worden ist. Jedenfalls war der Berufungsrichter nicht gehindert, aus diesem Gutachten in Verbindung mit den von ihm angezogenen anderen Erkenntnisquellen die tatsächliche Feststellung zu gewinnen, daß die Beklagte im Sinne von § 6 Ziff. 1 BGB. nur an Geistesschwäche leide." RGE. IV. ZS. vom 11. Mai 1905 $\frac{617}{04}$ in JW. 1905 S. 395 unter 16; *„Recht" 1905 S. 649 unter 2683; *DJZ. 1906 S. 46.

4. In den Entscheidungsgründen des Urteils des OLG. Karlsruhe III. ZS. vom 2. Mai 1901, Staudinger IV 1 S. 674 unter 4 a ist ausgeführt:

„Vorliegend ist der Beklagte nicht entmündigt, er ist auch nicht auf Grund des § 104 Ziff. 2 BGB. als geschäftsunfähig und somit prozeßunfähig anzusehen. Seine psychische Erkrankung äußert sich nach dem ärztlichen Gutachten in Abnahme der Merk- und Erinnerungsfähigkeit, Schwächung (nicht Aufhebung) des Kritik- und Urteilsvermögens, Unstetigkeit des Wollens und krankhafter Reizbarkeit. Ein die freie Willensbestimmung im allgemeinen ausschließender Zustand krankhafter Störung der Geistestätigkeit ist hier noch nicht anzunehmen. Denn wenn der Sachverständige weiter fortfährt, daß ein derartiges Individuum für seine Handlungen, namentlich Affekthandlungen, nicht verantwortlich gemacht werden könne, da es nicht imstande sei, die Tragweite seines Tuns zu überlegen und die eventuell nötigen Hemmungen und Gegenvorstellungen aufzubieten, so hat er damit nach der ihm gestellten Aufgabe nur Handlungen, wie die klägerischerseits dem Beklagten zur Last gelegten Verfehlungen, also Ausflüsse der von dem Sachverständigen bei dem Beklagten festgestellten nervösen Reizbarkeit und Neigung zu pathologischen Affekten im Auge, nicht aber rechtsgeschäftliche Willenserklärungen. Durch das Gutachten ist somit die moralische und, soweit Tatbestände strafbarer Handlungen (Beleidigungen, Körperverletzungen) in Frage kommen könnten, auch strafrechtliche Verantwortlichkeit des Beklagten für die behaupteten Verfehlungen verneint, es ist ihm aber nicht die Fähigkeit freier Willensbestimmung abgesprochen hinsichtlich des rechtsgeschäftlichen Verkehrs. Dazu kommt, daß er bis vor kurzem als Volksschullehrer tätig war, daß er offenbar auch noch befähigt ist, die Fragen, auf welche es in diesem Prozesse ankommt, richtig zu würdigen und seinen Bevollmächtigten mit Instruktion zu versehen.

Nach dem Ergebnisse des Gutachtens ist der Beklagte für derartige Handlungen, wie sie zur Begründung des auf § 1568 BGB. gestützten Scheidungsbegehrens behauptet worden sind, nicht verantwortlich, insoweit diese Handlungen in die Zeit nach der psychischen Erkrankung des Beklagten fallen. Der Sachverständige hat die charakteristischen Symptome dieser Krankheit — Demenz — bei dem Beklagten selbständig festgestellt auf Grund der Beobachtungen, die er bei der an zwei Tagen vorgenommenen Untersuchung des Beklagten zu machen in der Lage war. Mag das Verhalten des Beklagten der Klägerin gegenüber für diese auch noch so unerträglich gewesen sein, so kann darin, wenn der Beklagte wegen seines Geisteszustandes dafür nicht verantwortlich gemacht werden kann, keine ‚s c h w e r e Verletzung der durch die Ehe begründeten Pflichten' gefunden werden, und mag das eheliche Verhältnis durch das Benehmen des Beklagten auch tief zerrüttet worden sein, so ist diese Zerrüttung keine ‚verschuldete'. Auf § 1568 BGB. kann daher die Klage nicht gestützt werden." Vgl. RGE, IV. ZS. vom 21. März 1910 $\frac{297}{09}$ in Sörgel 1910 S. 392 unter 20.

5. Nach dem im „Recht" 1908 S. 702 unter 3807 in Bezug genommenen Urteile des RG. IV. ZS. vom 15. Oktober 1908 $\frac{35}{08}$ sind ehrenkränkende Briefe und Postkarten der Beklagten keine s c h w e r e n Eheverfehlungen, wenn bei ihr ein in kritikloser Selbstüberhebung mit Anklängen v o n W a h n v o r s t e l l u n g e n sich äußernder g e i s t i g e r S c h w ä c h e z u s t a n d vorliegt, der ihre Zurechnungsfähigkeit nicht aufgehoben, sondern nur g e m i n d e r t hat. Der Ehescheidungsrichter hat bei der Frage, ob einem Ehegatten eine s c h w e r e Verletzung der durch die Ehe begründeten Pflichten s c h u l d b a r zur Last falle, unter anderem auch den Geisteszustand des Ehegatten zu berücksichtigen, und er kann das Vorhandensein eines V e r s c h u l d e n s v e r n e i n e n, wenn er findet, daß das Tun des Ehegatten ihm mit Rücksicht auf seinen Geisteszustand nicht zuzurechnen sei. Dabei ist der Ehescheidungsrichter nicht gebunden, die strafrechtlichen Begriffe der Zurechnungsfähigkeit und Unzurechnungsfähigkeit seiner Beurteilung zugrunde zu legen. Er hat vielmehr im Rahmen des § 1568 BGB. die ganze Sachlage frei zu würdigen."

6. In RGE. vom 9. Juli 1900 $\frac{135}{00}$, abgedruckt in JW. 1900 S. 645, *Staudinger IV 1 S. 674 unter 4 a, sind folgende Ausführungen enthalten:

„Die Zerrüttung des ehelichen Verhältnisses muß durch den verklagten Teil v e r s c h u l d e t sein durch s c h w e r e Verletzungen der ehelichen Pflichten ... Ob aber einem Ehegatten eine solche Verletzung zur Last fällt, hat der Richter im einzelnen Falle unter Würdigung der obwaltenden Umstände zu beurteilen. Im gegenwärtigen Falle hat der Berufungsrichter das Vorliegen einer solchen schweren Verschuldung auf seiten der Beklagten nicht für erwiesen angenommen. Nach seiner Feststellung ist die Zerrüttung der Ehe auf die k r a n k h a f t e N e r v o s i t ä t der Beklagten und das eigene Verschulden des Klägers, der durch seine kundgegebene Neigung zu Helene N. der Beklagten begründeten Anlaß zur Eifersucht gegeben hat, zurückzuführen. Bei dieser Annahme, die sich der Nachprüfung in gegenwärtiger Instanz entzieht, hat sich der Berufungsrichter mit dem Gesetze n i c h t in Widerspruch gesetzt."

7a. Nach der von WarnJ. 4 S. 149 unter 1 c angezogenem RGE. vom 13. April 1905 begründen eheliche Pflichtverletzungen das Scheidungsrecht dann *nicht*, „wenn sie auf *hysterische Veranlagung* zurückzuführen sind"; *vgl. Seuffert-Blätter 70, 671; *Staudinger IV 1 S. 674 unter 4 a.

7b. *Schwere Hysterie* der Frau ist geeignet, ihre Verantwortlichkeit für die im Zustande der Erregtheit, nicht bei kaltem Blute mit ruhiger Überlegung verübten Beschimpfungen des Mannes gänzlich auszuschließen. (RG. 14. 11. 12, IV $\frac{237}{12}$; 16. 9. 15, IV 75/15; RGWarn. 1918 Nr. 34.)

7c. In dem Urteil des RG. IV. ZS. vom 1. Juni 1908 $\frac{534}{07}$ — „Recht" 1908 S. 469 unter 2678; *Staudinger IV 1 S. 674 unter 4 a heißt es:

„Das Berufungsgericht hat auf Grund persönlichen Eindrucks der Beklagten die Überzeugung gewonnen, daß sie sich *nicht* in einem die freie Willensbestimmung ausschließenden Zustande krankhafter Störung der Geistestätigkeit befunden habe. Daraus folgt aber keineswegs, daß die Äußerungen der Beklagten gegenüber dem zu Rate gezogenen Arzte, der Kläger habe ihr mit Gift und Schwefeldämpfen nachgestellt, den Tatbestand des § 1568 BGB. erfüllten. Das Berufungsgericht hat unter Hinweis auf die von dem Kläger brieflich zum Ausdruck gelangte und von dem Arzte geteilte Auffassung angenommen, daß die gedachten Äußerungen, an denen die Beklagte auch bei ihrer Vernehmung vor dem Berufungsgericht festhielt, den *Ausfluß einer krankhaften, auf Hysterie beruhenden Vorstellung* darstellen. Auf Grund dieser tatsächlichen Feststellung konnte das Berufungsgericht ohne Rechtsirrtum zu dem Ergebnis gelangen, daß von *schweren*, auf einem *Verschulden* der Beklagten beruhenden Eheverfehlungen hinsichtlich jener Äußerungen keine Rede sein könne." Vgl. auch RGE. IV. ZS. vom 1. Juni 1908 $\frac{551}{07}$ in „Recht" 1908 S. 469 unter 2679; *Staudinger a. a. O.; *Sörgel 1908 S. 382 unter 14 und 15; RGE. IV. ZS. vom 5. Juli 1909 $\frac{573}{08}$ in „Recht" 1909 Nr. 2429.

8a. Ein krankhafter Zustand kann nur insoweit für ehewidriges Verhalten als Entschuldigungsgrund gelten, als er dem Ehegatten die Möglichkeit sich zu beherrschen raubt. (RG. 9. 12. 15, IV 234/15.)

8b. Das Recht stellt an jeden, dessen freie Willensbestimmung nicht gerade durch krankhafte Störung der Geistestätigkeit ausgeschlossen ist, die Anforderung, daß er sich so viel als möglich zusammennimmt und seiner Stimmung Herr wird; ein krankhafter Zustand wie Hysterie kann deshalb nur insoweit für ehewidriges Verhalten als Entschuldigungsgrund gelten, als er dem Ehegatten die Möglichkeit des Zusammennehmens und des Herrwerdens raubt. RGE. 9. 5. 23 in JW. 24 S. 44; *„Recht" 24 Nr. 998.

9. Nach dem Urteile des RG. IV ZS. vom 19. Dezember 1907 $\frac{171}{07}$ im „Recht" 1908 S. 94 unter 543; *WarneyerJ. 7 S. 239 unter 19; *BayZ. Bd. 4 S. 182; *DJZ. 1908, 16. Spruchsammlung S. 293; *Sörgel 1908 S. 388 unter 48; vgl. Urteil des OLG. Rostock vom 4. März 1908 in MecklZ. Bd. 27 S. 122; *„Recht" 1909 Nr. 1524; *Warneyer Jahrg. 8 S. 182 unter 6; *Staudinger Bd. IV 1 S. 674 unter 4 a; *Mugdan und Falkmann Bd. 18 S. 273 „kann die Scheidung auf Trunksucht nicht gegründet werden, wenn der Ehegatte in den letzten sechs Monaten für sein übermäßiges Trinken wegen krankhaften Dranges nach alkoholischen Getränken nicht mehr sittlich verantwortlich gemacht werden kann". Vgl. hierzu auch RG. JW. 1906 S. 140 Nr. 13; RG. 27. 5. 07, IV 507/06.

10. In dem kronkhaften Gebrauch von Morphium kann unter Umständen keine schwere Eheverfehlung liegen.

„Nach ärztlichem Gutachten beruht das Nehmen von Morphium bei einem Morphiumsüchtigen auf einer krankhaften Willensschwäche; er kann dem Morphiummittel mit eigenem Willen nicht mehr entsagen. Der einmal morphiumsüchtig Gewesene wird wegen der zurückbleibenden Willensschwäche leicht rückfällig. Nicht widerlegt ist die Behauptung der Beklagten, daß sie nach jahrelanger Enthaltsamkeit anfangs nur ganz geringe Dosen Morphium infolge geistiger Überanstrengung mit Genehmigung eines Arztes zu sich nahm, und daß nur erst infolge dieses zeitweisen erlaubten Gebrauchs die eigentliche Morphiumsucht wider Willen sich allmählich entwickelte bis zu der schließlichen ernstlichen Erkrankung. Da ihr ganzes Verhalten hinsichtlich ihres Morphiumgebrauchs krankhaft war, so kann in ihm keine schwere Verletzung der ehelichen Pflichten gefunden werden. Hierzu kommt, daß der Kläger bei Eingehung der Ehe die frühere Erkrankung der Beklagten gekannt hat, und daß er nach Kenntnis vom Wiederausbruch der Morphiumsucht seine Ehe an sich bestätigt hat. Es wäre seine Sache gewesen, vor Eingehung der Ehe über die Gefahr des Rückfalls bei Ärzten Erkundigungen einzuziehen; auch ist durch sein Verhalten in der Zeit des Aufenthalts zu N. dargetan, daß die Morphiumsucht der Beklagten tatsächlich die Ehe nicht tief zerrüttet hat, wenigstens nicht so tief, daß dem Kläger ihre Fortsetzung nicht zugemutet werden kann." Urteil des OLG. Kiel II ZS. vom 27. Oktober 1910 im „Recht" 1911 Nr. 89.

Dagegen ist

B. 1. nach dem Urteile des Oberlandesgerichts Hamburg vom 6. Januar 1905 in Sörgel 1905 S. 277 unter d und *HansGZ. 1905 Beiblatt 58 „eine Scheidung wegen schwerer Verfehlungen gegen die ehelichen Pflichten dann auszusprechen, wenn die Verfehlungen des *wegen Geistesschwäche* entmündigten Beklagten *vor* dem Eintritt der Entmündigung liegen, und die Ursache der Geistesschwäche *auf Verschulden* — Trunksucht — des Entmündigten zurückzuführen ist."

Vgl. auch wegen der Verantwortlichkeit eines infolge von Geistesschwäche beschränkt geschäftsfähigen Ehegatten für schwere Eheverfehlungen gemäß § 1568 BGB. RGE. IV. ZS. vom 15. Januar 1906 337/05 in JW. 1906 S. 140 Nr. 13; *Sörgel 1906 S. 354 unter 14; RGR.-Kom. III. S. 270 unter 4.

2. Ferner kann sich ein Ehegatte, welcher sich Mißhandlungen des anderen Eheteils hat zuschulden kommen lassen, *nicht* mit Erfolg darauf berufen, „daß er nach seiner Charakteranlage zu Mißhandlungen neige, weil ihm *keinenfalls* eine derartige Charakteranlage, Leidenschaftlichkeit, Heftigkeit und leichte Erregbarkeit auch nur mildernd zugute gerechnet werden kann". RGE. IV. ZS. vom 9. Dezember 1907 137/07 in JW. 1908 S. 42 unter 17; *WarnJ. 1907 S. 239 unter 15, „Recht" 1908 S. 335 unter 1999.

3. Das Urteil des RG. IV. ZS. vom 23. Oktober 1905 226/05 JW. 1905 S. 723 unter 15; *WarnJ. 5 S. 153 unter 9; *Sörgel 1906 S. 352 unter 2 enthält folgende Ausführungen:

„Will der Berufungsrichter das Verschulden der Beklagten nur deshalb verneinen, weil ihr das Benehmen des Klägers ‚gerechten Anlaß zur Erbitterung' gegeben hat, so kann zwar ein an sich ehewidriges Verhalten als entschuldigt oder doch als nicht schwer verletzend im Sinne des Gesetzes angesehen werden, wenn der betreffende Ehegatte *im Affekt* gehandelt hat, insbesondere durch den anderen Teil gereizt oder herausgefordert war. Unter diesem Gesichtspunkt mögen die brieflichen und mündlichen Bemerkungen der Beklagten zu beurteilen sein, der Kläger solle nicht zu Huren laufen. Der Rechtsbegriff des Verschuldens wäre aber verkannt, wenn der Berufungsrichter einem Ehegatten um einer noch so gerechten Erbitterung willen *Verstöße von solcher Schwere* nachsehen wolle, wie sie im Streitfalle der Beklagten schuld gegeben werden. Hierher gehören die gegen den Kläger, einen jetzt noch im Amte befindlichen Volksschullehrer, erhobenen angeblich wissentlich unwahren Beschuldigungen: er habe eine goldene Kette gestohlen, sogar den Klingelbeutel bestohlen, er habe unsittliche Handlungen mit Schülerinnen, also Verbrechen aus § 174 Nr. 1 StGB., begangen. Ferner die Behauptung, er habe den erwachsenen Sohn zu körperlichen Mißhandlungen des eigenen Vaters angestiftet. Endlich die, wie behauptet wird, völlig unbegründeten Verdächtigungen bei dem Vorgesetzten des Klägers, „er sei ein schlechter Mensch, Schuldenmacher, Spieler, ein solcher Lehrer könne nicht in der Schule bleiben, sondern müsse abgesetzt werden."

§ 14.

Einwand der Verzeihung.

1. „Der § 1570 BGB. enthält keine Begriffsbestimmung der Verzeihung, sondern hat die nähere Bestimmung des Wesens der Verzeihung und ihrer juristischen Natur der Wissenschaft und Praxis überlassen. Unter Verzeihung versteht man nach dem BGB. — übereinstimmend mit dem früheren katholischen und protestantischen Kirchenrechte — die entweder ausdrücklich oder durch schlüssige Handlungen abgegebene Willenserklärung einer Person, eine ihr zugefügte Verletzung nicht nachtragen zu wollen. Sie beruht nicht auf verstandesmäßiger Erwägung allein, sondern stellt einen seelischen Vorgang dar, der zunächst ganz ohne den Willen und das Bewußtsein, irgendwelche andere Wirkung als die Aussöhnung mit der entzweiten Person zu erzeugen, in die Erscheinung tritt." Urteil des OLG. Bamberg vom 14. Mai 1904 in „Recht" 1905 Nr. 1469; vgl. ferner RG. JW. 1905 S. 113 Nr. 8, 1906 S. 752 Nr. 25; RGE. Bd. 96 S. 268; *„Recht" 23 Nr. 357; JW. 1924 S. 294; RG. 7. Juli 1922, VII. ZS. JW. 24 S. 294.

2. „In dem Gebrauche des Worts ‚Verzeihen' oder ‚Vergeben' liegt nicht unter allen Umständen eine Verzeihung im Sinne des § 1570 BGB. Es kann sich auch nur um eine Verzeihung im rein ethischen, christlichen Sinne handeln." RGE. IV. ZS. vom 10. Februar 1908 306/07 in „Recht" 1908 Bd. 12 Nr. 1214; RG. JW. 1919 S. 820.

3. „Die Verzeihung, — welche keinen rechtsgeschäftlichen Charakter hat, Urteil des RG. IV. ZS. vom 18. November 1901 248/01 in JW. 1902 S. 13, Urteil des RG. IV. ZS. v. 21. Oktober 1907 113/07 in Sörgel 1907 S. 457 unter 1; RG. 1. März 1915, IV 415/14 — ist nicht gleichbedeutend mit dem Verzicht auf das Klagerecht und erfordert keine

Willenseinigung der Parteien, RG. 10. Februar 1908, IV. 306/07; die Verzeihung im Sinne des § 1570 BGB. ist vielmehr der Ausdruck eines inneren Vorganges, durch den der verletzte Ehegatte zu erkennen gibt, daß er die Ehe nicht oder nicht mehr für zerrüttet durch das Verschulden des anderen Teils halte." Urteil des RG. vom 30. Dezember 1904 $\frac{289}{04}$ in JW. 1905 S. 113 unter 8; RGRKom. III. S. 281 unter 3; Sörgel 1905 S. 280 unter a.

4. „Verzeihung liegt vor, wenn ein Gatte sein subjektives Empfinden tatsächlich zum Ausdruck bringt, daß er trotz der ihm widerfahrenen Unbill die Fortsetzung der ehelichen Gemeinschaft als für ihn erträglich ansehe. Sie ist kein Rechtsgeschäft und fordert weder den Willen, ein Recht auf Scheidung aufzugeben, noch auch nur die Kenntnis, daß der fragliche Vorgang einen Scheidungsgrund darstelle." Urteil des RG vom 18. November 1901 $\frac{248}{01}$ in JW. 1902 S. 13; RGRKom. III. S. 281 unter 3; *„Recht" 1902 Nr. 283; *Sörgel 1902 zu § 1570 S. 181 unter 1; Sörgel 1906 S. 355 unter 3 b; *„Recht" 1906 Nr. 1667.

Irrtum und arglistige Täuschung können auch ohne förmliche Anfechtung geltend gemacht werden, da die Verzeihung kein Rechtsgeschäft ist und deshalb auf sie die §§ 119, 121, 123, 124 keine Anwendung finden (RG. 28. September 1914, IV. 206, 14; RG. 16. November 1922, IV 144/22; RGRKom. III. Anm. 3 zu § 1570).

Die Anwendung dieser Einwendung ist selten durchschlagend (vgl. L. Z. 1922 S. 464).

5. „Der Begriff der Verzeihung, ihre Natur und rechtliche Bedeutung verlangt, daß nur dasjenige als verziehen dem Willen des Verzeihenden gemäß angenommen werden kann, was der Verzeihende als Gegenstand der Verzeihung sich vorgestellt hat in mehr oder weniger genauer Abgrenzung, es ist solches als Tatfrage im einzelnen Falle zu prüfen. Im vorliegenden Falle wurde aus dem Inhalte der von der Klägerin abgegebenen brieflichen Erklärungen, die in Kenntnis zahlreicher, vom Beklagten begangener Ehebrüche und unsittlicher Handlungen mit Kindern geschrieben waren, angenommen, daß die Klägerin eine Art Generalpardon gegeben habe, daß sie dem Beklagten sein ganzes sündhaftes Treiben mit Kindern und Erwachsenen habe verzeihen wollen, auch einzelne ihr unbekannt gebliebene Handlungen, selbst weitere Ehebrüche, und daß sie auch bei Kenntnis solcher die Verzeihung aus den ihr zugrunde liegenden Beweggründen nicht versagt haben würde." Urteil des OLG. Braunschweig 1. Sen. vom 23. Januar 1899 in der Zeitschrift für BrschwZfR. Jahrg. 50 S. 30 unter 42;

RG. JW. 1902, Beil. 260 Nr. 180, 265 Nr. 15; JW. 1905 Nr. 26 S. 145.

6. „Voraussetzung der Verzeihung ist eine überzeugende und in allen wesentlichen Punkten genaue Kenntnis von der Schuld des anderen Ehegatten. Diese Kenntnis muß sich auf solche Beobachtungen und Quellen stützen, denen auch ein besonnener Mensch Bedeutung beilegen würde. Auf eine genaue Kenntnis der Einzelheiten kommt es nicht an, aber soviel muß dem Verzeihenden bekannt sein, daß er die Tiefe der Pflichtverletzung ermessen kann. Gerade im Scheidungsrechte kann die unvollständige Kenntnis, die zu einer Verzeihung führt, um so weniger als genügend erachtet werden, als es sowohl vom Standpunkte der Moral, wie auch von dem des verzeihenden Ehegatten eine nicht zu billigende Zumutung wäre, daß er infolge einer aus unvollkommener Kenntnis des Verschuldens des anderen Ehegatten gewährten Verzeihung mit ihm die Ehe fortsetzen müßte, trotzdem sein Verschulden weit größer ist, als er zurzeit wissen konnte . . .“

Stellt sich bei einer verziehenen Handlung später heraus, daß sie unter Umständen verübt wurde, welche einen höheren Grad moralischer Versunkenheit kennzeichnen, so gilt die Verzeihung nicht. (Entsch. des BayOLG. Bd. 11 S. 355.)

Im vorliegenden Falle handelt es sich um sittliche Verfehlungen des Beklagten, welche einerseits eine moralische Schuld desselben begründen, andererseits sich als kriminelle Schuld darstellen. Unzweifelhaft kennzeichnet es einen höheren Grad moralischer Verderbtheit, wenn er die Unsittlichkeiten gewaltsam verübt hat, als wenn es mit Einwilligung der K. geschehen wäre. Im letzteren Falle konnte die Klägerin annehmen, ihr Mann sei verführt worden, und deshalb ihm leichter verzeihen, während sie seine Handlungsweise viel schwerer auffassen mußte, wenn er nicht einmal vor Verbrechen zurückschreckte, um seine Geschlechtslust zu befriedigen . . .“ Urteil des OLG. Bamberg vom 14. Mai 1904 in „Recht“ 1905 Nr. 1469; *Sörgel 1905 S. 280 unter b; RGWarn. 1913 Nr. 296; 1914 Nr. 165; Recht 1915 Nr. 204; Warn. 1918 Nr. 120; LZ. 1919 S. 478.

7. Behauptet die Frau, daß sie sich keines Ehebruchs schuldig gemacht habe, vielmehr das von ihr während des Kriegsdienstes ihres Mannes geborene Kind aus einer von einem Unbekannten gewaltsam erzwungenen Geschlechtsvereinigung stamme, und hat der Mann trotz Kenntnis ihrer Schwangerschaft mit ihr während eines Urlaubs geschlechtlich verkehrt, so folgt daraus noch nicht, daß der Mann sichere Kenntnis

von dem Ehebruch erlangt hatte und ihr die Verfehlung verziehen habe. (RG. 26. April 1919 IV 7/19; RGRKom. III Anm. 4 zu § 1570.)

8. „Eine Verzeihung kann in genereller Weise, und zwar nicht bloß wegen der schon bekannten, sondern auch bezüglich aller sonst noch begangenen Verfehlungen erteilt werden. Auch ist unter Umständen, namentlich wenn es sich um eine größere Zahl gleichartiger Verfehlungen handelt, eine dahingehende Feststellung, daß alle, selbst die noch nicht bekannt gewordenen Fälle verziehen worden seien, dann möglich, wenn der Verzeihende nicht besonders ausgesprochen hatte, daß er nicht bloß die bekannten, sondern auch die ihm noch nicht bekannt gewordenen Verfehlungen verzeihen wolle, immer aber muß in derartigen Fällen der Wille des Verzeihenden in erkennbarer Weise darauf gerichtet gewesen sein, daß die Verzeihung in solchem Umfange hat erteilt werden sollen." RGE. IV ZS. vom 7. Juli 1902 $\frac{123}{02}$ in JW. 1902 Beilage 10 S. 260 unter 180; RGRKom. III S. 283 unter 4; *„Recht" 1902 Nr. 2012; vgl. RGE. IV. ZS. vom 14. Februar 1907 $\frac{344}{06}$ in Sörgel 1907 S. 457 unter 2; RGE. IV. ZS. vom 4. Juli 1907 $\frac{574}{06}$ in JW. 1907 S. 521; „Recht" 1907 Nr. 2749; Sörgel 1907 S. 458 unter 9; Urteil des RG. IV. ZS. vom 19. Januar 1905 $\frac{383}{04}$ in JW. 1905 S. 145; *„Recht" 1905 Nr. 1009; *Sörgel 1906 S. 355 unter 2; Urteil des OLG. Karlsruhe vom 18. Oktober 1905 in BadRpr. 1906 S. 18; *„Recht" 1906 Nr. 1940; RG. Warn. 1914 Nr. 24 und 165.

9. Hat ein Ehegatte aus gewissen Indizien Verdacht geschöpft, daß der andere Ehegatte ein Vergehen begangen habe, und gibt er solchen Verdacht bei dem Akte der Verzeihung nicht auf, so bleibt die gewährte Verzeihung wirksam, wenn sich später herausstellt, daß das betreffende Vergehen von dem anderen Ehegatten wirklich so begangen war, wie sich der Verzeihende dieses Vergehen vorgestellt hatte. RGE. IV. ZS. vom 21. November 1901 $\frac{239}{01}$ in JW. 1902 S. 40 unter 42; vgl. Urteil des RG. IV. ZS. vom 2. Dezember 1907 $\frac{372}{07}$ in „Recht" 1908 Nr. 344; RG. JW. 1913 S. 139 Nr. 18; JW. 1918 Nr. 106, RG. Warn. 1913 Nr. 62, Warn. 1914 Nr. 24, RG. Recht 1922 Nr. 985, Recht 1924 Nr. 1693, JW. 24 S. 294.

10. Die Verzeihung kann von aufschiebenden Bedingungen und Vorbehalten abhängig gemacht werden, und kommt es für die Wirksamkeit der Verzeihung darauf an, ob die Bedingung oder der Vorbehalt erfüllt ist. Urteil des RG. IV. ZS. vom 21. März 1904

342/03; *„Recht“ 1905 Nr. 52; Gruch. Bd. 48 S. 803. Die Wirksamkeit einer nur bedingt ausgesprochenen Verzeihung kann über den Inhalt der Erklärung nicht hinausgehen. RGE. IV. ZS. vom 11. Dezember 1902 261/02 in „Recht“ 1903 Nr. 631; RG. JW. 1903 Beil. 26 Nr. 55; RG. Gruch. 48 S. 803; RG. Warn. 1913 Nr. 62 und 205, Recht 22 Nr. 985.

Hat eine Ehefrau bei den Verhandlungen mit ihrem Ehemanne über eine Verzeihung erklärt, erst die Zustimmung ihrer Eltern einholen zu wollen, so kann daraus geschlossen werden, daß sie dem Beklagten *nicht bedingungslos* verzeihen wolle. Urteil des RG. vom 28. September 1908 639/07 in „Recht“ Bd. 8 S. 362; *Warn. Jahrg. 8 S. 182 zu § 1570 BGB. unter 3; Sörgel 1908 S. 391 unter 7 f; vgl. Urteil des RG. IV. ZS. vom 9. Mai 1904 in Sörgel 1904 S. 266. In diesem Urteile ist ausgesprochen, daß, wenn es auch an und für sich möglich sei, die Verzeihung an Vorbehalte und Bedingungen zu knüpfen, es doch nicht genüge, wenn der Ehegatte lediglich unter gewissen Voraussetzungen *die Bereitwilligkeit* zur Versöhnung in Aussicht stelle, die spätere *endgültige* Stellungnahme aber *seiner freien Entschließung* vorbehalte. Vgl. Urteil des RG. IV. ZS. vom 21. September 1903 113/03 im „Recht“ 1903 Nr. 3104; Urteil des OLG. Hamburg vom 26. Oktober 1905 in WarnJ. Jahrg. 5 S. 154 zu § 1570 BGB. unter 4; RG. JW. 1907 S. 79; RG. Gruch. 51 S. 187; RGE. Bd. 96 S. 268; Seuff. Arch. 74 Nr. 180.

11. Die Klägerin hat nach ihrem Vortrage die Verzeihung des vom Beklagten begangenen Ehebruchs nur bedingt erklärt, nämlich davon abhängig gemacht, daß der Beklagte sich in Zukunft stets ordentlich betragen werde. Dies habe er bei dem Vorfalle, der zur abermaligen Trennung der Parteien geführt habe, nicht getan, und sei daher die Bedingung ausgefallen, so daß sie auf die *vor* der Verzeihung liegenden Scheidungsgründe als *selbständige* Klagegründe *zurückgreifen* könne.

Das OLG. Hamburg II. ZS. hat diese Ansicht in dem Urteile vom 26. Oktober 1905 in „Recht“ 1906 Nr. 1665 und *Sörgel 1905 S. 355 unter 3a für fehlsam erachtet und ausgeführt:

„Eine bedingte Verzeihung sei möglich, allein die Fälle, von denen anscheinend das von der Klägerin angezogene Urteil des RG. vom 9. Mai 1904 spreche, seien nur solche, bei denen der Wille, zu verzeihen, *aufschiebend bedingt* von irgendeinem Ereignisse abhängig gemacht werde. Eine Verzeihung unter einer auflösenden Bedingung mit der Wirkung, daß im Falle des Eintritts der Bedingung die Verzeihung als von Anfang an nicht erfolgt zu gelten habe, gebe es nicht. Die Verzeihung sei nicht nur Willenserklärung, sie sei vor allem eine Tatsache, ein Vorgang, der, wenn einmal erfolgt, nicht wieder aus der Welt geschaffen werden könne. Gelte dies schon im allgemeinen, so gelte es namentlich dann, wenn, wie hier, die erfolgte Versöhnung durch einen geschlechtlichen Verkehr besiegelt sei. Ein Ehegatte, der so handele, habe verziehen und damit endgültig das Recht verwirkt, auf die vorhergegangenen Vorgänge als selbständigen Klagegrund zurückzugreifen. Wenn er dabei hervorhebe, daß er nur unter der Bedingung oder Voraussetzung — auf die gebrachten Worte komme es nicht an — verziehen habe, daß der andere Ehegatte sich nicht wieder vergehen werde, so sage er damit nichts anderes, als was sich schon ohne dies nach dem Gesetze von selbst verstehe, nämlich, daß im Falle eines künftigen ehewidrigen Verhaltens des anderen Ehegatten der gekränkte Gatte berechtigt sei, auf die früheren Vorgänge zur Unterstützung einer etwaigen neuen Klage zurückzugreifen."

12. Die Wirksamkeit der Verzeihung kann dadurch nicht in Frage gestellt werden, daß der verzeihende Ehegatte in Widerspruch mit seinen die Verzeihung zum Ausdruck bringenden wiederholten geschlechtlichen Vertraulichkeiten Äußerungen dahin macht, daß diese Vertraulichkeiten nicht als Verzeihung gelten sollen. Urteil des RG. IV. ZS. vom 12. März 1908 $\frac{374}{07}$ in „Recht" 1908 Nr. 1577.

13. a. Sucht der Ehemann zum Geschlechtsverkehr seine von ihm getrennt lebende Ehefrau in ihrer Wohnung besonders auf und gibt ihr außerdem durch Geschenke und gemeinsame Ausgänge Beweise seiner unberührt gebliebenen ehelichen Gesinnung, so kann ohne Rechtsirrtum die Vorbehaltserklärung des Ehemannes, von der Ehefrau begangene Ehebrüche trotzdem nicht verzeihen zu wollen, für unbeachtlich erachtet werden. Urteil des RG. IV. ZS. vom 10. Oktober 1907 $\frac{7}{07}$ in Sörgel 1907 S. 458 unter 7b; vgl. Urteil des RG. IV. ZS. vom 25. Juni 1906 $\frac{6}{06}$ in Sörgel 1907 S. 458 unter 8c; *Gruch. Bd. 51 S. 187.

b. In dem vom Manne zurückgewiesenen Erbieten der Frau zum Geschlechtsverkehr liegt nicht notwendig eine vollendete und unbedingte Verzeihung, vielmehr kann darin ein bloßer Versöhnungsversuch erblickt werden. (RG. JW. 1916 Nr. 46^{8}.)

14. „Die Annahme des Berufungsgerichts, daß die Klägerin nach den festgestellten Tatumständen den Willen ausgedrückt habe, dem Beklagten das gedachte Vergehen — wissentlichen Meineid, wegen welchen Verbrechens er zu vier Jahren Zuchthaus und zum Verlust der bürgerlichen Ehrenrechte verurteilt worden ist — zu verzeihen und trotz dieses Vergehens die Ehe mit ihm fortzusetzen, ist bedenkenfrei ... Diese Willenserklärung wird nicht unwirksam, sollte auch die Klägerin bei Abgabe ihrer Erklärung insgeheim sich vorbehalten haben, demnächst dennoch die Scheidungsklage zu erheben. Auch wenn man die Verzeihung nicht grundsätzlich unter die Regeln der Rechtsgeschäfte stellen will, verdient ein solches täuschendes Verhalten, wie es in dem vorliegenden Falle betätigt sein würde, ein Verhalten, das sich gegen die sittlichen Grundlagen des ehelichen Verhältnisses richtet, keine Berücksichtigung. (Entscheidungen des RG. Bd. 37 S. 346.) Ob die Klägerin bei ihren Erklärungen unter einem gewissen Drucke der Verhältnisse gestanden, ist für die Wirksamkeit ihrer Erklärung nicht von Belang. Eine Zwangslage, welche die Revisionsklägerin geltend macht, könnte nur dann die Erklärung der Verzeihung entkräften, wenn sie die freie Willensbestimmung der Klägerin aufgehoben hätte, was nirgends geltend gemacht ist." Urteil des RG. IV. ZS. vom 15. April 1901 $\frac{32}{1901}$ in JW. 1901 S. 386; JW. 1905 S. 311; RG. Gruch. 64 S. 113; RG. Warn. 1922 Nr. 56 und 984. Selbst der ausgesprochene Vorbehalt kann, wenn er dem natürlichen Empfinden widerspricht, bedeutungslos werden. (RG. Warn. 1914 Nr. 195).

15. „Wenn der Kläger gegenüber seiner Ehefrau, der Beklagten, ein Benehmen an den Tag legte, das die Kundgebung enthielt, seine eheliche Gesinnung sei ihr trotz der erlittenen Kränkungen erhalten geblieben, so war unter der Voraussetzung, daß diesem Vorgange eine vollständige Erfüllung aller Tatbestandserfordernisse des § 1568 BGB. vorherging, das Recht des Klägers auf Scheidung damit erloschen. Wenn demgegenüber der Berufungsrichter erwägt, dem Kläger sei es darum zu tun gewesen, einer anwesenden dritten Person den Einblick in sein eheliches Verhältnis vorzuenthalten, so war dies vom Standpunkte sowohl des bürgerlichen als auch des Prozeßrechts verfehlt. Der Berufungsrichter unterstellt, Kläger sei, obwohl er zu erkennen gab, daß er sich nicht dauernd von der Beklagten abwenden wolle und sich durch das Vorgefallene der Beklagten nicht gänzlich entfremdet fühle, insgeheim von der entgegengesetzten Gesinnung erfüllt gewesen; er habe mit dem unausgesprochenen Vorbehalt ge-

handelt, in Wirklichkeit dennoch mit der Scheidungsklage vorzugehen. Daß ein derartiger geheimer Vorbehalt der Wirksamkeit der Verzeihung nicht Eintrag tut, und daß die mit dem äußeren, eine Verzeihung darstellenden Verhalten in Widerspruch stehende innere Gesinnung, sofern sie nicht auch dem anderen Teile erkennbar war, rechtlich ohne Bedeutung ist, hat das Reichsgericht schon wiederholt angenommen. (Vgl. die Urteile RGE. Bd. 37 S. 346 und vom 15. April 1901 in JW. 1901 S. 386. RGE. IV. ZS. vom 1. Mai 1905 $\frac{588}{84}$ in JW. 1905 S. 371 unter 12; *„Recht" 1905 Nr. 2114; *Sörgel 1905 S. 280 unter c; RGKom. III S. 281 unter 3; JW. 1906 S. 753 unter 25.

16. Nach dem Urteil des OLG. Bamberg vom 14. Mai 1904 in „Recht" 1905 Nr. 1469 hängt zunächst von der sozialen Stellung der Eheleute ab, welche Äußerungen und Handlungen im Rechte der Ehescheidung als stillschweigende Verzeihung anzusehen sind.

17. In dem Beischlafe des verletzten Ehegatten mit dem andern Ehegatten kann eine stillschweigende Verzeihung liegen. Ob im einzelnen Falle der Geschlechtsakt als der Ausdruck des subjektiven Empfindens des betreffenden Ehegatten, daß er trotz der ihm widerfahrenen Unbill die Fortsetzung der ehelichen Gemeinschaft als für ihn erträglich ansehe, aufgefaßt werden darf, hängt von den Umständen des einzelnen Falles ab. Dafür, daß solche Umstände vorgelegen haben, ist der Ehegatte, der sich auf Verzeihung berufen hat, beweispflichtig. Urteile des OLG. Hamburg vom 10. März 1903 und 7. März 1906 in WarneyerJ. Jahrg. 2 S. 120 zu § 1570 BGB. unter 2; vgl. RGE. vom 25. Oktober 1906 $\frac{151}{06}$ und 29. Oktober 1906 $\frac{130}{06}$ in JW. 1906 S. 752[24] und [25]; RGKom. III S. 283 unter 4; Urteil des RG. IV. ZS. vom 6. Juni 1907 $\frac{546}{07}$ in „Recht" Bd. 11 Nr. 2750; Urteil des OLG. Hamburg vom 2. Juli 1907 in WarnJ. Jahrg. 7 S. 240 zu § 1570 BGB. unter 1, RG. Gruch. 64 S. 113; RG. Leipz. Z. 1922 S. 464 Nr. 9; RG. Recht 1922 Nr. 985; vgl. hierzu auch die im § 26 unter Nr. 25 RGE. v. 27. 9. 23 in Bd. 108 S. 15.

18. „Wenn ein Ehepaar mit gemeinsamen Kindern sich auf eine Erholungsreise begibt und den ehelichen Verkehr fortsetzt, so liegt mit Bezug auf jeden von ihnen die Annahme nahe, er habe nicht nur die ihm bekannten Eheverfehlungen dem anderen Teile vergeben wollen, er betätigt damit vielmehr eine Gesinnung, die auch als eine Verzeihung gleichartiger Verfehlungen gelten darf, wegen deren Begehung bei ihm nur ein mehr oder minder dringender Verdacht besteht." Urteil des RG. IV. ZS. vom 2. Dezember 1907 $\frac{372}{07}$ in „Recht" 1908 Nr. 344; vgl.

Urteil des RG. IV. ZS. vom 9. Januar 1908 $\frac{210}{07}$ in „Recht" 1908 Nr. 771; RG. 31. 5. 20, IV 493/19; RG. Recht 1922 Nr. 985.

19. Bei Beurteilung der Frage, ob eine Verzeihung in der Beischlafsvollziehung der Ehegatten zu befinden ist, ist nach dem Urteile des RG. IV. ZS. vom 10. Dezember 1906 $\frac{206}{06}$ in JW. 1907 S. 79 unter 7 „*das gesamte Verhalten* der Ehegatten darauf zu prüfen, ob eine versöhnliche Stimmung der Ehegatten Platz gegriffen hat und deshalb eine Verzeihung anzunehmen ist", und es heißt in jenem Urteile weiter: „Die Klägerin hat bei einer gerichtsseits zur Aufklärung des Sachverhalts vorgenommenen eingehenden Befragung der Parteien nach Ausweis des Tatbestandes des Berufungsurteils angegeben, daß sie sich auf einen Geschlechtsverkehr mit ihrem Manne nicht habe einlassen wollen, daß dieser sie aber fortwährend, z. B. durch Vorhalten eines Revolvers, durch die Drohung, daß er sie und zu anderen Malen, daß er sich totschießen wolle, in Aufregung gehalten, daß er ihr erklärt habe, daß sie, solange sie noch nicht geschieden seien, ihm zur Verfügung stände, was ihr auch eingeleuchtet habe. Zur Vermeidung von Streit und Aufregung, was sie nicht habe vertragen können, habe sie schließlich den geschlechtlichen Verkehr geduldet. Der Unfriede zwischen ihnen sei aber weiter gegangen, und sie sei nur deshalb bei ihrem Manne geblieben, weil sie damals eine Freundin aus Newyork erwartet habe, und weil sie vor ihrem Fortgange die Wohnung, welche ihr Mädchen habe verschmutzen lassen, erst habe wieder rein machen müssen. Daß Unfrieden zwischen ihm und seiner Frau bestanden, hat der Beklagte zugegeben, wenn schon er dies auf einen andern Grund zurückführt. Er erklärt, daß er sich Mühe gegeben habe, seine Frau zu versöhnen, daß er aber nicht vermocht habe, sie in dem Entschlusse, sich scheiden zu lassen, umzustimmen. Das Berufungsgericht hat hiernach die Sachlage dahin gewürdigt, daß es zu einer Verzeihung nicht gekommen sei, daß die Klägerin nicht mit einem solchen Willen und in einer solchen Gemütsstimmung gehandelt habe, auch nicht, als sie kurz vor ihrem Fortgange am 26. September 1904 ihm noch einmal den Beischlaf gestattet habe. In dieser Würdigung, die wesentlich dem tatsächlichen Gebiete angehört, kann dem Berufungsrichter nicht entgegengetreten werden. Es erscheint nicht rechtsirrtümlich, wenn *unter den ganz besondersartigen Umständen* dieses Falles eine Verzeihung trotz des zwischen den Ehegatten fortgesetzten Geschlechtsverkehrs *nicht* für vorliegend erachtet ist." Vgl. Urteil des RG. IV. ZS. vom 15. November 1909 im „Recht" 1910 Nr. 286.

20. Nach dem Urteile des RG. IV. ZS. vom 29. Oktober 1906 $\frac{130}{06}$ in JW. 1906 S. 752 Nr. 25; „Recht" 1907 Nr. 311 kann eine Beischlafsvollziehung der Ehegatten als Verzeihung *nicht* angesehen werden, wenn sie aus Furcht vor Mißhandlungen, überhaupt nicht aus freiem Willen, geschehen ist. Vgl. Urteil des RG. IV. ZS. vom 26. Oktober 1908 $\frac{77}{08}$ in Sörgel 1908 S. 390 unter d; vgl. auch RG. 26. 10. 11, IV 98/11; RG. 6. 11. 19, IV 272/19, LZ. 23 S. 60; *Recht 23 Nr. 207; RGRKom. III Anm. 4 zu § 1570.

21. Verzeihung liegt nicht vor, wenn sie zwar äußerlich erklärt worden ist, aber zu einer Zeit, in der sich der Erklärende infolge hochgradiger Erregung über die erlittene Kränkung zu einem festen Entschluß noch gar nicht durchgerungen hatte. (RG. 17. 12. 10, IV 53/10; RG. Bl. 22 S. 61).

22. „Als Äußerungen der Verzeihung können persönliche Aufmerksamkeiten, die über die Erfordernisse gewöhnlicher Höflichkeit hinausgehen, z. B. Geschenke, Zärtlichkeiten, Küsse u. dgl. angesehen werden. Zutreffend hat der Erstrichter ausgeführt, daß die wiederholten Besuche der Klägerin im Zellengefängnis, der Austausch von Geschenken zwischen den Streitteilen nach Verbüßung der Strafe — wegen dreier Verbrechen wider die Sittlichkeit, — der zärtliche Ton, sowie die liebevollen Anreden und Abschiedsworte der Klägerin in ihren an den Beklagten gerichteten Briefen ein *Beweis dafür sind, daß sie ihrem Manne nichts nachtrage, sondern ihm verzeihe.*" Urteil des OLG. Bamberg vom 14. Mai 1904 in „Recht" 1905 Nr. 1469; vgl. Urteil des RG. IV. ZS. vom 9. Dezember 1907 $\frac{185}{07}$.

23. Verzeihung kann auch dann vorliegen, wenn der Mann nur in der Befürchtung, daß eine regelrechte Beiwohnung als Verzeihung ausgelegt werden könnte, sich auf andre Weise die geschlechtliche Befriedigung durch die Frau wiederholt gefallen läßt. (RG. 3. 4. 19, IV 20/19; RGRKom. III Anm. 4 zu § 1570).

24. „Ein Ehegatte ist befugt, von den vor Erhebung der Scheidungsklage vorhandenen Scheidungsgründen nur den einen oder anderen für sich zu verwerten. JW. 1901 S. 91 unter 126. Unterläßt er es, alles ihm zu Gebote stehende Material zu benutzen, so riskiert er allenfalls die Zurückweisung des Scheidungsanspruchs und den Ausschluß mit den nicht geltend gemachten Scheidungsgründen in einem späteren Verfahren — ZPO. § 616 —. Der Verzicht auf *einen* Scheidungsgrund kann daher auch nicht zur Annahme der Verzeihung führen, wenn nicht andere Umstände zutage treten, die auf solche schließen

lassen. Wenn auch dem Verzichte des Klägers auf Geltendmachung des Ehebruchs die Absicht zugrunde liegen sollte, die Folgen der Scheidung für den schuldigen Teil abzuschwächen und diesem Schonung angedeihen zu lassen, so kann hierin nur eine recht erklärliche Rücksichtnahme auf die Gestaltung des künftigen Schicksals beider Streitteile erblickt werden, während gleichzeitig in der Klageerhebung die schärfste Verneinung der Verzeihung zum Ausdruck gebracht ist. Urteil des OLG. München IV. Sen. v. 19. November 1907 in SeuffertArch. Bd. 63 S. 67 Nr. 47; *WarnJ. 7 S. 240 zu § 1570 BGB. unter 3; vgl. Urteil des OLG. Stuttgart II. ZS. vom 11. Februar 1909 U $\frac{813}{08}$ im „Recht" 1909 Nr. 1146; vgl. RG. 26. 1. 16, IV 368/15; RGRKom. III Anm. 1 zu § 1570.

25 a. Eine formelle Klagezurücknahme schließt *nicht unter allen Umständen* eine damit dem anderen Teile gewährte Verzeihung in sich. Urteil des RG. IV. ZS. vom 11. Dezember 1902 $\frac{261}{02}$ im „Recht" 1903 Nr. 631; *WarneyerJ. 2 S. 120 zu § 1570 BGB. unter 1, RG. Warn. 1915/16 Nr. 144.

b) Die Versicherung eines Ehegatten, *keine feindselige Gesinnung* gegen den anderen Ehegatten hegen zu wollen, ist keine Verzeihung. Urteil des OLG. Stuttgart vom 26. Juni 1903 in WürttJ. Bd. 17 S. 41 ff.; „Recht" 1905 Nr. 1148.

c) Nach dem Urteile des RG. IV. ZS. vom 9. Dezember 1907 $\frac{185}{07}$ in „Recht" 1908 Nr. 345, ist vor dem Kammergerichte ohne Rechtsirrtum *verneint*, daß in den Briefen und Karten der Klägerin an den Beklagten, welche von einer ausdrücklichen Verzeihung nichts enthalten, eine versöhnliche Gesinnung der Klägerin deutlich zum Ausdruck gelangt sei. Die Anrede „lieber Wilhelm" und die Schlußwendung „mit besten Grüßen und Küssen" in einem der Schreiben zwingen *nicht* zu der Schlußfolgerung, die Schreiberin, eine 60 jährige Frau, habe in dieser Form mehr ausgedrückt, als eben unter Gebildeten die übliche Rücksicht auf Anstand und Sitte im Briefwechsel erheischte.

26. Die von Amts wegen zu berücksichtigende — ZPO. § 622 RG. Warn. 1915/16 Nr. 142 — Verzeihung kann sowohl *vor* als *nach* Erhebung der Scheidungsklage erfolgen. Nach Eintritt der Rechtskraft eines auf Scheidung lautenden Urteils kann Verzeihung nicht mehr geltend gemacht werden, selbst wenn das Urteil durch einen Eid bedingt ist; ebensowenig kann Verzeihung in der Revisionsinstanz geltend gemacht werden. RG. JW. 1904 S. 260 Nr. 8; RGE. Bd. 44 S. 354.

Die Verzeihung ist eine sogen. rechtsvernichtende Tatsache, die vom Richter zu berücksichtigen ist, auch ohne daß sich die Partei, zu deren Gunsten sie wirkt, auf sie beruft, sofern sie nur in der Verhandlung überhaupt zutage tritt. (RG. 8. 10. 17, IV 183/17; RG. JW. 1922, 286[4]. Vgl. RG. L.Z. 1922, 293[6].)

27. Nach dem Urteile des RG. IV. ZS. vom 28. September 1908 $\frac{642}{07}$ in „Recht" 1908 Nr. 3277, *Sörgel 1908 S. 391 unter 12 ist die Ansicht, daß der die Verzeihung Behauptende n u r den ä u ß e r e n V o r g a n g nachzuweisen habe, und demgegenüber der Beweis, daß der äußere Vorgang eine Verzeihung n i ch t bedeute, dem Gegner zufalle, fehlsam. Dem Gegner ist nur freigestellt, die Darlegung, die zur Annahme einer Verzeihung führt, durch Nachweis eines gegenteiligen Sachverhalts zu widerlegen; eine eigentliche Beweislast trifft ihn nicht. Vgl. RG. 5. 12. 15, IV 231/15; RGRKom. III Anm. 7 zu § 1570.

Der die Verzeihung einwendende Ehegatte hat die Kenntnis des andern von den Verfehlungen zu beweisen. (RG. 23. 3. 11, IV 374/10; RG. 16. 9. 11, IV 633/10; RGRKom. III. Anm. 4 zu § 1570.)

§ 15.

Einwand der Notwehr.

1. Im Anschlusse an die Feststellung der von dem Beklagten bei dem Vorgange am 20. September 1901 der Klägerin zugefügten Verletzung tritt das Berufungsgericht in die Würdigung des vom Beklagten geltend gemachten Rechtsbehelfs der Notwehr ein und stellt dabei den Satz an die Spitze, daß im Gegensatz zum Strafverfahren im Zivilprozesse denjenigen die Beweislast trifft, der sich auf Notwehr beruft. Denn die Notwehr sei, so wird ausgeführt, ein Grund, welcher die Verantwortung des Beklagten für die zur Begründung der Klage ausreichende Tatsache der groben Körperverletzung ausschließe. Unter diesem Gesichtspunkte betrachtet liegen aber weder in dem Verhalten der Klägerin im allgemeinen, wie es der Beklagte behaupte, noch in dem Vorgange, wie er festgestellt sei, erhebliche Anhaltspunkte dafür vor, daß die Klägerin der angreifende Teil gewesen sei.

Unzutreffend ist es, daß der Rechtsbehelf der Notwehr ein qualifiziertes Bestreiten, insbesondere ein Leugnen der Vorsätzlichkeit des rechtswidrigen Handelns enthalte. Mit der Geltendmachung der Notwehr wird allein die der durch die Notwehr gebotenen Handlung sonst anhaftende Rechtswidrigkeit bestritten, während der im § 227 Abs. 2 BGB. gegebene Rechtsbegriff der Notwehr gerade von der Vorsätzlichkeit des durch die Notwehr gebotenen Handelns ausgeht. Für Ehesachen hat nun weder das BGB., noch die ZPO. die Beweislast besonders geordnet; es finden daher auch in Ehesachen die allgemeinen Grundsätze über die Beweislast Anwendung, und danach hat jeder der streitenden Teile die zur Begründung eines von ihm geltend gemachten Rechtsbehelfs dienenden Tatsachen zu beweisen, soweit nicht das Gesetz durch Aufstellung von Vermutungen oder der Gegner ihn durch Geständnis davon befreit. Ist aber nach § 227 Abs. 2 BGB. Notwehr diejenige Verteidigung, welche erforderlich ist, um einen gegenwärtigen rechtswidrigen Angriff von sich oder einem andern abzuwenden, so trifft im vorliegenden Falle den Beklagten, wenn er sich gegenüber der von ihm bei dem Vorgange am 20. September 1901, wie festgestellt, an der Klägerin verübten vorsätzlichen groben Körperverletzung, einer an sich widerrechtlichen Handlung, auf Notwehr berufen will und damit geltend macht, daß die Klägerin durch einen widerrechtlichen Angriff ihn zu seiner Handlung veranlaßt habe, wie die Darlegungspflicht, ebenso auch die Beweispflicht dafür, daß die Klägerin der angreifende Teil gewesen ist. Dadurch werden selbstverständlich die aus den Bestimmungen der §§ 617 und 622 der ZPO. sich ergebenden prozessualen Folgen nicht beeinflußt." Urteil des RG. IV. ZS. vom 12. März 1903 $\frac{382}{02}$, abgedruckt in JW. 1903 Beilage 1 S. 54 unter 125 und in bezug genommen in Staudinger IV. 1 S. 674 unter 4; RGE. in ZS. Bd. 33 S. 352 ff.; Urteile des RG. vom 16. Oktober 1906 und 18. Januar 1907 in JW. 1906 S. 745 und 1907 S. 138 f.

Für Ehesachen hat weder das BGB. noch die ZPO. die Beweislast besonders geregelt, es gelten also auch in Ehesachen dafür die allgemeinen Grundsätze. (RG. Recht 1922 Nr. 976.)

2. Auch dem Ehegatten gegenüber, der sich auf Notwehr beruft, muß der klagende Ehegatte das Vorhandensein einer schweren Eheverfehlung beweisen. RG. 30. Oktober 1911, IV. 102/11; RG. Gruch. 59, 923; RG. 11. Dezember 1919, IV. 277/19; vgl. RGRKom. III Anm. 10 zu § 1568.

§ 16.

Berücksichtigung parteiseitig nicht vorgebrachter Tatsachen.

Bezüglich der Frage nach der Berücksichtigung von Tatsachen, welche die Parteien nicht vorgebracht haben, enthält das Urteil des RG. IV. ZS. vom 12. Juli 1909 $\frac{60}{09}$ in JW. 1909 S. 500 unter 27 folgende Ausführungen:

„Nach § 622 ZPO. kann das Gericht in Scheidungsprozessen zum Zweck der Aufrechterhaltung der Ehe Tatsachen berücksichtigen, die von den Parteien nicht vorgebracht sind, und die Aufnahme von Beweisen von Amts wegen anordnen. Nach der Fassung des Gesetzes steht diese Befugnis im freien Ermessen des Gerichts. Hat das Gericht aus der konkreten Sachlage keinen Grund für die Ausübung dieser Befugnis entnommen, so entzieht sich dies der Nachprüfung des Revisionsrichters. Ein Revisionsgrund wäre nur gegeben, wenn das Instanzgericht seiner gesetzlichen Befugnis nach § 622 ZPO. sich gar nicht bewußt gewesen wäre."

§ 17.

Klarstellungspflicht der Parteien.

Der Scheidung begehrende Ehegatte hat die Vorgänge bei Eheverfehlungen behufs deren richterlicher Würdigung vollständig darzustellen.

In dem in Sörgel 1907 S. 450 unter 33 mitgeteilten Urteile des RG. IV. ZS. vom 10. Juni 1907 $\frac{599}{06}$ heißt es: „Kann ohne nähere Kenntnis des Hergangs (bei Mißhandlungen und Beleidigungen) nicht beurteilt werden, ob eine Eheverfehlung, und zwar eine solche schwerer Art anzunehmen ist, so hat der die Scheidung begehrende Ehegatte den Hergang so weit klarzulegen, daß diese Beurteilung dem Richter möglich ist." Vgl. Urteil des RG. IV. ZS. vom 26. November 1906 in JW. 1907 S. 49 und *WarneyerJ. 1906 S. 170 unter 5; *DJZ. 1907 Spruchsammlung 8 zweite Fortsetzung S. 106.

§ 18.

Klagfrist betreffs des Scheidungsanspruchs.

1. Die im § 1571 BGB. angegebenen Fristen sind von Amts wegen zu berücksichtigende Ausschlußfristen, nicht Verjährungsfristen. Urteil des OLG. Köln vom 29. Oktober 1902 in „Recht" 1903 S. 18; *Staudinger IV. 1 S. 690 unter 5.

2. Die sechsmonatige Klagfrist des § 1571 Abs. 1 BGB. beginnt von dem Zeitpunkte an zu laufen, in welchem der Ehegatte von dem äußeren Tatbestande des Scheidungsgrundes Kenntnis erhalten hat und nicht von dem Zeitpunkte an, in welchem die Ehezerrüttung empfunden wird.

„Die nach § 1571 Abs. 1 BGB. erforderliche Kenntnis muß die wesentlichen Merkmale des Scheidungsgrundes umfassen. Handelt es sich um einen Scheidungsgrund aus § 1568 BGB., so gehört zu den wesentlichen Merkmalen auch, daß der Ehegatte das ehewidrige Verhalten des anderen Ehegatten als ehezerrüttend empfindet. Mit dem Eintritt der ehezerrüttenden Wirkung auf den Ehegatten erlangt dieser naturgemäß auch Kenntnis davon. Allein auf diese innere Tatsache kommt es für den Fristablauf nicht an. Es genügt vielmehr, daß im Fall des § 1568 BGB. der Ehegatte von dem *äußeren Tatbestande* des Scheidungsgrundes Kenntnis erlangt. Mit Erlangung dieser Kenntnis wird die Frist in Lauf gesetzt, nicht erst mit dem Zeitpunkte, in dem der Ehegatte den vorliegenden äußeren Tatbestand als ehezerrüttend zu empfinden beginnt. Sonst könnte ein Ehegatte, der länger als sechs Monate Kenntnis von einer Eheverfehlung des anderen Ehegatten, z. B. einer großen Mißhandlung, erlangt hat, noch nach Jahren die Scheidung mit der Behauptung verlangen, die ehezerrüttende Wirkung habe sich bei ihm erst neuerdings eingestellt. Dasselbe gilt, wenn der Scheidungsgrund aus mehreren einzelnen, an sich nicht schweren Verfehlungen sich zusammensetzt, die nur im Zusammenhalt eine schwere Pflichtverletzung darstellen. Auch in diesem Falle kommt es auf die Kenntnis der den Scheidungsgrund bildenden Tatsachen, nicht auf den Eintritt der ehezerrüttenden Wirkung an. Ist erst, wie im Streitfalle, durch den Hinzutritt der *letzten* Tatsache das zur Annahme eines Scheidungsgrundes erforderliche Maß erreicht, so kommt es auf die Kenntnis der letzten Tatsache an. Von dem Zeitpunkte der Erlangung dieser Kenntnis an beginnt die Frist zu laufen." Urteil des RG. IV. ZS. vom 11. Oktober 1909 $\frac{663}{08}$ in JW. 1909 S. 690 unter 19; *„Recht" 1909 Nr. 3378; *WarneyerJ. 9 S. 157 zu § 1571 BGB. unter 1; vgl. Urteil des RG. IV. ZS. vom 5. März 1908 $\frac{324}{07}$ in RGE. Bd. 68 S. 124 ff. Nr. 33. Bloßer Verdacht, bloße Vermutungen genügen nicht, die Frist in Lauf zu setzen. (RG. 6. Oktober 1914, IV. 205/14.)

3. Der Kenntnis von dem Scheidungsgrunde *steht die fahrlässige Unkenntnis nicht gleich*.

„Mit Recht geht der Berufungsrichter davon aus, daß ‚Kenntniserlangen' im Sinne des § 1571 Abs. 1 BGB. mit dem anderwärts vom Gesetze gebrauchten Ausdruck ‚kennen müssen' nicht zusammenfällt, und daß hier die fahrlässige Unkenntnis der Kenntnis nicht gleichgestellt ist. Handelt es sich deshalb um die Kenntnis von einer der Vergangenheit angehörigen Tatsache, die jemand durch die Mitteilung eines Dritten vermittelt wird, so wird man regelmäßig erst dann von erlangter Kenntnis sprechen dürfen, wenn die Mitteilung vom Empfänger für wahr gehalten wird. Im Streitfalle hat der Berufungsrichter eingehend begründet, warum er sich bis auf einen der Klägerin anvertrauten Eid davon *nicht* überzeugt hatte, daß die Klägerin vom Ehebruch des Mannes bereits vor Ablauf der Ausschlußfrist Kenntnis erlangt habe." Urteil des RG. IV. ZS. vom 12. Oktober 1905 $\frac{181}{05}$ in SeuffertArch. Bd. 61 S. 197 Nr. 113; Urteile des OLG. Dresden vom 28. Februar 1905 und OLG. Hamburg vom 18. Februar 1905 in Mugdan und Falkmann Bd. 10 S. 281 und S. 282; Urteil des OLG. Karlsruhe vom 10. Oktober 1906 in „Recht" 1907 S. 1261 Nr. 3108; *Staudinger IV. 1 S. 686 unter 2 a, BadRpr. 1907 S. 221.

4. Die Aufhebung der häuslichen Gemeinschaft der Ehegatten, während welcher nach § 1571 Abs. 2 Satz 1 BGB. die Frist von sechs Monaten für die Erhebung der Scheidungsklage *nicht* läuft, kann nicht nur durch *freiwillige* Trennung des abwesenden Ehegatten, sondern auch durch eine *wider dessen Willen* eingetretene Trennung erfolgen.

Der Beklagte ist durch Urteil der Strafkammer des Landgerichts in Bartenstein vom 9. Januar 1901, nachdem er am 20. Oktober 1900 in Untersuchungshaft genommen war, „wegen versuchten Verbrechens gegen die Sittlichkeit" zu einer Zuchthausstrafe von einem Jahre sechs Monaten verurteilt worden, und hat die Verbüßung dieser Strafe in unmittelbarem Anschluß an die Untersuchungshaft stattgefunden. Wegen der vorgedachten Straftat hat die Klägerin nach einem erfolglos verlaufenen Sühnetermine, zu welchem der Beklagte *am 15. Juni* 1901 geladen war, Ende Juli e. a. gegen denselben Scheidungsklage erhoben. Bei der Entscheidung des Rechtsstreits kam in Betracht, ob den vorliegenden Umständen nach bei der Ladung des Beklagten zum Sühnetermine die sechsmonatige Frist gewahrt war, BGB. § 1571 Abs. 3. Die Entscheidungsgründe des auf die Revision der Klägerin ergangenen reichsgerichtlichen Urteils enthalten über diesen Punkt folgendes:

„Im Hinblick auf die Bestimmung des § 1571 Abs. 1 Satz 1 BGB. und gegenüber der Behauptung der Klägerin, daß sie erst durch das Strafverfahren gegen den Beklagten überzeugende Kenntnis von der gegen die Tochter Anna verübten Straftat erlangt habe, nimmt das Berufungsgericht in überall bedenkenfreier Würdigung des Ergebnisses der Beweisaufnahme und des hier eingreifenden Parteivorbringens für erwiesen an, daß Klägerin bereits im Sommer 1900 diese Kenntnis gehabt hat. Danach ist aber auch die hieran geknüpfte weitere Annahme zutreffend, daß die erst am 15. Juni 1901 erfolgte Ladung des Beklagten zum Sühnetermine nach Ablauf der sechsmonatigen Klagfrist erfolgt ist. Es kommt daher in Frage, ob, wie die Klägerin meint und auch von der Revision geltend gemacht wird, diese Frist gemäß Abs. 2 Satz 1 § 1571 BGB. seit dem 20. Oktober 1900 nicht mehr gelaufen ist, weil Beklagter seitdem bis zur vollendeten Verbüßung der gegen ihn erkannten Zuchthausstrafe sich in Haft befunden habe, und durch diese Untersuchungs- und Strafhaft die häusliche Gemeinschaft der Parteien aufgehoben sei.

Die verneinende Annahme des Berufungsgerichts beruht, wie von der Revision mit Recht gerügt wird, insoweit auf rechtsirrtümlicher Auffassung des § 1571 Abs. 2 Satz 1 BGB., als die unfreiwillige vorübergehende Inhaftnahme eines Ehegatten zur Untersuchungs- oder Strafhaft unterschiedslos und insbesondere ohne Rücksicht auf die Dauer der Haft zur Aufhebung der häuslichen Gemeinschaft im Sinne dieser Gesetzesvorschrift nicht für geeignet erachtet wird. Verfehlt ist schon der Ausgangspunkt des Berufungsgerichts, daß behufs der Bestimmung des juristischen Begriffs der ‚häuslichen Gemeinschaft, und deren ‚Aufhebung' im Sinne des Absatzes 2 Satz 1 des § 1571 BGB. festzustellen sei, in welchem Sinne das Gesetzbuch diese Ausdrücke an anderen Stellen gebrauche. Es handelt sich hier nicht um technische Ausdrücke, in denen das Gesetz einen von ihm selbst bestimmten Sinn zum Ausdruck bringt. Maßgebend für den Sinn der Worte ‚häusliche Gemeinschaft' und ‚Aufhebung' ist daher zunächst der gemeine Sprachgebrauch in Verbindung mit dem Zusammenhange, in dem sie gerade im § 1571 BGB. selbst vorkommen. Die eheliche Lebensgemeinschaft, zu der gemäß § 1353 Abs. 1 BGB. die Ehegatten einander verpflichtet sind, bedingt auch die häusliche Gemeinschaft der Ehegatten, als den örtlichen Mittelpunkt der ehelichen Lebensgemeinschaft überhaupt und die äußere Form, in der diese Gemeinschaft sich vollzieht. Die Verpflichtung der Ehegatten zur ehelichen Lebensgemeinschaft miteinander umfaßt daher zugleich ihre Verpflichtung zur häuslichen Gemeinschaft. Das Wesen der ehelichen häuslichen Gemeinschaft ergibt sich aus ihrer gekennzeichneten Eigenschaft, als des örtlichen Mittelpunkts und der äußeren Form, ohne welche die eheliche Lebensgemeinschaft als solche nicht zur vollen Verwirklichung gelangen kann, und daraus ergibt sich zugleich weiter, daß der tatsächliche Bestand der häuslichen

Gemeinschaft auch ausschlaggebend ist für das Bestehen der häuslichen Gemeinschaft im rechtlichen Sinne, so daß diese ohne jene nicht besteht, also auch aufgehoben wird, wenn jene aufgehoben ist. Dieser, aus der Natur der Sache sich ergebende Erfolg ist nicht notwendig abhängig von einem darauf gerichteten Willen des betreffenden Ehegatten; nur in anderer, unten noch zu erörternder Richtung ist der Wille hier ausschlaggebend.

Da nicht jedes Fernhalten eines Ehegatten von der häuslichen Gemeinschaft deren Aufhebung zur Folge hat, wie auch das Berufungsgericht zutreffend annimmt, so fragt es sich, welches die Voraussetzungen für den Eintritt der Aufhebung sind.

Dem Wesen und Zwecke der ehelichen Lebensgemeinschaft, die Lebensaufgaben der Ehegatten zu fördern und zu erfüllen, hat sich die Gestaltung der häuslichen Gemeinschaft anzupassen, und zwar entsprechend den Anschauungen, die in dieser Beziehung im gewöhnlichen Leben herrschen. Danach unterliegt es allerdings keinem Zweifel, daß das tatsächliche Verlassen der ehelichen Wohnung seitens des einen oder des anderen Ehegatten, selbst auf längere Zeit, eine Aufhebung der häuslichen Gemeinschaft im Sinne des § 1571 Abs. 2 BGB. dann nicht herbeiführt, wenn die Trennung nach den bestehenden Lebensverhältnissen der Ehegatten sich als eine natürliche, aus dem regelmäßigen Laufe der Dinge sich ergebende darstellt. Bei solcher Voraussetzung können, worauf das Berufungsgericht hinweist, der Antritt einer Badereise durch den einen Ehegatten, ferner dessen Reisen als Geschäftsreisender u. dgl. nicht als eine Aufhebung der häuslichen Gemeinschaft im Sinne jener Vorschrift angesehen werden. Den Gegensatz hierzu bildet eine solche Abwesenheit des einen oder des anderen Ehegatten aus der Ehewohnung, die außerhalb des gewöhnlichen und natürlichen Laufes der Dinge, insbesondere außerhalb der Anforderungen der Berufs- oder sonstigen Geschäfte des abwesenden Ehegatten, erfolgt, mag die Abwesenheit auf seinem freien Entschlusse beruhen oder infolge äußeren Zwanges stattfinden, im letzteren Falle nur vorausgesetzt, daß sie nicht unter Umständen erfolgt, namentlich was die Veranlassung, die Art und Weise der Ausführung und die Dauer betrifft, die sie zur Herbeiführung einer wirklichen Lösung der häuslichen Gemeinschaft in dem einzelnen Falle gar nicht geeignet erscheinen lassen. Liegen derartige Umstände nicht vor, so ist allerdings anzunehmen, daß auch durch die auf äußerem Zwange beruhende tatsächliche Trennung ebenfalls eine Aufhebung der häuslichen Gemeinschaft im Sinne des § 1571 Abs. 2 ZPO. erfolgt Auf den Willen des abwesenden Ehegatten kann demnach nicht wie das Berufungsgericht annimmt, das allein entscheidende Gewicht gelegt werden. Gewiß wird dieser überall da maßgebend sein, wo es sonst zweifelhaft sein kann, ob und wann die häusliche Gemeinschaft aufgehoben ist. Insbesondere wird, wenn sich ein Ehegatte mit der Absicht entfernt, überhaupt nicht oder doch erst nach Ablauf einer längeren Zeit zurückzukehren, ohne daß in letzterem Falle Berufsgeschäfte oder die gewöhnliche Gestaltung der Lebensverhältnisse ihn hierzu veranlassen, anzunehmen sein, daß in der Tat die häusliche Gemeinschaft infolge der Entfernung mit jenem bestimmten Willen aufgehoben ist. Aber allein kann der Wille, die Gemeinschaft aufzuheben, hierfür nicht maßgebend sein. Vielmehr muß nach der obigen Darlegung auch eine erzwungene Fernhaltung des einen Ehegatten aus der ehelichen Wohnung die häusliche Gemeinschaft dann aufheben, wenn durch sie eine wirkliche Lösung der häuslichen Gemeinschaft herbeigeführt wird. Ob diese tatsächliche Voraussetzung der rechtsbegrifflichen Aufhebung der ehelichen häuslichen Gemeinschaft vorliegt, bestimmt sich im einzelnen Falle nach den für die Gestaltung ihrer häuslichen Gemeinschaft wesentlich maßgebenden persönlichen und wirtschaftlichen Verhältnissen der betreffenden Ehegatten und unterliegt daher der tatsächlichen Würdigung und Feststellung auf der so gegebenen Grundlage.

Im vorliegenden Falle, wo der eine Ehegatte wegen eines ihm zur Last gelegten Verbrechens zunächst in Untersuchungshaft genommen und demnächst, nach deren beinahe dreimonatiger Dauer, im unmittelbaren Anschluß daran zur Verbüßung der gegen ihn erkannten anderthalbjährigen Zuchthausstrafe in Strafhaft genommen ist, erscheint es aber nicht als ausgeschlossen, daß sich zu der Feststellung gelangen läßt, daß durch die so erzwungene Fernhaltung des Beklagten aus der ehelichen Wohnung auch eine wirkliche Lösung der ehelichen Gemeinschaft herbeigeführt ist.

Neben dem Wortsinne spricht übrigens auch der klar hervortretende Zweck der Vorschrift in § 1571 Abs. 2 BGB. für die Auffassung des Begriffs der ‚Aufhebung der häuslichen Gemeinschaft' in dem Sinne, daß er insbesondere auch den Fall der Untersuchungshaft und der Verbüßung einer längeren Freiheitsstrafe durch den einen Ehegatten mitumfaßt. Die Vorschrift soll für die Fälle der tatsächlichen Trennung der Ehegatten verhüten, daß der gemäß Abs. 1 des § 1571 BGB. schon mit der Kenntnis des zur Klage berechtigten Ehegatten von dem Scheidungsgrunde beginnende Lauf der verhältnismäßig kurzen sechsmonatigen Ausschlußfrist für die Erhebung der Scheidungsklage den sich entfernt haltenden Ehegatten zur Klage *nötigt*, obwohl er sich sonst an der tatsächlichen Trennung *mindestens vorläufig*, vielleicht sogar für immer genügen lassen würde, und weil ein längeres Getrenntsein der Ehegatten erfahrungsgemäß nicht selten zu einer Aussöhnung führt. Die Bestimmung bezweckt demnach gerade die tunlichste Aufrechterhaltung der Ehe ...

Die hiernach aus dem Wortlaute sowie aus dem Grunde und Zwecke der Vorschrift in Abs. 2 Satz 1 des § 1571 BGB. sich ergebende Bestimmung des Rechtsbegriffs der Aufhebung der ehelichen häuslichen Gemeinschaft, die sich wesentlich unterscheidet von der in §§ 617 und 618 BGB. erwähnten ‚häuslichen Gemeinschaft‘ zwischen Herrschaft und Dienstboten und von der in § 2028 BGB. erwähnten ‚häuslichen Gemeinschaft‘ zwischen dem Erblasser und den zur Zeit des Erbfalls sich bei ihm aufhaltenden Personen, wird auch durch die Entstehungsgeschichte des Abs. 2 des § 1571 BGB. bestätigt," wie in dem Urteil der Revisionsinstanz eingehend dargelegt ist. Urteil des RG. IV. ZS. vom 22. Januar 1903 $\frac{288}{02}$ in den Entsch. des RG. Bd. 53 Nr. 86 S. 337 ff.; *JW. 1903 S. 44 unter 98; *Staudinger IV 1 S. 687 unter 3b; *Sörgel 1903 S. 226 unter 4; vgl. Urteil des RG. vom 9. Juli 1903 in JW. 1903 Beilage S. 112 Nr. 247; Urteil des RG. IV. ZS. vom 8. Januar 1903 $\frac{281}{03}$ in „Recht" 1903 S. 340 Nr. 1843; Beschluß des OG. Braunschweig 2. Senat vom 9. November 1900 in der BrschwZfR. Jahrgang 50 S. 31 unter 43; Urteil des RG. IV. ZS. vom 26. Mai 1910 in JW. 1910 S. 707; *Warn. 1910 Nr. 284 u. 1913 Nr. 149; JW. 1912 S. 147 u. 1916 S. 1192; RGE. 53 S. 337, JW. 1920 S. 641; LZ. 1921 S. 749.

5. Das Urteil des RG. IV. ZS. vom 14. März 1904 $\frac{447}{03}$ in den RGE. Bd. 57 Nr. 44 S. 192 ff.; *JW. 1904 S. 115; *Sörgel 1904 S. 266; *Staudinger IV 1 S. 690 unter 6 betrifft die Frage:

wie sich in Gemäßheit des § 1572 BGB. die Frist zur Geltendmachung von Ehescheidungsgründen *im Wege der Widerklage* bestimme?

In den Gründen dieses Urteils ist ausgeführt:

„Überall, und so auch in § 1572 BGB., ist das, sei es klagend oder widerklagend, geltend gemachte Scheidungsverlangen als selbständige, für sich bestehende Einheit aufgefaßt. Sind sonach Klage oder Widerklage in ihren Wirkungen gegeneinander abgeschlossen, so ist zwar nach richtiger Auffassung des § 1572 BGB., sofern nur bei Erhebung der Klage die Fristen noch nicht abgelaufen waren, die spätere Geltendmachung von weiteren Scheidungsgründen seitens des Klägers im Laufe des Prozesses zugelassen, möchten auch inzwischen die Fristen für diese abgelaufen sein; nicht aber darf auch der Widerkläger, weil zur Zeit der Erhebung der Klage seine Scheidungsgründe noch nicht präkludiert waren, diese Bestimmung für sich geltend machen. Vielmehr bleibt nach § 1572 BGB. dem Widerkläger die Frist zur Geltendmachung von Scheidungsgründen nur dann, für diesen Fall aber auch für den weiteren Lauf des Rechtsstreits, gewahrt, wenn sie noch nicht zur Zeit der gemäß § 281 ZPO. in der mündlichen Verhandlung erfolgten Erhebung der Widerklage verstrichen war. Die Entstehungsgeschichte des § 1572 BGB. bestätigt diese Auffassung. Vgl. die Motive zu § 1447 Abs. 5 des ersten Entwurfs Bd. 4 S. 606 ferner RGE. Bd. 57, S. 192.

6. „Der § 1571 Abs. 2 BGB. bezieht sich nicht nur auf die sechsmonatige, sondern auch auf die zehnjährige Frist des Absatzes 1. Das beweist der Wortlaut, der Vergleich mit Absatz 4 und die Entstehungsgeschichte. Die Reichstagsvorlage § 1554 Abs. 2 bestimmte: ‚die sechsmonatige Frist läuft nicht, solange die häusliche Gemeinschaft aufgehoben ist', bezog sich also ausdrücklich nur auf die sechsmonatige, nicht auf die zehnjährige Frist. Demgemäß sprach auch die Denkschrift nur von der sechsmonatigen Frist. Die Reichstagskommission änderte diese Bestimmung ab, indem sie das Wort ‚sechsmonatig' strich. Daraus folgt, daß die Ausnahme des Absatzes 2 auch für die zehnjährige Frist des § 1571 Abs. 1 BGB. gelten sollte." Urteil des OLG. Naumburg VI. ZS. vom 25. Mai 1909 in „Recht" 1911 Nr. 95; vgl. Urteil des OLG. Hamburg vom 7. Dezember 1900 daselbst Bd. 2 S. 110 und Urteil des OLG. Karlsruhe vom 26. September 1901 in „Recht" 1902 S. 20; *Staudinger IV 1 S. 687 unter 3a, ferner RG. JW. 1910, S. 475.

7. Die sechsmonatige Frist des § 1571 BGB. ist bezüglich der Klage sowohl als der Widerklage eine von Amts wegen zu berücksichtigende Ausschlußfrist. Die hiervon im § 1574 Abs. 3 BGB. zugunsten desjenigen Beklagten, der lediglich beantragt, die klagende Partei für schuldig zu erklären, gemachte Ausnahme hat zur Voraussetzung, daß keine Widerklage auf Scheidung erhoben ist. Urteil des OLG. Köln vom 29. Oktober 1902 in „Recht" S. 18 Nr. 43; RG. 15. 6. 14, IV 185/14; RGRKom. III Anm. 4 zu § 1572.

§ 19.

Tatfrage. Rechtsfrage.

Die Frage, ob das Verhalten eines Ehegatten eine *schwere* Verletzung der durch die Ehe begründeten Pflichten enthält, oder sich als unsittlich im Sinne des § 1568 BGB. darstellt, ist *regelmäßig Tatfrage*, und sind solchenfalls in Gemäßheit des § 561 ZPO. für die Entscheidung des Reichsgerichts die in dem angefochtenen Urteile gerichtlich festgestelten Tatsachen maßgebend. *Unter Umständen* kann jedoch jene Frage *Rechtsfrage* sein.

1. „Es handelt sich bei Entscheidung der Frage, ob die einem Ehegatten zur Last fallende Verletzung seiner durch die Ehe begründeten Pflichten als eine *schwere* im Sinne des § 1568 BGB. anzusehen ist, um eine *tatsächliche Feststellung*, und bewegt sich daher auch im vorliegenden Falle das Berufungsgericht mit der Annahme, daß die dem Beklagten vorgeworfenen Verfehlungen *nicht* als schwere Verletzungen seiner durch die Ehe begründeten Pflichten anzusehen sind, auf *tatsächlichem Gebiet*. Eine Unschlüssigkeit in der tatsächlichen Folgerung und eine rechtsirrtümliche Auffassung tritt dabei nicht zutage, und ist daher die Feststellung gemäß § 561 ZPO. der Nachprüfung in der Revisionsinstanz entzogen, auch für die Entscheidung des Revisionsgerichts maßgebend. Mit der Verneinung, daß in den von der Klägerin geltend gemachten Verfehlungen des Beklagten eine ‚schwere' Verletzung der durch die Ehe begründeten Pflichten enthalten ist, entfällt aber ein wesentlicher Bestandteil des Tatbestandes des Scheidungsgrundes des § 1568 BGB., auf welchen allein die Klage nunmehr noch gestützt ist." Urteil des RG. IV. ZS. vom 24. September 1900 $\frac{151}{1900}$ in JW. 1900 S. 726; *Sörgel 1900 S. 172 unter c; JW. 1904 S. 470[9], 1905 S. 24[25]; RGRKom. III S. 264 unter 2, wo noch ein Urteil des RG. IV. ZS. vom 23. November 1908 $\frac{101}{08}$ angezogen ist, vgl. Warn. 1914 Nr. 219, 336.

2. „Die Frage, ob das Verhalten eines Ehegatten sich als eine schwere Verletzung der durch die Ehe begründeten Pflichten und als unsittlich im Sinne des § 1568 BGB. darstellt, ist zwar innerhalb gewisser Grenzen Tatfrage. Wenn jedoch der Tatrichter unter das Mindestmaß insofern hinuntergeht, als er *eine Eheverfehlung und eine Sittenwidrigkeit* annimmt, während bei *objektiver* Würdigung, gleichviel um welche Eheleute und um welche Begleitumstände es sich handeln mag, *eine schwere Pflichtverletzung oder ein unsittliches Verhalten über-*

haupt nicht vorliegen können, so verletzt er damit die Rechtsbegriffe der schweren Eheverfehlungen und des unsittlichen Verhaltens in dem besonderen, ihm zukommenden Sinne einer *erheblichen*, zur Gefährdung des ehelichen Verhältnisses an sich geeigneten Sittenwidrigkeit." Urteil des RG. IV. ZS. vom 23. November 1908 101/08 in JW. 1909 S. 52 unter 17; *WarnJ. 8 S. 181 unter 1; *„Recht" 1909 Nr. 3088; RG. JW. 1910 S. 334; JW. 1914 S. 248; RG. Warn. 1914 Nr. 193.

§ 20.
Beschränkung des Urteils auf den geltend gemachten Scheidungsgrund.

1. Eine Partei, der mehrere Scheidungsgründe zur Seite stehen, kann sich vermöge ihres Verfügungsrechts in Ansehung des Prozeßstoffes auf Geltendmachung eines bestimmten Scheidungsgrundes beschränken. In einem solchen Falle ist der Eherichter, wenn aus dem Inbegriffe der Verhandlungen eine Mehrheit von Scheidungsgründen hervorgeht, dennoch *nicht* befugt, *gegen den Willen der Partei* die Scheidung *aus einem anderen als dem geltend gemachten Grunde* auszusprechen. Sowohl der Parteiwille, als auch der für Ehesachen bestehende Grundsatz, Ehen möglichst aufrecht zu erhalten, setzen dann dem richterlichen Urteile Schranken. Anders, wenn die Partei *allgemein* und *uneingeschränkt* Scheidung begehrt. Dann hat der Richter zu prüfen, ob die geltend gemachten und erwiesenen Tatsachen aus irgendeinem der gesetzlichen Scheidungsgründe das Scheidungsbegehren begründet erscheinen lassen. RGE. IV. ZS. vom 6. Mai 1909 561/08 im „Recht" 1909 Nr. 2002.

2. Ist die Scheidungsklage nur auf *Ehebruch* gestützt, so kann die Scheidung nicht aus § 1568 ausgesprochen werden. Ist die Scheidungsklage sowohl auf § 1565 wie auf § 1568 gegründet, so bedarf es keiner Beweisaufnahme über den behaupteten *Ehebruch*, wenn das Scheidungsbegehren bereits aus § 1568 begründet erscheint. Die Scheidung darf nicht aus einem anderem Grunde als dem von der Partei geltend gemachten ausgesprochen werden. Es ist ganz wohl denkbar, daß ein Ehegatte zwar beim Vorliegen eines Ehebruchs des anderen die Fortsetzung der Ehe ablehnen würde, sich aber damit abfinden könnte, wenn dem anderen nichts anderes zur Last fiele, als zeitweilige ehewidrige Beziehungen zu einer anderen Person, und er für diesen Fall

an der Ehe festhalten will. Andererseits ist es aber auch möglich, daß ein Ehegatte schon ein solches Verhalten des anderen, das den Verdacht des Ehebruchs nahelegt, als ehezerrüttend empfindet. Es kommt deshalb darauf an, welchen Standpunkt der Scheidungskläger im einzelnen Falle einnimmt. RG. 2. Februar 22, Recht 23 Nr. 897 auch RGE. 29. September 19 in Jahrbuch d. Rechts 1919.

§ 21.

Schuldigerklärung der Ehegatten.
§ 1574 BGB.

1. a. In dem Urteile des RG. VI. ZS. vom 11. November 1901 $\frac{172}{01}$ in den RGE. Bd. 49 S. 168, JW. 1904 S. 489 unter 14 ist ausgeführt: „Im § 1574 BGB. werden die Fälle geregelt, in welchen auszusprechen ist, daß ein Ehegatte die Schuld an der Scheidung trägt: nach Abs. 1 ist, wenn die Ehe aus einem der in den §§ 1565 bis 1568 BGB. bestimmten Gründe geschieden wird, auszusprechen, daß der Beklagte die Schuld an der Scheidung trägt; nach Abs. 2 sind, wenn der Beklagte Widerklage erhoben hat, und auch diese für begründet erkannt wird, beide Ehegatten für schuldig zu erklären. Hiernach kann ein Ehegatte nur dann für schuldig erklärt werden, wenn der andere Ehegatte mit seinem Scheidungsantrage obsiegt. Das ist die Regel. Hiervon macht Abs. 3 nur insofern eine Ausnahme, als der Anspruch, beide Ehegatten seien schuldig, auf Antrag des Beklagten *auch ohne Erhebung einer Widerklage* zu erfolgen hat, wenn der Beklagte auf Scheidung klagen könnte. Diesem Falle ist der Fall gleich gestellt, daß das Recht des Beklagten, Scheidung zu fordern, durch Verzeihung oder Zeitablauf ausgeschlossen, der Verlust des Scheidungsrechts aber erst *nach Entstehung* des vom Kläger geltend gemachten Scheidungsgrundes eingetreten ist. Jene Bestimmung steht dem Kläger nicht zur Seite. Zwar würde es keinem Bedenken unterliegen, sie, entgegen ihrem Wortlaute, auch zugunsten der Klagepartei auf den Fall anzuwenden, daß zunächst auf Herstellung der Ehe geklagt und von dem verklagten Teile Widerklage auf Scheidung erhoben worden ist. Ihrer Anwendung steht aber im vorliegenden Falle entgegen, daß *der Kläger die Scheidung gefordert hat.* Es ist dies nur eine Folge des Umstandes, daß nach dem BGB. *die Entscheidung über die Schuldfrage ein notwendiger Bestandteil des Scheidungsurteils* ist, daß die Erklärung eines Ehegatten für schuldig *die Scheidung* auf Antrag

des anderen Ehegatten regelmäßig zur Voraussetzung hat ... Auf Grund der Beweiswürdigung des Berufungsgerichts muß die Scheidungsklage abgewiesen werden; damit ist festgestellt, daß dem Kläger ein Scheidungsgrund nicht zur Seite steht; daraus folgt ohne weiteres, daß die Beklagte nicht ebenfalls als schuldig an der lediglich auf ihren Antrag ausgesprochenen Scheidung erklärt werden kann." ... Vgl. Urteil des RG. vom 23. Oktober 1905 in JW. 1905 S. 723 unter 15; Urteil des RG. IV. ZS. vom 17. November 1904 $\frac{248}{04}$ in RGE. Bd. 58 S. 311.

b) Es ist nicht erforderlich, daß ein ausdrücklicher Antrag auf Mitschuldigerklärung gestellt wird. Der gegenüber einer Scheidungsklage oder Scheidungswiderklage gestellte Antrag, die Ehe aus Verschulden des Gegners zu scheiden, muß in dem Sinne behandelt werden, daß er zugleich das Begehren enthält, den Gegner für mitschuldig zu erklären, falls das Gericht den zunächst geltend gemachten Scheidungsanspruch aus einem der in § 1574 Abs. 3 aufgeführten Gründe abweisen sollte. — RG. 1. November 23, IV ZS., L. Z. 24, 160.

2. a) Zur Begründung des Antrags, auch den auf Scheidung klagenden Ehegatten für schuldig zu erklären, können nur solche Tatsachen verwertet werden, die innerhalb der sechs Monate von dem Zeitpunkte des Eintritts des von dem klagenden Ehegatten geltend gemachten Scheidungsgrundes zurückgerechnet liegen oder sich in der späteren Zeit bis zur letzten mündlichen Verhandlung, auf welche das Urteil ergeht, ereignet haben. Urteil des RG. IV. ZS. vom 10. Juni 1907 $\frac{510}{06}$ in „Recht" 1907 Nr. 2068.

b) Zur Anwendung des § 1574 Abs. 3 BGB. genügt, wie aus der Entstehungsgeschichte dieser Bestimmung sich ergibt, daß die beiderseitigen Scheidungsgründe sich während gewisser Zeit noch unverziehen und unverjährt gegenüber gestanden haben.

Auf den zweiten Fall des § 1574 Abs. 3 BGB. beziehen sich die Anfangsworte dieses Absatzes „ohne Erhebung einer Widerklage" nicht. Der Antrag auf Schuldigerklärung wird dadurch also nicht ausgeschlossen, daß Scheidungswiderklage zwar erhoben war, daß sie aber wegen Zeitablaufs oder Verzeihung unbegründet war. Urteil des RG. IV. ZS. vom 1. Juli 1904 $\frac{52}{04}$ in JW. 1904 S. 489; *„Recht" 1904 Nr. 2508; vgl. Urteil des RG. IV. ZS. vom 25. Februar 1909 $\frac{292}{08}$ in „Recht" 1909 Nr. 1147; *RGE. Bd. 70 S. 334; *JW. 1909 S. 192; Urteil des RG. IV. ZS. vom 27. Mai 1909 in JW. 1909 S. 417; RG. 23. Januar 22 in Bd. 104, S. 86; *JW. 22, S. 1442.

c) Kann die Klägerin als die Zeit, in welche die die Scheidung begründenden Verfehlungen des verklagten Ehegatten fallen, nur einen bestimmten Zeitraum angeben, so genügt zur Anwendung des § 1574 Abs. 3 BGB., daß dem Beklagten auch nur während eines Teils dieses Zeitabschnitts wegen Verfehlungen der Klägerin das Recht, die Scheidung zu verlangen, bzw. die Klägerin für mitschuldig zu erklären, zustand. Urteil des RG. IV. ZS. vom 4. November 1909 $\frac{674}{08}$ in „Recht" 1909 Nr. 3789.

3. Die Frage, ob die durch § 616 ZPO. in Ehescheidungssachen ausgeschlossenen Tatsachen im Sinne des § 1574 Abs. 3 Halbs. 2 BGB. den dort hervorgehobenen, durch Verzicht und Zeitablauf ausgeschlossenen Tatsachen gleichgestellt sind, ist in dem Urteile des RG. IV. ZS. vom 21. März 1910 $\frac{293}{09}$ in JW. 1910 S. 477 unter 17; *WarnJ. 9 S. 157 zu § 1574 BGB. unter 2; PosM. 1910, 73 verneint, und heißt es in den Entscheidungsgründen: „In Fällen des § 1574 Abs. 3 Halbs. 2 BGB. liegt die Annahme nahe, der Beklagte habe den Scheidungsgrund in der Erwartung verziehen oder nicht rechtzeitig geltend gemacht, daß auch der klagende Ehegatte den ihm zustehenden Scheidungsgrund nicht geltend machen werde. Täuschte er sich darin, so war es ein Gebot der Billigkeit, ihm die rechtliche Möglichkeit zu eröffnen, auf die ausgeschlossenen Tatsachen wenigstens behufs Mitschuldigerklärung des Klägers zurückzugreifen. Diese Erwägungen (Motive Bd. 4 S. 608) treffen jedoch auf die durch § 616 ZPO. ausgeschlossenen Tatsachen nicht zu, denn in diesem Falle beruht die Ausschließung lediglich auf Vernachlässigung zwingender Prozeßvorschriften, die den Zweck verfolgen, der Vervielfältigung der Ehestreitigkeiten vorzubeugen."

4. „Wenn das Berufungsgericht das mit der Widerklage zur Geltung gebrachte Scheidungsrecht des Beklagten infolge der von ihm der Klägerin gewährten Verzeihung für ausgeschlossen erachtet, so konnte allerdings die Vorschrift des § 1574 Abs. 2 BGB. keine Anwendung finden, demnach konnte eine Schuldigerklärung der Klägerin nicht als Folge des Durchdringens der auf Scheidung gerichteten Widerklage von Amts wegen ausgesprochen werden. Dagegen war zu prüfen, ob dem Antrage des Beklagten, auch die Klägerin für schuldig zu erklären, nach § 1574 Abs. 3 BGB. stattzugeben war. Hier kommt der zweite der dort geregelten Fälle — Ausschluß des Scheidungsrechts durch Verzeihung oder Zeitablauf — in Betracht. Auf Grund des festgestellten Sachverhalts wird sodann dargetan, daß zeitweise das Scheidungsrecht des Beklagten demjenigen der Klägerin, und zwar zur Zeit

des Eintritts des von der Klägerin geltend gemachten Scheidungsgrundes, gegenüberstand. Der Antrag des Beklagten, auch die Klägerin für schuldig an der Scheidung zu erklären, ist daher nach § 1574 Abs. 3 BGB. gerechtfertigt." RGE. IV. ZS. vom 21. Mai 1906 $\frac{575}{06}$ in JW. 1906 S. 426 unter 11; *„Recht" 1906 Nr. 2630; vgl. Urteil des RG. IV. ZS. vom 16. April 1903 $\frac{432}{02}$ in JW. 1903 Beilage 8 S. 72 unter 167; Urteil des RG. IV. ZS. vom 1. Juli 1904 $\frac{52}{04}$ in JW. 1904 S. 489 unter 14; Urteil des RG. IV. ZS. vom 25. Februar 1909 $\frac{292}{08}$ in JW. 1909 S. 193 unter 9; *RGE. Bd. 70 S. 334 ff.; *Staudinger IV 1 S. 695 unter 3 b α; Urteil des RG. IV. ZS. vom 27. Mai 1909 $\frac{424}{08}$ in JW. 1909 S. 417 unter 16; vgl. RG. 10. Mai 15, IV 618/14.

5. Nach dem Urteile des RG. IV. ZS. vom 17. März 1904 $\frac{443}{03}$ in JW. 1904 S. 235 unter 11 greift der § 1574 Abs. 3 BGB. auch Platz, wenn der Widerkläger zwar die Widerklage auf Scheidung erhoben hatte, den Scheidungsantrag aber fallen läßt und nur die Schuldigerklärung des anderen Ehegatten beantragt, welchem Antrage selbständige Bedeutung zukommt. Vgl. Urteil des RG. IV. ZS. vom 26. März 1903 $\frac{401}{02}$ in JW. 1903 S. 181 unter 30; Urteil des RG. IV. ZS. vom 2. Januar 1905 $\frac{307}{04}$ in JW. 1905 S. 150 unter 35.

6. Durch Urteil des RG. III. ZS. vom 24. Juni 1902 $\frac{86}{02}$ in JW 1902 Beilage 11 S. 266 unter 196 ist der Angriff der Revision, es sei von dem Berufungsgerichte zu erwägen gewesen, ob nicht die Ehe unter Schuldigerklärung *beider* Teile zu scheiden sei, zumal die Beklagte in erster Instanz einen hierauf gerichteten Eventualantrag gestellt habe, mit folgender Begründung für verfehlt erachtet: „Nach § 1574 Abs. 1 und 2 BGB. kann ein Ehegatte nur dann für schuldig erklärt werden, wenn der andere Ehegatte mit seinem Scheidungsantrage im Wege der Klage oder Widerklage obsiegt. In Abs. 3 des § 1574 BGB. ist bestimmt, daß *ohne Erhebung einer Widerklage* auch der Kläger für schuldig erklärt werden kann; es ist dies jedoch nur *auf Antrag* des beklagten Eheteils zulässig. Die Voraussetzungen des § 1574 BGB. liegen hier nicht vor. Die Beklagte hat in zweiter Instanz *nur Abweisung der Klage* beantragt. Das Berufungsgericht konnte über diesen Antrag hinaus nicht erkennen." Vgl. RGE. VI. ZS. vom 5. Mai 1902 $\frac{52}{02}$ in JW. 1902 Beil. S. 243 unter 132.

7. In dem Urteil des RG. IV. ZS. vom 9. Dezember 1901 $\frac{356}{01}$ in JW. 1902 S. 205; *„Recht" 1902 Nr. 1291; ist ausgeführt: Das Verlangen der Revision, *keine* der Parteien für schuldig zu erklären, ist verfehlt. Wird die Ehe aus einem der in den §§ 1565 bis 1568 BGB.

bestimmten Gründe — und das trifft im vorliegenden Falle zu — geschieden, so muß nach § 1574 BGB. in dem Urteil ausgesprochen werden, daß der Beklagte, oder wenn auch auf die etwa erhobene Widerklage geschieden wird, daß beide Ehegatten die Schuld an der Scheidung tragen. In Abs. 3 des § 1574 BGB. ist nur bestimmt, daß in den dort vorgesehenen Fällen ohne Erhebung einer Widerklage auf Antrag der verklagten Partei auch der klagende Ehegatte für schuldig zu erklären ist. Vgl. RGE. 46 S. 158; 58 S. 311 und 319.

8. „Der Beklagte hat in erster Instanz lediglich Abweisung der erhobenen Scheidungsklage beantragt. In der zweiten Instanz hat er beantragt, die Berufung der mit der Scheidungsklage abgewiesenen Klägerin zurückzuweisen, im Fall seiner Verurteilung aber auch die Klägerin für schuldig zu erklären. Hieraus geht hervor, daß der Beklagte die Tatsache — die Klägerin habe dem Beklagten dritten Personen gegenüber nachgesagt, er treibe mit seiner älteren Tochter Unzucht, welche Tatsache nach der Erklärung des Vertreters der Klägerin nicht bestritten werden könne — nach zwei Richtungen hin verwertet hat, nämlich zur Abwehr gegen den von der Klägerin erhobenen Scheidungsanspruch und, falls die Klägerin mit ihrer Berufung durchdringen sollte, zur Begründung seines Antrags, auszusprechen, daß auch die Klägerin die Schuld an der Scheidung trage. Daß eine zur Abwehr der Scheidungsklage vorgebrachte Tatsache nicht unter die Bestimmung des § 617 Abs. 2 ZPO. fällt, geht schon aus dem Wortlaut klar hervor. Es kann aber auch nicht zweifelhaft sein, daß eine zur Begründung eines Antrags auf Schuldigerklärung vorgebrachte Tatsache dem § 617 Abs. 2 ZPO. nicht unterfällt, denn die Anwendung dieser Gesetzesbestimmung setzt voraus, daß die Tatsache an sich geeignet ist, die Scheidung oder Anfechtung der Ehe oder die Verweigerung des ehelichen Lebens zu begründen, **und** daß sie auch zur Begründung eines solchen Anspruchs von der Partei verwertet wird. Vgl. RGE. IV. ZS. vom 26. März 1903 $\frac{401}{03}$ in JW. 1903 S. 181 unter 30; *„Recht" 1903 Nr. 1428 unter 3. Eine derartige Verwendung hat hier nicht stattgefunden." RGE. IV. ZS. vom 2. Januar 1905 $\frac{295}{04}$ in JW. 1905 S. 114 unter 13.

9. Haben beide Ehegatten die Zerrüttung der Ehe herbeigeführt, so ist für den Antrag auf Schuldigerklärung **beider** Ehegatten nicht erforderlich, daß auf beiden Seiten ein Verschulden **von gleicher Schwere** vorliegt.

Durch landgerichtliches Urteil vom 4. April 1905 ist die Ehe der Parteien gemäß § 1568 BGB. auf die Klage und Widerklage unter

Schuldigerklärung beider Parteien geschieden. Die Klägerin hat in der Berufungsinstanz den Antrag gestellt, unter Abänderung des vorbezeichneten Urteils den Beklagten für den allein schuldigen Teil zu erklären. Das OLG. Braunschweig hat die Berufung zurückgewiesen.

In den Entscheidungsgründen ist ausgeführt, daß eine tiefe Zerrüttung des ehelichen Verhältnisses der Parteien eingetreten und anzunehmen sei, daß der Anfang der Zerrüttung auf die Verfehlungen des Beklagten zurückzuführen sei. Es könne aber nicht zweifelhaft sein, daß die Klägerin durch ihre Pflichtverletzungen die Zerrüttung vertieft habe, und zwar habe die Klägerin eine so tiefe Zerrüttung des ehelichen Verhältnisses verschuldet, daß ihrem Ehemanne die Fortsetzung der Ehe nicht zugemutet werden könne. Der Scheidungsanspruch des Beklagten sei deshalb ebenso berechtigt wie derjenige der Klägerin nach dem landgerichtlichen Urteile. Die gesetzliche Folge davon sei, daß beide Teile für schuldig erklärt werden müssen. Das Gesetz gestatte nicht, das beiderseitige Verhalten gegeneinander abzuwägen und dem Beklagten die Schuld allein zur Last zu legen, weil er ohne allen Zweifel die größere Schuld trage. Urteil des OLG. Braunschweig II. ZS. vom 17. Mai 1906.

10. Für den Fall, daß durch Klage und Widerklage lediglich Scheidung der Ehe verlangt wird, muß die Zulässigkeit eines auf Scheidung lautenden Teilurteils verneint werden. Wird von dem Gerichte die Scheidung ausgesprochen, so ist die Ehe, sobald das Urteil die Rechtskraft erlangt hat, getrennt, und für einen Rechtsstreit, der das eheliche Verhältnis zum Gegenstand hat, ist kein Raum mehr vorhanden. Aus diesem Grunde muß es überhaupt für unstatthaft erachtet werden, in einem auf Scheidung abzielenden Rechtsstreite ein Urteil zu erlassen, das die Ehe dem Bande nach trennt und nicht gleichzeitig auch sämtliche andere der Entscheidung bedürftige Fragen endgültig erledigt, sondern entweder über diese anderen Fragen bedingt entscheidet oder die Entscheidung vorbehält. Unzulässig ist insbesondere ein Urteil, das auf Trennung der Ehe lautet, sodann ausspricht, die Scheidung erfolge zunächst auf den Antrag der einen Partei und daneben von einem Eide abhängig macht, ob das Scheidungsbegehren der anderen Partei abgewiesen oder durch Läuterungsurteil erkannt werden soll, daß die Scheidung auf Antrag dieser letzteren Partei stattfinde. Allerdings kommen Urteile solchen Inhalts in der Praxis vor, und es wird dies (vgl. Lobe im SächsA. Bd. 6 S. 673) durch die Betrachtung zu recht-

fertigen gesucht, das zuerst ergehende Urteil enthalte die Scheidung, das dann folgende dagegen nur die Feststellung, daß die bereits auf den Antrag der einen Partei hin ausgesprochene Scheidung auch als auf den Gegenantrag hin erfolgt anzusehen sei. Eine derartige Feststellung ist jedoch rechtlich unmöglich und würde eine Bedeutung nicht zu beanspruchen haben, denn eine Ehe die bereits rechtskräftig geschieden ist, kann nicht zum zweitenmal geschieden, und es kann deshalb auch nicht hinterher in rechtlich wirksamer Weise ausgesprochen werden, daß es so angesehen werden solle, als ob die Ehe nicht nur aus dem bei ihrer Trennung angegebenen Grunde, sondern auch aus einem anderen Grunde geschieden sei. Hieraus folgt bereits, daß es endlich auch nicht statthaft sein kann, ein Teilurteil zu erlassen, das auf Trennung der Ehe lautet, aber die Entscheidung über d i e S ch u l d f r a g e , sei es in Ansehung beider, sei es hinsichtlich des einen Gatten, einem späteren Urteile vorbehält. Hiermit steht die Bestimmung des § 1574 Abs. 1 BGB. im Einklang, die zum Ausdruck bringt, daß über die Schuldfrage gleichzeitig mit der Scheidung zu erkennen ist, und daß die Entscheidung hierüber stets, auch in den durch Abs. 2 und Abs. 3 betroffenen Fällen, nur in dem auf Scheidung lautenden Urteile erfolgen kann (vgl. Planck Bd. 4 § 1574 BGB. Bem. 4). Die vorstehenden Ausführungen sind in dem Urteile des RG. IV. ZS. vom 17. November 1904 $\frac{248}{04}$ in RGE. Bd. 58 S. 310 ff.; *JW. 1905 S. 50 unter 24 enthalten; vgl. Urteil des RG. IV. ZS. vom 1. Dezember 1904 $\frac{255}{04}$ in RGE. Bd. 58 S. 319; *JW. 1905 S. 85 unter 30; Urteil des RG. IV. ZS. vom 22. November 1906 $\frac{178}{06}$ in RGE. Bd. 64 S. 316; Urteil des OLG. Braunschweig I. Sen. vom 24. April 1903 in SeuffertArch. Bd. 59 Nr. 160; Urteil des RG. IV. ZS. vom 8. Oktober 1906 $\frac{71}{06}$ in JW. 1906 S. 718 unter 18.

11. Der Beklagte hat beantragt, die auf Scheidung der Ehe gerichtete Klage der Ehefrau abzuweisen, für den Fall der Scheidung aber den Antrag gestellt, die Ehefrau für mitschuldig an der Scheidung zu erklären. Das Landgericht hat die Ehe geschieden und unter Zurückweisung des Antrags des Beklagten auf Mitschuldigerklärung der Klägerin erkannt, daß der Beklagte allein die Schuld an der Scheidung trage. In der Berufungsinstanz hat der Beklagte lediglich beantragt, das angefochtene Urteil, soweit es ihn für den allein schuldigen Teil erkläre, aufzuheben und statt dessen auszusprechen, daß b e i d e Parteien die Schuld an der Scheidung tragen. Von der Klägerin ist Zurückweisung der Berufung beantragt. Diesem Antrage ist von dem Oberlandesgerichte

stattgegeben, und ist auch die Revision des Beklagten zurückgewiesen. In dem reichsgerichtlichen Urteile ist ausgeführt:

Die Entscheidung des Landgerichts über die Klage war mangels eines entsprechenden Berufungsantrages der Nachprüfung durch das Berufungsgericht entzogen, denn auch im Ehescheidungsverfahren gilt die Vorschrift des § 525 ZPO., wonach vor dem Berufungsgerichte der Rechtsstreit in den durch die Anträge bestimmten Grenzen von neuem verhandelt wird. Vgl. §§ 536 und 537 ZPO. Mit Recht hat daher das Berufungsgericht eine Nachprüfung derjenigen Gründe abgelehnt, welche nach dem Urteile des Landgerichts den Ausspruch der Scheidung auf die Klage und somit die Schuldigerklärung des Beklagten rechtfertigen ... Mit dem Grundsatze, daß die Entscheidung über den Bestand der Ehe und die Schuldfrage voneinander nicht getrennt werden können, steht nicht im Widerspruche, daß, wenn das Landgericht auf Scheidung erkannt und nur die eine Partei für den schuldigen Teil erklärt hat, die letztere Partei in der Berufungsinstanz lediglich zur Schuldfrage Anträge stellt, so daß nur diese den Gegenstand der Erörterung und Entscheidung des Berufungsgerichts bilden. Vgl. RGE. IV. ZS. vom 17. November 1904 248/04 in RGE. Bd. 58 S. 312 und 313. Im vorliegenden Falle wurde durch die Einlegung der Berufung seitens des Beklagten die Rechtskraft des landgerichtlichen Urteils in seinem ganzen Umfange gehemmt. Der Beklagte hatte es nun bis zum Schlusse der mündlichen Verhandlung in der Hand, das Berufungsgericht durch Stellung entsprechender Anträge zu einer Nachprüfung der landgerichtlichen Entscheidung über die Klage zu nötigen. Da er dies unterließ, so wurde die erstrichterliche Entscheidung über die Klage zwar nicht rechtskräftig, aber auch nicht dem Berufungsgerichte zur Nachprüfung unterbreitet. Diese Nachprüfung von Amts wegen vorzunehmen, war das Berufungsgericht nicht verpflichtet. Selbst wenn es anderer Ansicht als das Landgericht gewesen sein sollte, so war ihm doch die Möglichkeit einer Abänderung des landgerichtlichen Urteils in bezug auf die Klage und die Schuldigerklärung des Beklagten nicht gegeben.

Sonach konnte es sich für das Berufungsgericht nur darum handeln, ob Tatsachen vorlägen, die es rechtfertigten, auch die Klägerin für schuldig an der Scheidung zu erklären. Dieser Prüfungspflicht hat sich das Berufungsgericht aber auch unterzogen; denn es hat alles, was der Beklagte zur Begründung seines Antrags, beide

Teile für schuldig zu erklären, im ersten und zweiten Rechtszuge vorgebracht hat, geprüft und unter diesen Gesichtspunkten auch das Verhalten der Klägerin bei solchen Vorgängen in Betracht gezogen, auf Grund deren der erste Richter die Scheidung ausgesprochen und den Beklagten für allein schuldig erklärt hatte, wie in dem reichsgerichtlichen Urteil näher dargelegt ist. Nach solcher Prüfung ist das Berufungsgericht in Übereinstimmung mit dem Landgerichte zur Verneinung einer Mitschuld der Klägerin an der Scheidung der Ehe gelangt, und hat das Reichsgericht die Revision des Beklagten als unbegründet erachtet. Urteil des RG. IV. ZS. vom 22. November 1906 $^{178}_{06}$ in RGE. Bd. 64 S. 315 f.; vgl. Urteile des RG. IV. ZS. vom 17. März 1904 und 12. Januar 1905 $^{328}_{04}$ in JW. 1904 S. 235 ff. und 1905 S. 154 ff. unter Nr. 42; *Staudinger IV 1 S. 693 unter α, S. 696 unter γ; RGE. IV. ZS. vom 9. Juni 1910 in JW. 1910 S. 756.

12. Ist der Kläger mit der Scheidungsklage und die Beklagte mit der Scheidungswiderklage abgewiesen und die Abweisung der Widerklage nicht wegen Verzeihung oder Fristablaufs, sondern wegen mangelnden Beweises ausgesprochen worden, so kann die Beklagte in der Berufungsinstanz, ohne selbst Berufung zu verfolgen, für den Fall, daß der Kläger mit seiner Berufung durchdringen sollte, zwar den Antrag stellen, den Kläger für mitschuldig an der Scheidung der Ehe zu erklären, um die Nachteile von sich abzuwenden, die ihr in vermögens- oder familienrechtlicher Beziehung nach §§ 1578, 1579, 1635 BGB. drohen, wenn sie im Fall des Erfolges der Berufung des Klägers allein für schuldig erklärt würde. Allein sie kann sich in solchem Falle nicht der Eideszuschiebung über Tatsachen, die zugleich Scheidungs- und Schuldgrund enthalten, zum Beweise des letzteren bedienen, da ihr nach § 617 Abs. 2 ZPO. die Benutzung des Eides als Beweismittel versagt ist, soweit sie in dem Rechtsstreite nicht bloß Mitschuldigerklärung des Klägers, sondern auch Scheidung verlangt hat. Vgl. RGE. VI. ZS. vom 11. November 1901 $^{172}_{01}$ in „Recht" 1902 Nr. 1159; RG. Warn. 1913 Nr. 328.

Zweite Abteilung.

Die unbedingten Ehescheidungsgründe des BGB.
§§ 1565, 1566, 1567 und 1569.

§ 22.

Ehebruch. BGB. § 1565 Abs. 1.

1. Als E h e b r u c h bezeichnet man im Zivil- und Strafrecht die Vollziehung des Beischlafs zwischen zwei Personen, von denen mindestens eine mit einer dritten verheiratet ist. (RGSt. VII S. 289, XIV S. 202 und 351, XXI. S. 21). Die bloße äußere Berührung der Geschlechtsteile genügt nicht, um den Begriff des Ehebruchs zu erfüllen, sondern es ist die Vereinigung der Geschlechtsteile notwendig, das Eindringen des männlichen Gliedes in die Scheide, wobei gleichgültig ist, ob eine Samenentleerung stattfindet oder nicht (RGSt. IV. S. 23). Jeder andere Verkehr als der normale, vollendete Beischlaf ist nicht Ehebruch. Vgl. RGE. 9, 190; 38, 182; Urteil des RG. IV. ZS. vom 6. März 1902 $\frac{389}{1901}$ in JW. 1902 Beilage 3 S. 215 unter 60; *Staudinger IV. § 1565 unter 1 a; *Recht 1902 Nr. 1288; *WarnJ. 2 zu § 1565 BGB. S. 119 unter 4; RG. WarnJ. 1914 Nr. 123.

Ob eine Geschlechtsvereinigung stattgefunden hat, ist Tatfrage und kann mangels unmittelbaren Beweises aus anderen Tatsachen gefolgert werden. RGRKom. Anm. 1 zu § 1565.

Der Ehebruch als Scheidungsgrund setzt ferner voraus, daß dem Ehegatten die durch den Ehebruch begangene Verletzung der ehelichen Treue a l s S c h u l d angerechnet werden kann. Urteil des RG. IV. ZS. vom 27. Mai 1907 $\frac{501}{06}$ in JW. 1907 S. 472; *Recht Bd. 11 Nr. 1664.

2. „Für das Vorliegen des Scheidungsgrundes des Ehebruchs kommt es nicht darauf an, an welchem genau bestimmten O r t e und zu welcher genau bestimmten Z e i t der Ehebruch stattgefunden hat, sondern darauf, daß überhaupt Ehebruch vorliegt. Dies läßt sich aber, je nach der Lage des einzelnen Falles, mit völliger Sicherheit feststellen, ohne daß zugleich sich der Ort und die Zeit der geschehenen Beiwohnung ermitteln lassen. Den erwiesenen geschlechtlichen Verkehr nur deshalb als Scheidungsgrund nicht gelten zu lassen, weil Zeit und Ort der ein-

zelnen Beiwohnungen sich nicht näher feststellen lassen, würde der Verfehlung vielfach die ihr an sich innewohnende Eigenschaft als unbedingten Scheidungsgrund ohne jeden ersichtlichen Grund entziehen und somit geradezu mit dem Grunde und Zwecke der Bestimmung in dem § 1565 Abs. 1 BGB. in Widerspruch treten." Urteil des RG. IV. ZS. vom 21. April 1902 $\frac{23}{1902}$ in JW. 1902 Beilage 7 S. 236 Nr. 115; *„Recht" 1902 Nr. 1693; RG. WarnJ. 1915/16 Nr. 172.

3. „Die Behauptung des Klägers, daß seine Frau auch nach Erhebung der Klage unter *sittenpolizeilicher Kontrolle* gestanden habe und auch noch heute stehe, ist nicht genügend, eine Scheidungsklage zu begründen. Die Fortsetzung der polizeilichen Beaufsichtigung hat nicht notwendig schon die Fortdauer der erwerbsmäßigen Unzucht zur Voraussetzung." Urteil des OLG. Kolmar vom 2. November 1901 in Mugdan und Falkmann Bd. 4 S. 86 ff.

4. Auf Grund des § 1565 BGB. kann weder wegen *versuchten Ehebruchs* — Urteil des RG. vom 17. Juni 1901 in JW. 1901 S. 547 ff.; Staudinger IV Teil 1 S. 657 unter 1 b —, noch wegen *dringender Vermutung* der Verletzung der ehelichen Treue, die durch unerlaubten Umgang eines Ehegatten begründet wird – RG. vom 24. September 1900 in JW. 1900 S. 728; Staudinger S. 657 unter 1 c α –, Scheidung der Ehe verlangt werden. Ein Verhalten, das den *dringenden Verdacht* des Ehebruchs erweckt, kann, wenn dieser nicht tatsächlich stattgefunden hat, die Scheidung nie aus § 1565, sondern nur aus § 1568 begründen (RG. JW. 00, 517; 03 Beil. 127[285]; RG. Warn. 1911 Nr. 87; RG. Recht 1913 Nr. 1609). Ebenso zu beurteilen ist *versuchter Ehebruch*. Er fällt nicht unter § 1565. In den Fällen des Versuchs des Ehebruchs kann jedoch die Anwendung des § 1568 in Frage kommen. Dasselbe gilt, wenn unzüchtige Handlungen ohne hinzukommende Beischlafsvollziehung vorgenommen worden sind. RGRKom. Anm. 1 zu § 1565.

Auch bildet ein *vorehelicher* Ehebruch *keinen* Scheidungsgrund, da der § 1565 BGB. eine Beischlafsvollziehung voraussetzt, durch welche der eine Ehegatte *eine bestehende Ehe*, deren Trennung der andere Ehegatte verlangt, gebrochen hat. Ein vorehelicher Ehebruch des einen Ehegatten könnte nur die Anfechtung der Ehe seitens des anderen Ehegatten wegen Irrtums gemäß § 133 BGB. begründen. Urteil des RG. IV. ZS. vom 13. Mai 1902 $\frac{402}{1901}$ in JW. 1902 Beilage 3 S. 215 unter 61; *Staudinger IV 1 S. 659 unter 4. Vergl. LZ. 1925 S. 1245.

5. Ebensowenig ist ein Ehebruch in bewußtlosem Zustande — Urteil des OLG. Hamburg vom 7. Juli 1900 in DJZ. 1901 S. 564; *„Recht" 1902 Nr. 158; — oder im Zustande einer krankhaften, die freie Willensbestimmung ausschließenden Störung der Geistestätigkeit — Urteil des RG. IV. ZS. vom 27. Mai 1907 $\frac{501}{06}$ in JW. 1907 S. 472 unter 1; *Staudinger Bd. IV Teil 1 S. 659 unter 3, RG. Warn. 1913 Nr. 423 — zur Begründung der Scheidungsklage geeignet.

6. Dagegen kann sich ein Geistesschwacher eines ihm als Schuld anzurechnenden Ehebruchs schuldig machen. In dem Urteile des RG. IV. ZS. vom 27. Mai 1907 $\frac{501}{06}$ in JW. 1907 S. 472 unter 1; *Staudinger Bd. IV Teil 1 S. 659 unter 3 ist ausgeführt:

„Bei Anwendung des § 1565 BGB. muß der Tatrichter auch die Frage des Verschuldens prüfen. Beide Vorderrichter haben sich dieser Prüfung unterzogen, indem sie zutreffend davon ausgegangen sind, daß auch ein geistesschwacher — und infolgedessen nur beschränkt geschäftsfähiger — Ehegatte sich des Ehebruchs schuldig machen könne, so daß dem anderen Ehegatten das Scheidungsrecht erwachse. Das Landgericht hat angenommen, die Beklagte sei sich in beiden festgestellten Ehebruchsfällen ihres Fehltritts vollständig bewußt gewesen, — wie näher dargelegt ist. Dafür aber, daß die Ehebrüche in einem Zustande krankhafter, die freie Willensbestimmung ausschließender Störung der Geistestätigkeit verübt worden seien, sei ein Anhalt nicht vorhanden. Das Oberlandesgericht ist der gleichen Ansicht, denn der Sachverhalt habe, wie es im Berufungsurteile heißt, nur geschlechtliche Zügellosigkeit der Beklagten, nicht aber Bewußtlosigkeit oder geistige Störung im Sinne des § 51 StGB. ergeben ... Diese Ausführungen lassen einen Verstoß nicht erkennen. Da die Beklagte nach ärztlichem Gutachten geistesschwach ist, so lag für den Richter besonderer Anlaß vor, zu prüfen, ob die Voraussetzungen des § 51 StGB., unter denen eine strafbare Handlung nicht vorhanden ist, gegeben seien. Im Bejahungsfalle läge Ehebruch im strafrechtlichen Sinne nicht vor. Daraus würde sich dann die weitere Folge ergeben, daß auch kein Scheidungsrecht wegen Ehebruchs erwachsen sei, denn der Tatbestand des Ehebruchs nach dem BGB. ist derselbe, wie nach dem StBG. Motive Bd. 4 S. 582. Beide Vorderrichter haben die Voraussetzungen des § 51 StGB. als nicht gegeben erachtet und im übrigen die Verantwortlichkeit der Beklagten für ihre Ehebrüche aus rechtseinwandfreien Erwägungen bejaht." Vgl. Urteil des OLG. Hamburg vom 7. Juli 1900 in DJZ. 1901 S. 564; *Staudinger Bd. IV Teil 1

S. 659 unter 3; vgl. Urteil des RG. vom 27. Mai 1907 IV. ZS. 501/06 in RGRKom. Bd. III S. 257 unter 3.

7. Der schon als *Schwachsinn* zu bezeichnende Zustand, in dem alle Energie und der größte Teil der Selbstbestimmung verschwunden ist, kann die Verantwortlichkeit für den begangenen Ehebruch ausschließen (RG. Warn. 1915 Nr. 290).

8. Wenn der Ehegatte den Dritten, mit dem er den Beischlaf vollzogen hat, aus *Irrtum* — StGB. § 59 — für seinen Ehegatten gehalten oder irrtümlich angenommen hat, seine Ehe sei durch Tod oder Scheidung aufgelöst, liegt ein Schuldausschließungsgrund vor. Urteil des KG. vom 20. Oktober 1903 in Mugdan und Falkmann Bd. 7 S. 411; *Staudinger Bd. IV Teil 1 S. 659 unter 3.

Der gute Glaube an die Rechtsgültigkeit einer in Amerika ausgesprochenen (in Deutschland nicht anerkannten) Ehescheidung ist geeignet, den Ehegatten vor dem Vorwurf des Ehebruchs so lange zu schützen, bis er die Überzeugung von der *Ungültigkeit* des amerikanischen Urteils erlangt hat. (RG. Warn. 1915 N. 144).

9 bis 17. Zustimmung des anderen Ehegatten.

9. a. „Bei Anwendung des § 1565 BGB. nimmt das Berufungsgericht an, daß eine *Zustimmung* im Sinne dieser Vorschrift nur vorliege, wenn sie zum konkreten Ehebruch, nicht auch, wenn sie ohne Rücksicht auf bestimmte einzelne Fälle des Ehebruchs allgemein ausgesprochen ist. Damit ist der Rechtsbegriff der Zustimmung verkannt. Der Gesetzesgrund der Vorschrift des § 1565 Abs. 2 BGB., vermöge welcher der konsentierte Ehebruch keinen Scheidungsgrund abgeben soll, liegt darin, daß der zustimmende Teil zu erkennen gegeben hat, das Verhalten des anderen Teils affiziere ihn nicht und mache ihm die Ehe nicht unerträglich. Urteil des RG. vom 4. November 1901 in JW. 1901 S. 868. Dieser Gesetzesgrund gilt in gleichem Maße, mag die Zustimmung, welche im übrigen ihrem Begriffe nach vorher oder nachträglich erfolgen kann, speziell oder generell erteilt sein. Es macht keinen Unterschied, ob die Zustimmung zum Ehebruch für einen bestimmten einzelnen Fall oder *allgemein* (z. B. Zustimmung des Mannes zu dem unzüchtigen Treiben der Frau und etwaigen Ehebrüchen mit den in der Gastwirtschaft der Parteien verkehrenden Gästen) erteilt wird. Vgl. RG. Warn. 1918 Nr. 188; 1920 Nr. 201. Allerdings gibt eine im voraus erteilte generelle Zustimmung *keinen Freibrief* für

alle Zeiten, vielmehr bleibt sie jederzeit widerruflich. Urteil des RG. IV. ZS. vom 10. Dezember 1903 $\frac{225}{03}$ in JW. 1904 S. 63 unter 23; *„Recht" 1904 Nr. 785; *Staudinger Bd. IV Teil 1 S. 660 unter β; WarneyerJ. 3 S. 135 zu § 1565 BGB. unter 1; vgl. Urteil des OLG. Hamburg vom 22. April 1901 in „Recht" 1901 S. 466 unter 1872; Urteil des OLG. Celle I. ZS. vom 28. Januar 1903 in Mugdan und Falkmann Bd. 7 S. 103 unter β; Urteil des OLG. Karlsruhe vom 17. März 1903 in BadRpr. 1903 S. 159; *„Recht" 1903 Nr. 2356; Urteil des RG. IV. ZS. vom 17. März 1910 $\frac{253}{09}$ in RGRKom. Bd. III S. 257 unter 4.

b. Die Zustimmung des Ehegatten zu der Verletzung der ehelichen Treue seitens des anderen Ehegatten schließt das Scheidungsrecht nur aus, wenn sie ernst gemeint ist, was oft nicht der Fall sein wird, wenn die Zustimmung in der Aufregung bei Gelegenheit eines Streits erklärt ist. Urteil des RG. vom 13. Januar 1908 in „Recht" 1908 Nr. 769; *Staudinger Bd. IV Teil 1 S. 661 unter ε; Urteil des GR. IV. ZS. vom 2. Juni 1910 in Warneyer J. 1910 Nr. 283 und 1920 Nr. 201.

10. Nicht entscheidend ist, daß der andere Ehegatte die fraglichen Äußerungen als ernsthaft gemeint aufgefaßt hat (RG. Warn. 1915 Nr. 174; Urteil d. RG. vom 26. Oktober 22. in L. Z. 1923, S. 229; Recht 1923 Nr. 355). § 1565 Abs. 2 ist nur dann anwendbar, wenn der andere Ehegatte dem Ehebruch tatsächlich zugestimmt hat, nicht aber dann, wenn der die Ehe brechende Gatte eine solche Zustimmung irrtümlich angenommen hat, mag auch der Irrtum nicht auf Fahrlässigkeit beruhen. (OLG. 24, 14; unentschieden gelassen in RG. Warn. 1920 Nr. 201.)

11. Die Zustimmung des Ehegatten zu dem ehebrecherischen Verkehr des anderen Ehegatten, welche die Eigenschaft eines Rechtsgeschäfts nicht hat, bedarf keiner besonderen Form. Sie ist ein rein tatsächlicher Vorgang; sie braucht deshalb nicht dem anderen Ehegatten gegenüber erklärt, nicht einmal zu seiner Kenntnis gebracht zu werden (RG. 85, 204; RG. Warn. 1917 Nr. 179). Es ist nicht erforderlich, daß der zustimmende Ehegatte die Zustimmung dem Ehebrecher oder dem andern Ehegatten ausdrücklich erklärt. Dadurch, daß der Ehemann einen andern Mann Bett an Bett neben seiner (des ersteren) Ehefrau nächtigen ließ, gab er, wie festgestellt, seine stillschweigende Billigung zu allem kund, was beide daraufhin geschlechtlich begehen würden. (RG. 3. Februar 19 IV 376/18; RG. LZ. 1920, 438[4]).

Bloße Kenntnis des ehebrecherischen Verhältnisses genügt nicht. (RG. JW. 03 Beilage 12[25]). Um Zustimmung anzunehmen, muß zur Kenntnis des ehebrecherischen Treibens ein dieses Treiben — sei es ausdrücklich, sei es stillschweigend — billigendes Verhalten des andern Ehegatten hinzukommen. Wissentliches Dulden setzt voraus, daß der Duldende in der Lage ist, das Treiben zu hindern (RG. 16. September 15 IV 87/15; 2. März 16 IV 356/15; RGE. 16. Oktober 22 in SeuffA. 78 S. 149; RGE. 85 S. 204; Warn. 17 Nr. 179; 20 Nr. 201; 21 Nr. 127.

Auch die bloß tatsächliche Zustimmung nach § 1565 Abs. 2 kann ebenso wie die rechtsgeschäftliche Zustimmung nach §§ 183, 184 sowohl eine nachherige als auch eine vorherige sein (RG. Gruch. 60, 866; RG. Warn. 1920 Nr. 201). Es genügt also, wenn der Ehegatte sein Einverständnis tatsächlich zu erkennen gegeben hat, z. B. in dem Falle, wenn mit Wissen und Willen des Ehemannes die Ehefrau gewerbsmäßig Unzucht treibt. Urteil des OLG. Kolmar vom 2. November 1901 in Mugdan und Falkmann Bd. 4 S. 86 ff.; Urteil des OLG. Karlsruhe vom 28. Februar 1906 in „Recht" 1906 Nr. 2858; *Staudinger Bd. IV Teil 1 S. 660 unter γ; RGRKom. § 1565 Anm. 4.

12. „Für richtig kann nicht erachtet werden, daß der Berufungsrichter die Frage, ob eine Zustimmung des Ehemannes zu dem ehebrecherischen Verkehr seiner Frau mit K. im Sinne des § 1565 Abs. 2 BGB. vorliege, in der Weise prüft, daß er untersucht, ob die Tatbestandsmerkmale der Kuppelei im Sinne des § 180 StGB. gegeben seien. Daß diese beiden Rechtsbegriffe voneinander verschieden sind, bedarf keiner Auseinandersetzung. Gleichwohl war der Revision der Erfolg zu versagen. Aus den tatsächlichen und somit für die Revisionsinstanzen maßgebenden Feststellungen des angefochtenen Urteils ergibt sich unzweideutig, daß der Widerkläger von dem ehebrecherischen Verkehr seiner Ehefrau mit K. zwar erfahren hat, daß aber zu dieser bloßen Kenntnis irgendein — ausdrücklich oder stillschweigend — billigendes Verhalten nicht hinzutrat. Die Annahme des Berufungsrichters, daß aus solchem Wissen allein eine Zustimmung im Sinne der angeführten Gesetzesstelle nicht gefolgert werden könne, unterliegt einem rechtlichen Bedenken nicht." Urteil des RG. IV. ZS. vom 10. November 1902 $\frac{346}{1902}$ in JW. 1903 Beilage 1 S. 12 unter 25; *Staudinger Bd. IV Teil 1 S. 660 unter α; *„Recht" 1903 Nr. 632; vgl. Urteil des OLG. München vom 14. Dezember 1900 in „Recht" 1901 S. 144 unter 475.

13. „Die Beklagte hatte geltend gemacht, der Kläger sei bemüht gewesen, von A. Darlehen zu erlangen, und habe sie in diesem Interesse angewiesen, gegen A. stets zuvorkommend zu sein. Einen etwaigen unschicklichen Verkehr seiner Ehefrau mit A. könne er daher nicht als ehezerrüttend empfunden haben, da er ihn nicht nur geduldet, sondern gewünscht und gefördert habe. Er habe sogar geduldet, daß sie mit A. bis 4 und 5 Uhr früh allein ausgegangen sei. Nach diesem Vorbringen hat die Beklagte sich nicht darauf zu berufen, daß ihr Ehemann dem Ehebruch zugestimmt habe. Dem Wunsche ihres Mannes, gegen A. zuvorkommend zu sein, konnte sie nachkommen, ohne daß das Verhältnis ein ehebrecherisches zu werden brauchte". Urteil des RG. IV. ZS. vom 14. Januar 1908 $\frac{218}{08}$ in „Recht" 1909 Nr. 850.

14. Die Tatsache, daß der Ehemann den Ehebruch nicht begangen haben würde, wenn die Ehefrau ihn nicht verlassen oder die Beiwohnung verweigert hätte, oder die Äußerung der Ehefrau, sie lege nur deshalb Berufung ein, um durch die lange Dauer des Prozesses den Ehemann zum Ehebruch zu treiben, ergeben noch nicht den Tatbestand der Zustimmung der Ehefrau zum Ehebruch des Ehemannes. Urteil des OLG. Dresden vom 28. Dezember 1901 in Mugdan und Falkmann Bd. 7 S. 103; *„Recht" 1902 S. 126 Nr. 546; RGE. 43 S. 345 ff.; *WarnJ. 2 S. 119 zu § 1565 BGB. unter 3. (M. 4, 587). Auf ein derartiges Verhalten des Ehegatten kann jedoch der andere Ehegatte geeignetenfalls eine Widerklage gründen.

15. Nach dem Urteile des RG. IV. ZS. vom 14. Februar 1907 $\frac{337}{06}$ in RGRKom. Bd. III S. 258 unter 4, RGE. 85, 204, RG. Gruch. 58, 1046 behält die Zustimmung des Ehegatten zum Ehebruche des anderen Ehegatten ihre Wirksamkeit, auch wenn sie aus dem Wunsche, geschieden zu werden, hervorgegangen ist. Anderseits liegt Zustimmung zum Ehebruch nicht vor, wenn es dem Ehegatten nicht auf Erlangung des Scheidungsgrundes, sondern nur darauf ankam, den andern Ehegatten auf die Probe zu stellen und sich Gewißheit darüber zu verschaffen, ob der Verdacht des Ehebruchs begründet sei. (RG. Warn. 1915, Nr. 55, 143.)

16. Dagegen kann nach dem Urteile des RG. IV. ZS. vom 17. März 1910 $\frac{253}{09}$ in RGRKom. Bd. III S. 257 unter 4 die Zustimmung des Ehegatten zum ehebrecherischen Verkehr daraus hervorgehen, daß er einen Dritten dazu anstiftet, mit dem anderen Ehegatten geschlechtlich zu verkehren. Hat eine Ehefrau eine Detektivin mit der Überwachung des Ehemanns beauftragt, und begeht dieser mit der Detek-

tivin Ehebruch, so kann hierin eine Zustimmung zum Ehebruch gefunden werden, wenn die Ehefrau das ihrem Willen entsprechende Bewußtsein gehabt hat, die Detektivin werde möglicherweise selbst den Ehemann zum Ehebruch verführen. (RG. 31. Mai 20, Recht 1921 Nr. 2186 WarnJ. 21, 20.).

17. Das Einverständnis kann aus der Anstiftung des Dritten hervorgehen. Die Zustimmung kann vor und nach der Begehung der unsittlichen Handlung mit und ohne Einschränkung erteilt werden. (RG. JW. 1910, 476[16]). Anstiftung im Sinne einer Zustimmung liegt nicht bloß dann vor, wenn der Ehegatte davon ausgegangen ist, der Angestiftete solle den anderen Ehegatten zum Ehebruch bringen, sondern würde auch schon dann anzunehmen sein, wenn der anstiftende Ehegatte auch nur das seinem Willen entsprechende Bewußtsein gehabt hat, es könnte der Dritte möglicherweise selber den andern Ehegatten zur Untreue verführen wollen (sog. Eventualzustimmung) RG. Gruch. 62, 121; RG. Warn. 1921 Nr. 16; RGRKom. Anm. 4 zu § 1565.

18 bis 22. Zurücknahme der Zustimmung.

18. „Auch wenn anzunehmen ist, daß dem Ehegatten, der dem ehebrecherischen Verkehr des anderen Ehegatten zugestimmt hat, der Rücktritt von seiner Zustimmung nicht verwehrt werden darf, so ergibt sich doch mit Rücksicht auf den von dem Berufungsgerichte aus den Motiven richtig festgestellten Gesetzesgrund des § 1565 Abs. 2 BGB. als Voraussetzung dafür, daß der Zustimmende nunmehr dem anderen Teile unzweideutig zu erkennen gibt, eine fernere Verletzung der ehelichen Treue seitens des letzteren würde seiner ehelichen Gesinnung nicht mehr entsprechen und ihm die Ehe unerträglich machen. Für die Feststellung einer solchen Voraussetzung fehlt es aber vorliegend nach dem Berufungsurteil an einer schlüssigen Begründung. Das Berufungsurteil ist daher auf Revision der Klägerin aufgehoben und die Sache in die Vorinstanz zurückgewiesen." Urteil des RG. IV. ZS. vom 4. November 1901 $\frac{212}{1901}$ in JW. 1901 S. 868; *„Recht" 1902 Nr. 159; *WarnJ. 2 S. 118 zu § 1565 BGB. unter 1; vgl. Urteil des RG. vom 10. Dezember 1903 $\frac{225}{03}$ in JW. 1904 S. 63 unter 23; RGRKom. Bd. III S. 258 unter 4; Urteil des OLG. München vom 14. Dezember 1900 in „Recht" 1901 S. 144; *Staudinger Bd. IV. Teil 1 S. 660 unter 6 a δ; Urteil des RG. IV. ZS. vom 13. April 1908 in „Recht" Bd. 12 S. 769; *JW. 1908 S. 336 unter 19; *WarnJ. 7 S. 237 zu § 1565 BGB. unter 2.

19. „Die von dem Beklagten vertretene Auffassung, daß eine rechtswirksame Zurücknahme einer einmal gemäß § 1565 Abs. 2 BGB. erklärten Zustimmung zum Ehebruch an die Voraussetzung geknüpft sei, daß der widerrufende Ehegatte sich seinerseits zur Wiederaufnahme der ehelichen Gemeinschaft bereit erkläre und zur Herstellung oder Kräftigung dieser Gemeinschaft die Wegräumung eines ehebrecherischen Verhältnisses wünsche, läßt sich weder aus der Vorschrift des § 1565 BGB., noch aus der Entstehungsgeschichte begründen. Es ist vielmehr daran festzuhalten, daß ein Ehegatte, der eine für die Zukunft berechnete Zustimmung zu Ehebrüchen des anderen Ehegatten erklärt hat, jederzeit zum Widerruf berechtigt ist, und daß ein in unzweideutiger Weise dem anderen Ehegatten kundgegebener Widerruf für die Folgezeit ohne weiteres wirksam wird." Urteil des RG. IV. ZS. vom 13. April 1908 $\frac{386}{07}$ in JW. 1908 S. 336 unter 19; *„Recht" 1908 Nr. 3138; vgl. Urteil des OLG. Hamburg vom 22. April 1901 in Mugdan und Falkmann Bd. 3 S. 32 ff.; Urteil des OLG. Celle vom 28. Januar 1903 in Mugdan und Falkmann Bd. 7 S. 103; *„Recht" 1903 Nr. 2451; ferner RG. 22. 4. 12 IV 579/11; RGRKom. Anm. 4 zu § 1565.

20. In der Erhebung der Scheidungsklage wegen Ehebruchs kann ein Widerruf der Zustimmung zum ehebrecherischen Verkehr gefunden werden, insofern ein Ehegatte dadurch in ernstlicher und unzweideutiger Weise dem anderen Ehegatten gegenüber zum Ausdruck bringt, daß die Fortsetzung dessen ehebrecherischen Verkehrs seine eheliche Gesinnung in einer ihm die Ehe unerträglich machenden Weise berühre. Urteil des RG. IV. ZS. vom 11. November 1907 $\frac{132}{07}$ in Warneyer Bd. 8 Nr. 483; RGRKom. Bd. III S. 258 unter 4, ferner RG. Warn. 1919 Nr. 119, 1921 Nr. 127.

21. In dem Urteil des OLG. Kolmar vom 2. November 1901 in „Recht" 1901 S. 591 Nr. 2485 sind betreffs des Widerrufs der Zustimmung des Ehemanns zum gewerbsmäßigen Betriebe der Unzucht seitens seiner Ehefrau folgende Ausführungen enthalten:

„Irrtümlich ist die Annahme des Klägers, daß nach seiner jahrelangen ausdrücklichen oder stillschweigenden Zustimmung zur Prostitution seiner Ehefrau eine einfache, seinem bisherigen Verhalten entgegengesetzte Willensäußerung genüge, um die im § 1565 Abs. 2 BGB. ausgesprochene Klageausschließung nunmehr abzuwenden. Allerdings geht der Mann, der in einem bestimmten Falle dem Ehebruch seiner

Ehefrau zugestimmt hat, damit an sich noch nicht des Rechts verlustig, die Scheidung wegen eines anderen Ehebruchs zu verlangen. Vorliegend hat aber der Kläger nicht bloß in einem bestimmten Falle einem Fehltritte seiner Frau zugestimmt, sondern er war damit einverstanden, und zwar eine Reihe von Jahren hindurch, daß sie sich der Prostitution ergab, die ihr die Mittel zum Unterhalt gewährte. Wenn es auch zu weit gegangen wäre, zu behaupten, daß die Ausstellung eines solchen Freibriefs dem Manne für alle Zukunft das Recht benehme, sich über die eheliche Untreue seiner Frau zu beschweren, so würde doch nicht einmal eine ausdrückliche, viel weniger aber eine stillschweigende Willensäußerung das bisherige Einverständnis zurückzuziehen, genügen, um ihm das im § 1565 Abs. 1 BGB. gewährte Klagrecht zurückzugeben, sofern diese Willensäußerung nicht nachweislich von einer geänderten ethischen Auffassung seiner eigenen Stellung und dem Bestreben begleitet ist, der infolge seiner Mitschuld gesunkenen Frau das Verlassen der bisherigen, zu einem Erwerbs- und Nahrungszweige gewordenen Laufbahn und die Rückkehr zu geordneten Verhältnissen zu ermöglichen. In der bloßen Klageerhebung, die sich auf vorausgegangene Ehebrüche stützt, kann jedoch eine solche innerliche und äußerliche Wandlung nicht gefunden werden."

22. Die Zurücknahme der Zustimmung kann wirksam auch dann erfolgen, wenn dem Zurücknehmenden das ehebrecherische Treiben des andern Teils innerlich vollständig gleichgültig ist und ihm an sich die Fortdauer der Ehe nicht unerträglich machen würde. Es kommt insoweit nur auf die Willenskundgebung des Zurücknehmenden an, nicht auf seine innere Gesinnung. Ausschlaggebend ist nicht, wie das ehebrecherische Verhalten auf das eheliche Empfinden des andern Teils wirkt. (RG. JW. 1914, 473[15]; RG. 11. Oktober 20, IV 182/20; RG. 21. Dezember 1922 in „Recht" 23 Nr. 519; RGRKom. Anm. 4 zu § 1565.)

23. Nichtaufrechnung gegenseitiger Ehebrüche.

23. Eine Ausschließung des Scheidungsrechts aus dem Gesichtspunkte der Aufrechnung in dem Falle, daß beide Ehegatten Ehebruch begangen haben, findet nach dem BGB. nicht statt. Urteil des RG. III. ZS. vom 4. Mai 1900 $\frac{56}{00}$ in RGE. 46 S. 90 f.; Urteil des RG. VI. ZS. vom 7. November 1904 $\frac{180}{04}$ in JW. 1905 S. 41 unter 1; RG. Warn. 1921 Nr. 127.

24. u. 25. Feststellung der Person des Ehebrechers.

24. „Wird auf Scheidung wegen Ehebruch erkannt und ergibt sich aus den Verhandlungen, mit welcher Person der Ehebruch begangen ist, so ist diese Person im Urteil festzustellen. ZPO. § 624. Besondere Ermittelungen zum Zweck dieser Feststellung braucht das Ehegericht nicht anzustellen. Weder aus der Wortfassung des § 624 ZPO., noch aus der Literatur ist ein Anhalt dafür zu gewinnen, daß das Gericht verpflichtet sei, lediglich zu dem Zwecke einer solchen Feststellung eine Beweiserhebung anzuordnen. Hätte der Gesetzgeber dem Ehegerichte diese Verpflichtung auferlegen wollen, so hätte er dies zum klaren Ausdruck bringen müssen, denn für den Zweck einer auf Scheidung wegen Ehebruchs gerichteten Klage oder Widerklage ist es ausreichend, wenn festgestellt wird, daß der verklagte Teil die Ehe gebrochen hat, die Feststellung der Persönlichkeit des anderen Ehebrechers ist nicht nötig. Erheblich ist sie nur für die Zwecke, die außerhalb des Ehescheidungsprozesses liegen, namentlich für das im § 1312 BGB. begründete Eheverbot. Daß aber der Richter tätig werden sollte, um eine Heirat zwischen Ehebrecher und Ehebrecherin zu verhindern, ist nicht gesagt. Deshalb ist § 624 ZPO. so zu verstehen, daß nur, wenn auf Grund der Verhandlung und der für den Zweck des Scheidungsprozesses erhobenen Beweise die gedachte Feststellung möglich ist, sie im Urteil getroffen werden soll." Urteil des OLG. Jena vom 13. Dezember 1902 in DJZ. 1903 S. 180 unter 2; *Staudinger IV Teil 1 S. 658 unter d. Die vorbemerkte Feststellung braucht nicht in der Urteilsformel zu geschehen. Beschluß des KG. vom 30. August 1906 in Staudinger a. a. O. S. 51 e Abs. 2.

25. Unzulässig ist die Berufung des Mannes gegen ein die Ehe wegen Ehebruchs der Frau scheidendes landgerichtliches Urteil, wenn die Berufung lediglich zum Zwecke der Feststellung der Person des Ehebrechers eingelegt wird (SeuffArch. 76 Nr. 107). Auch in Ehesachen ist die Berufung einer formell nicht beschwerten Partei unzulässig (RG. Gruch. 48, 803; RG. Warn. 1915/16 Nr. 143).

26. Ungültiges Abkommen der Ehegatten.

26. Treffen Ehegatten ein Abkommen dahin, daß die Ehefrau einen Ehebruch des Ehemannes nicht geltend machen solle, damit dieser die Frauensperson, mit welcher er Ehebruch begangen habe, heiraten könne, so entbehrt solches Abkommen der Rechtsgültigkeit. Urteil des RG. IV. ZS. vom 14. November 1907 $^{197}_{07}$ in RGRKom. Bd. III S. 258 unter 4. d

27. Klage auf Unterlassung ehebrecherischen Verkehrs.

27. Der Kläger hat unter der Behauptung, daß seine Ehefrau mit dem Beklagten fortgesetzt Ehebruch treibe, und daß eine Fortdauer des unsittlichen Verkehrs zu befürchten sei, gegen den Beklagten Klage erhoben mit dem Antrage, ihn zur Unterlassung jedes ferneren unsittlichen Verkehrs mit seiner Ehefrau zu verurteilen. Von dem Reichsgericht ist die Revision des abgewiesenen Klägers zurückgewiesen, und heißt es in den Entscheidungsgründen:

„Eine Klage auf Unterlassung solcher Störungen gegen den Dritten kann es aus denselben Gründen nicht geben, aus denen dem einen Ehegatten gegen den anderen eine solche Klage während bestehender Ehe versagt ist. Dem verletzten Ehegatten bleibt nur die Wahl, entweder die Ehescheidung wegen des Ehebruchs zu betreiben und nach Lösung der Ehe die Bestrafung des schuldigen Ehegatten wie des dritten Ehestörers herbeizuführen, oder wenn er dies nicht will, durch gütliche Mittel auf den anderen Ehegatten einzuwirken und ihn den Versuchungen zum Bruch der ehelichen Treue zu entziehen. Ein Weg zur gerichtlichen Verfolgung durch zivilrechtliche Klage ist ihm weder dem Ehegatten noch dem Dritten gegenüber gegeben. Ist dem verletzten Ehegatten während der Ehe zur Verfolgung ehebrecherischer Verfehlungen gegen den Ehegatten wie gegen den dritten Störer der Rechtsschutz überhaupt versagt, so fällt damit auch die angestellte Klage auf deren fernere Unterlassung.“ Urteil des RG. VI. ZS. vom 22. April 1909 $\frac{7}{09}$ in RGE. 71 S. 85 ff.; *„Recht“ 1909 Nr. 1780.

§ 23.

Doppelehe (Bigamie). BGB. § 1565 Abs. 1; StGB. § 171.

1. Nach § 171 StGB. liegt der Tatbestand des Verbrechens der Doppelehe vor, wenn ein Ehegatte eine neue Ehe eingeht, bevor seine Ehe aufgelöst, für ungültig oder für nichtig erklärt ist. Bei dem sich wiederverheiratenden Ehegatten wird in subjektiver Beziehung das Bewußtsein von der wirklichen oder möglichen Fortdauer seiner früheren Ehe vorausgesetzt. (Reichsstrafgesetzbuch erläutert von RGRäten § 171 Anm. 7.) — Ist es in der neuen Ehe zwischen den Ehegatten zur Beischlafvollziehung gekommen, so kommt auch noch der Scheidungsgrund des Ehebruchs in Betracht. RGRKom. Anm. 2 zu § 1565.

2. Im Scheidungsprozesse kann dem Ehegatten, welcher im Auslande geschieden worden ist und im Glauben an die Rechtswirksamkeit des betreffenden Scheidungsurteils sich wieder verheiratet hat, der

Vorwurf der Bigamie nicht gemacht werden. In dem von WarnJ. 3 S. 136 unter 7 in Bezug genommenen und in Mugdan und Falkmann Jahrg. 7 S. 411 abgedruckten Urteile des Kammergerichts vom 20. Oktober 1903 ist ausgeführt:

„Hat der Beklagte am 13. Juli 1893 eine nach rumänischem Rechte gültige neue Ehe geschlossen, so kann von einer nach § 171 StGB. strafbaren Bigamie nicht die Rede sein, weil hierzu das Bewußtsein von der Fortdauer der früheren Ehe erforderlich ist, und der Mangel dieses Bewußtseins die Strafbarkeit selbst dann ausschließt, wenn er auf einem Rechtsirrtum beruht. Daß der Beklagte bei Eingehung der neuen Ehe aber auch nur Zweifel an der Rechtsgültigkeit der von dem rumänischen Gerichte ausgesprochenen Scheidung der früheren Ehen haben konnte, ist um so weniger ersichtlich, als nach dem im Jahre 1893 geltenden deutschen Prozeßrecht ein anderer Gerichtsstand für seine Scheidungsklage als in Rumänien nicht bestand und nicht unterstellt werden kann, daß mit Wissen und Willen des Beklagten irgendwelche Ordnungswidrigkeiten in dem rumänischen Gerichtsverfahren vorgekommen sind, die eine dem Ehemanne günstige Entscheidung herbeigeführt haben."

§ 24.

Widernatürliche Unzucht. BGB. § 1565 Abs. 1; StGB. § 171.

Der § 175 StGB. betrifft die widernatürliche Unzucht, welche zwischen Personen männlichen Geschlechts (Päderastie), Urteil des RG. II StS. vom 25. April 1882 816/82 in RGSt. 6 S. 211 unter 76; Bd. 20, S. 225; Bd. 34 S. 246, oder von Menschen mit Tieren (Sodomie), Urteil des RGSt. vom 13. Januar 1881 in RGSt. Bd. 3 S. 200 Nr. 75, Bd. 23, S. 289, begangen wird.

Unter widernatürlicher Unzucht im Sinne des § 175 StGB. ist nicht jede unzüchtige, d. h. gegen die Sittlichkeit und Schamhaftigkeit verstoßende Handlung zu verstehen, vielmehr erfordert der Tatbestand dieses Vergehens in *subjektiver* Beziehung eine auf Erregung und Befriedigung des Geschlechtstriebs gerichtete Handlung, wobei unwesentlich erscheint, ob dem Täter gelungen ist, die gewollte Handlung in vollständiger Weise vorzunehmen und seinen Wollusttrieb durch Erzielung von Samenerguß zu befriedigen. In *objektiver* Beziehung ist zur Erfüllung des Tatbestandes erforderlich, daß von dem Täter Handlungen vorgenommen sind, welche einen beischlafsähnlichen

Charakter an sich tragen, bei welchem also eine unmittelbare körperliche Berührung von zwei männlichen Personen oder einer Person mit einem Tiere in beischlafsähnlicher Weise stattfindet. Gegenseitige Onanie ist als widernatürliche Unzucht im Sinne des § 175 StGB. nicht anzusehen. Urteile des RGSt. Bd. 6 S. 211, RGSt. Bd. 4 S. 493. Staudinger Bd. IV Teil 1 S. 658 unter 2b; WarnJ. 1 S. 169 Nr. 2; RG. Warn. 1912 Nr. 311.

Außer der widernatürlichen Unzucht des § 175 StGB. sind andere unzüchtige Handlungen dem Ehescheidungsgrunde des Ehebruchs nicht gleichgestellt. Sie können aber einen Scheidungsgrund nach § 1568 BGB. abgeben.

§ 25.

Lebensnachstellung. BGB. § 1566.

1. Nach dem Urteile des OLG. Dresden II. ZS. vom 29. Mai 1908 in WarnJ. 8 S. 181 zu § 1566 BGB., trachtet jemand nach dem Leben eines anderen schon dann, wenn sein entsprechender ernstlicher Wille erkennbar betätigt wird. Daß das gewählte Mittel tauglich oder das Unternehmen im Sinne des Strafrechts von der Vorbereitung bis zum Versuche fortgeschritten sei, ist nicht erforderlich. Ebenso ist ein Rücktritt vom Versuche nach dem Wortlaute des § 1566 BGB. und nach der ihm zugrunde liegenden Rücksicht auf das Wesen der Ehe nicht von Erheblichkeit. Ferner steht hier nicht in Frage, daß die Beklagte unzurechnungsfähig gewesen wäre. Dann aber kann es schließlich in Hinsicht auf § 1566 BGB. nicht darauf ankommen, daß sie zu ihrem Entschlusse etwa durch das eigene schuldhafte Verhalten des Klägers getrieben worden war. Nach dem Leben eines andern trachtet, wer dessen Tod durch sein Tun erstrebt, wer sich den Tod des andern als Ziel seines Tuns gesetzt hat. Das tut aber auch derjenige, der nicht auf Grund vorbedachter Überlegung, sondern auf Grund eines plötzlichen, durch Erregung hervorgerufenen Entschlusses, den Tod des anderen herbeizuführen, dazu übergeht, Handlungen vorzunehmen, die auf die Herbeiführung des Todes abzielen. Nicht erforderlich ist, daß eine gewisse Beharrlichkeit zeigendes, vorbedachtes Handeln vorliege. RG. 12. Oktober 1920 E. 100 S. 114; *Recht 1921 Nr. 110; RG. 13. März 1922 Hess. Rechtsprechung 1922 S. 66 Ziff. II, 8. Es handelt sich bei der Lebensnachstellung nicht um einen nur relativen Scheidungsgrund (Motive Bd. 4 S. 574). Wäre der § 1566 BGB. unanwendbar, so hätte immer noch geprüft werden müssen, ob der Vor-

gang nicht eine schwere Pflichtverletzung nach § 1568 BGB. mit den dort bezeichneten Wirkungen bildete, auch wenn keine Tötung, sondern nur eine Körperverletzung beabsichtigt gewesen wäre. Vgl. Urteil des RG. III. ZS. vom 22. Juni 1900 $\frac{116}{00}$ in RGE. 46 S. 154; Urteil des OLG. Braunschweig II. Sen. vom 22. März 1900 in der BrschwZfR. Jahrg. 47 S. 78 ff.

2. „Der Kläger macht geltend, die Beklagte, seine Ehefrau, habe gegenüber seinem Angestellten X. einen Plan dargelegt, um den Kläger und dessen Sohn durch Mord zu beseitigen, insbesondere habe sie hierbei bemerkt, es müsse ein Brief mit der Handschrift des Klägers angefertigt und auf den Tisch gelegt werden, in welchem der Kläger einen Selbstmord und einen Mord des Kindes zugebe.

Erfordert der § 1566 BGB., daß irgendeine auf Verwirklichung der Tötungsabsicht abzielende Handlung vorgenommen ist (vgl. Staudinger § 1566[2]), so hat die Beklagte nur von einem Plane, zu töten, geredet, nicht aber mit der Verwirklichung des Planes irgendwie begonnen. Sollte aber ein Trachten nach dem Leben schon dann vorliegen, wenn die Tötungsabsicht irgendwie, sei es durch Drohung, sei es durch sonstige Äußerungen, in die äußere Erscheinung getreten ist, so läßt sich diese Tötungsabsicht den Äußerungen der Beklagten nicht entnehmen. Regelmäßig wird jemand, der zur Tötung eines anderen entschlossen ist, hierüber mit einer anderen, wenn auch vertrauten Person nicht reden, wenn er sie nicht zu irgendeiner Mitwirkung veranlassen will, was der Kläger nicht behauptet. Wenn jemand mit einer anderen Person über einen Plan, einen Dritten zu töten, spricht, so ist dies ein Anzeichen dafür, daß er noch den Rat oder die Abmahnung dieser Person auf sich wirken lassen will, daß er also noch überlegt, ob er die Tötung ausführen will oder kann, und daß er zur Tötung noch nicht entschlossen ist. Hat also die Beklagte dem Z. gegenüber einen Plan, den Kläger und das Kind zu töten, entwickelt und sich sogar Einzelheiten, wie die Anfertigung eines Briefes, ausgedacht, so laßt sich hieraus *noch nicht schließen*, daß sie schon zur Ausführung der Tat entschlossen war." Urteil des OLG. Stuttgart III. ZS. vom 5. Mai 1908 in Mugdan und Falkmann Bd. 18 S. 271 unter t α;

3. Auch ein *Totschlagsversuch* (der Mann hatte im Gerichtsgebäude einen Schuß auf die Frau abgegeben, der die Frau streifte) fällt unter § 1566. RGE. 100, 114.

§ 26.

Bösliche Verlassung. BGB. § 1567.

1. Nach dem Urteile des OLG. Hamburg I. ZS. vom 14. Juli 1902 im „Recht" 1903 Nr. 2357 liegt bösliche Verlassung dann vor, wenn der Ehegatte eigenmächtig, d. h. ohne richterliche Gestattung und gegen den Willen des anderen Ehegatten in der Absicht, die eheliche Gemeinschaft nicht fortzusetzen, sich von dem anderen Ehegatten fern hält. Der klagende Teil braucht nicht darzulegen, daß er die ehelichen Pflichten nicht verletzt habe, vielmehr ist es, wenn der verklagte Ehegatte behaupten will, daß er wegen des Verhalten des klagenden Teils zur Fortsetzung der Ehe nicht verpflichtet sei, seine Sache, einen solchen Einwand zu erheben. Vgl. Urteil des KG. vom 9. Januar 1903 in „Recht" 1903 Nr. 1266; RGE. Bd. 15 S. 203, Bd. 18 S. 230, Bd. 20 S. 210, Bd. 33 S. 173, Bd. 40 S. 161; vgl. Urteil des OLG. Stuttgart vom 13. Dezember 1907 in Mugdan und Falkmann Bd. 16 S. 218 ff.

Die Fälle der böslichen Verlassung scheiden sich in zwei Gruppen, je nachdem der abtrünnige Ehegatte für die Staatshilfe erreichbar oder unerreichbar ist. Andere Fälle der böslichen Verlassung gibt es nicht. Das Gesetz ordnet diesen Scheidungsgrund im § 1567 erschöpfend. (RGE. 46, 158).

2. Die Verweigerung der häuslichen Gemeinschaft setzt räumliche Trennung des einen Ehegatten von dem andern Ehegatten voraus. Diese bedingt aber nicht gerade einen Ortswechsel, kann sich vielmehr an demselben Orte, ja sogar in demselben Wohnhause, sogar derselben Häuslichkeit, RG. JW. 1920 S. 641 Nr. 6. vollziehen. Urteil des OLG. Karlsruhe vom 17. Oktober 1900 in Mugdan und Falkmann Bd. 2 S. 329; Urteil des OLG. Jena vom 2. November 1903 in „Recht" 1903 Nr. 2796; *Staudinger Bd. IV Teil 1 S. 663 unter a. Die bloße dauernde Verweigerung der Beiwohnung genügt nicht, weil sie keine bösliche Verlassung im Sinne des § 1567 Abs. 2 BGB. darstellt. Urteil des RG. vom 7. Mai 1902 $\frac{65}{\text{I } 902}$ in JW. 1902 Beilage 8 S. 241 unter 28; RGRKom. Bd. III S. 261 unter 4.

3. Immerhin liegt in dem Verhalten eines Ehegatten, der sich in böslicher Absicht von der häuslichen Gemeinschaft fernhält, auch eine Verletzung der durch die Ehe begründeten Pflichten, auch wenn die Voraussetzungen des § 1567 nicht vorliegen. Diese Verletzung kann, wenn auch nicht für sich allein (was sonst auf eine Ausschaltung des § 1567 hinauslaufen würde), so doch in Verbindung mit anderen Verfehlungen die Anwendung des § 1568 rechtfertigen. Selbst ohne Hinzutreten an-

derer Verfehlungen können die besonderen Umstände des Falles die Anwendung des § 1568 rechtfertigen. (RG. JW. 07, 701[1]; RG. 20. 12. 09 IV 78/09; RG. JW. 1910, 581[16]; RG. Warn. 1913 Nr. 202; 1920 Nr. 15; RG. SeuffArch. 76 Nr. 92.) Ohne das Hinzutreten ganz besonderer Umstände kann ein böswilliges Fernhalten von der häuslichen Gemeinschaft zur Anwendung des § 1568 nicht genügen. Das würde sonst dem aus § 1567 zu entnehmenden Willen des Gesetzgebers zuwiderlaufen. (RG. Warn. 1914 Nr. 294; RGRKom. Anm. 1 zu § 1567.)

Da Ehegatten einander zur ehelichen Lebensgemeinschaft verpflichtet sind (§ 1353 Abs. 1), so haben sie grundsätzlich auch häusliche Gemeinschaft zu halten. (RG. 53, 340). Beide Ehegatten haben in dieser Beziehung gleiche Pflichten. Zwar bestimmt der Mann für die häusliche Gemeinschaft Wohnort und Wohnung (§ 1354 Abs. 1), er kann also auch den bisherigen Sitz der häuslichen Gemeinschaft ändern, aber die Frau braucht seiner Entscheidung, wenn sie sich als Mißbrauch seines Rechtes darstellt, keine Folge zu leisten (§ 1354 Abs. 2). Daher kann sich jeder Ehegatte, der die häusliche Gemeinschaft verweigert, der böslichen Verlassung schuldig machen. (RGRKom. Anm. 3 zu § 1567.)

4. Daß Beklagter gegen den Willen der Klägerin dem rechtskräftigen Urteile, durch welches er zur häuslichen Gemeinschaft verurteilt ist, — BGB. § 1567 Abs. 2 unter 1 — nicht Folge geleistet hat, bedarf nach dem voraufgegangenen Prozesse, der durch dieses Urteil seinen Abschluß gefunden hat, keines besonderen Nachweises. Wenn sie in dem nachfolgenden Scheidungsprozesse erklärt hat, sie wolle mit dem Beklagten nicht mehr zusammen sein, sie gedenke sich wieder zu verheiraten und habe auf Herstellung der häuslichen Gemeinschaft nur geklagt, um die Scheidung zu erzielen, so ist das einmal nur die Erklärung, daß sie jetzt nicht mehr zur Herstellung der häuslichen Gemeinschaft bereit sei, eine Stellungnahme, die nach Ablauf des im § 1567 Abs. 2 unter 1 BGB. vorgeschriebenen einen Jahres das Recht der Klägerin und mit ihrer nunmehrigen Klage auf Scheidung nicht nur nicht unvereinbar, sondern deren notwendiges Korrelat ist...

Daß der Beklagte dem Herstellungsurteile in böswilliger Absicht nicht Folge geleistet hat, ergibt sich daraus, daß er keinerlei Gründe für sein Nichtfolgeleisten angegeben hat. Die bösliche Absicht bedeutet weiter nichts, als daß der Ehegatte das Bewußtsein habe, die durch die Ehe begründete Pflicht zur häuslichen Gemeinschaft zu verletzen. Vgl. Planck, Kommentar Anm. a zu § 1567 BGB. Dieses Bewußtsein muß er, nachdem ihm seine Pflicht durch das Herstellungsurteil klargelegt ist, haben, sofern ihm keine Fernhaltungsgründe zur Seite stehen. Beklagter hätte während jenes Jahres seinerseits Schritte tun müssen, um dem Herstellungsurteil nachzukommen. Urteil des OLH. Hamburg IV. ZS. vom 7. Februar 1908 in Mugdan und Falkmann Bd. 16 S. 217; WarnJ. 7 S. 238 zu § 1567 unter 2; vgl. Urteil des OLG. Karlsruhe vom 6. Dezember 1906 in „Recht" 1907 Nr. 310; RGE. 2. 6. 23 in Bd. 107 S. 331.

Daß ein Ehegatte in böslicher Absicht dem Urteile nicht Folge geleistet habe, wird sich der Regel nach von dem verurteilten Ehegatten nur sagen lassen, wenn er von seiner Verurteilung Kenntnis erlangt hat, wobei die Zustellungen an den Prozeßbevollmächtigten die eigene Kenntnis nicht ersetzen kann. Daraus folgt ohne weiteres, daß regelmäßig auch die Jahresfrist nicht beginnen kann, solange der zur Herstellung verurteilte Ehegatte von seiner Verurteilung noch keine Kenntnis hat. Anderseits sind Fälle denkbar, in denen die „bösliche Absicht" auch ohne Kenntnis der Verurteilung anzunehmen ist, z. B. wenn der verurteilte Ehegatte in böslicher Absicht die Kenntnisnahme vereitelt. (RG. JW. 1916, 835[7]).

5. „Der Ehegatte, der ein Urteil auf Herstellung der häuslichen Gemeinschaft erlangt hat, braucht seinerseits nichts zu tun, um die Wiedervereinigung herbeizuführen, er kann vielmehr abwarten, ob der andere Teil der Urteilsauflage nachkommen wird. Nur darf er nichts unternehmen, wodurch die von dem anderen Teile beabsichtigte Herstellung vereitelt wird. Diese Grundsätze müssen um so mehr dann zur Anwendung gebracht werden, wenn der verklagte Teil der Ehemann ist, welcher gesetzlich das Ehedomizil zu bestimmen und in erster Linie für eine Ehewohnung zu sorgen hat. Ist das Wartejahr verflossen, ohne daß der verklagte Ehegatte dem Urteile nachgekommen ist und die häusliche Gemeinschaft wieder hergestellt hat, so hat der klagende Teil einen Ehescheidungsgrund erworben und braucht nunmehr seinerseits die häusliche Gemeinschaft nicht wieder herzustellen. Verfehlt war es, von der Klägerin den Nachweis der Aufwendung von Bemühungen zur Herstellung der häuslichen Gemeinschaft nach Erlaß des Urteils im Vorprozesse zu verlangen." Urteil des KG. 12. Sen. vom 6. November 1902 in SeuffArch. Bd. 58 S. 355 Nr. 191; *„Recht" 1903 Nr. 41; vgl. Urteil des KG. vom 9. Januar 1903 in „Recht" 1903 Nr. 1266; Urteil des OLG. Naumburg vom 2. Juni 1905 „Recht" 1906 Nr. 1663; *WarneyerJ. 5 S. 153 zu § 1567 BGB. unter 5; vgl. Urteil des OLG. Hamburg vom 21. November 1902 in Mugdan

und Falkmann Bd. 7 S. 103; Urteil des OLG. Kiel vom 26. Oktober 1903 in SeuffertArch. Bd. 59 Nr. 264; Urteil des RG. IV. ZS. vom 10. Mai 1906 $\frac{530}{05}$ in RGRKom. Bd. III S. 260 unter 4.

6. Der Ehegatte, der ein Herstellungsurteil erwirkt hat, ist, mindestens unter gewöhnlichen Verhältnissen, keineswegs genötigt, den andern Ehegatten zur Befolgung des Urteils noch besonders aufzufordern, sondern diesem liegt es ohne weiteres ob, seinerseits die zur Herstellung der häuslichen Gemeinschaft erforderlichen Maßnahmen in die Wege zu leiten (RG. Warn. 1914 Nr. 141; RG. 23. 2. 20 IV 409/19; vgl. auch OLG. 30, 53). Für nichtgewöhnliche Verhältnisse, unter denen die Ehe geschlossen worden ist und seitdem bestanden hat (der Mann in gering bezahlter Anfangsstellung; die Frau mit dem Kinde bei den Eltern) bedarf es eines beiderseitigen Entgegenkommens. — RG. 12. April 22, IV 510/21; RGRKom. Anm. 4 zu § 1567.

7. Nach dem Urteil des OLG. Hamburg vom 7. Februar 1908 in Mugdan und Falkmann Bd. 16 S. 217 ff. wird der Anspruch auf Scheidung wegen Quasidesertion *nicht* dadurch beseitigt, daß der abwesende Ehegatte *nach Ablauf* der einjährigen Frist vor Erhebung der Scheidungsklage oder vor Erlaß des Scheidungsurteils sich zur Herstellung der häuslichen Gemeinschaft erbietet.

8. „Dem Urteil auf Herstellung der häuslichen Gemeinschaft wird nicht schon durch ein bloß vorübergehendes Erscheinen in der Wohnung des anderen Ehegatten, oder durch die Erklärung, zurückkehren zu wollen, oder durch die sonst äußerlich kundgegebene Rückkehrabsicht Folge geleistet. Das Gesetz erfordert vielmehr die ernsthafte Betätigung des Willens, das eheliche Zusammenleben wieder aufzunehmen, und wenn es zur Herstellung der ehelichen Gemeinschaft innerhalb Jahresfrist seit der Rechtskraft des Urteils nicht gekommen ist, vermag der verklagte Eheteil sich nur dadurch zu schützen, daß er nachweislich entweder trotz ernstlicher Absicht der Wiedervereinigung daran durch äußere, von seinem Willen unabhängige Umstände gehindert war, oder daß der andere Teil der Wiedervereinigung widerstrebt oder auch nur zu erkennen gegeben hat, daß er damit einverstanden sei, wenn dem von ihm erstrittenen ersten Urteile keine Folge geleistet werde." Urteil des OLG. Hamburg III. ZS. vom 19. November 1901 in Mugdan und Falkmann Bd. 4 S. 87 unter g.

9. „Der Tatbestand derjenigen beiden Gründe, aus denen ein Ehegatte nicht verpflichtet ist, dem Verlangen des anderen Ehegatten zur Herstellung der ehelichen Lebensgemeinschaft Folge zu leisten, ist

insofern verschieden gestaltet, als der Grund des ersten Satzes des Abs. 2 des § 1353 BGB. den Nachweis der Mißbräuchlichkeit des Rechts, der Grund des zweiten Satzes aber bloß den Tatbestand eines Scheidungsgrundes erfordert und zwar eines der auf Verschuldung beruhenden Scheidungsgründe der §§ 1565 bis 1568 BGB., ohne daß es im letzteren Falle darauf ankommt, ob das Verlangen des schuldigen Ehegatten sich als ein Mißbrauch seines bis zur rechtskräftigen Scheidung an sich trotz der Verfehlung fortbestehenden Rechts darstellt. Diese Verschiedenheit in der Gestaltung des Tatbestandes der beiden Verweigerungsgründe schließt jedoch nicht aus, daß der im einzelnen Falle vorliegende Tatbestand an sich den Tatbestand sowohl des einen als des anderen Grundes erfüllen kann. Es können daher von dem unschuldigen Ehegatten zur Rechtfertigung beide Gründe gleichzeitig oder nacheinander verwertet werden. Daraus folgt mit Notwendigkeit: wenn das durch den vorliegenden Tatbestand an sich begründete Recht, auf Scheidung zu klagen, infolge Ablaufs der sechsmonatigen Ausschlußfrist für die Erhebung der Scheidungsklage erloschen und damit zugleich der aus dem Rechte der Scheidung hergeleitete Grund zur Verweigerung der Herstellung der ehelichen Lebensgemeinschaft weggefallen ist, so bleibt doch von diesem Wegfall unberührt eine solche Verweigerung, die von dem unschuldigen Ehegatten auf denselben Tatbestand hin auf den Grund gestützt ist, daß sich das Verlangen des anderen Ehegatten als Mißbrauch seines Rechts darstelle. Urteil des RG. IV. ZS. vom 2. Februar 1903 $\frac{360}{02}$ im „Recht" 1903 Nr. 799; Urteil des OLG. Braunschweig I. Sen. vom 3. Januar 1902 in der BrschwZfR. Bd. 50 S. 20 unter 9.

10. In Betreff des Rückkehrverlangens des Ehemannes heißt es in dem Urteil des OLG. Braunschweig vom 29. März 1901 in Mugdan und Falkmann Bd. 3 S. 32: Läßt sich mit Gewißheit annehmen, daß die Ehefrau durch die von dem Ehemanne klageweise verlangte Rückkehr in Verhältnisse kommen würde, unter denen ihr infolge schuldvollen Verhaltens des Ehemannes das Zusammenleben zu einer unerträglichen Last werden würde, so stellt sich das Verlangen des Ehemannes als Rechtsmißbrauch dar, z. B. während der Zeit, in welcher die Person, mit der er zuvor längere Zeit im Konkubinatsverhältnis gelebt hat, sich noch bei ihm in der Ehewohnung aufhält. Urteil des RG. III. ZS. vom 6. Juni 1902 $\frac{63}{1902}$ in JW. 1902 Beilage 9 S. 248 unter 149; vgl. die Zitate unter Nr. 5.

Der gute Glaube des Ehegatten, zur Verweigerung der Gemeinschaft berechtigt zu sein, ist zu berücksichtigen, es sei denn, daß er sich lediglich auf die durch das Herstellungsurteil zurückgewiesenen Weigerungsgründe stützte (RG. 10. Mai 06, IV 530/05; RG. JW. 1911, 281[12]). Der gute Glaube des Ehegatten, einen Ehescheidungsgrund geltend machen zu können, muß im Tatsachenzuge behauptet und dargelegt werden. (RG. JW. 1911, 765[24]). Von einem guten Glauben des Ehegatten kann nur die Rede sein, wenn tatsächliche Anhaltspunkte gegeben sind, an die bei vernünftiger Erwägung mit einer gewissen Sicherheit eine bestimmte Überzeugung geknüpft werden kann. Der gute Glaube ist mehr als ein bloßer Verdacht. Bloße Gerüchte oder unverbürgte Mitteilungen reichen in der Regel nicht aus, die Annahme des guten Glaubens zu rechtfertigen (RG. Warn. 1912 Nr. 263; RG. 3. Dezember 10, IV 304/10; RG. 21. Juni 15 IV 688/14). Der gute Glaube ist nur unter der Voraussetzung zu berücksichtigen, daß er sich auf Tatsachen stützt, deren Geltendmachung dem Ehegatten noch gestattet ist. Insbesondere darf sich der Ehegatte nicht auf Tatsachen berufen, die er in einem vorhergegangenen Rechtsstreite behufs Scheidung oder Anfechtung der Ehe hätte geltend machen können und sollen, und mit deren Geltendmachung als Scheidungs- oder Anfechtungsgrund er gemäß § 616 ZPO. ausgeschlossen ist. (RG. JW. 1912, 75[17]; RG. Warn. 1914 Nr. 141.) Der gute Glaube eines Ehegatten kann nicht dadurch begründet werden, daß sich der Ehegatte auf eine ihm nach Erlaß des Herstellungsurteiles erteilte, die Bedeutung des Herstellungsurteiles verkennende Auskunft seines Prozeßbevollmächtigten, der Ehegatte könne die Aufforderung des anderen Ehegatten zur Rückkehr abwarten, beruft. Sonst würde der ganze Zweck des Herstellungsurteiles in Frage gestellt. (RG. Warn. 1914 Nr. 141; RG. 30. März 16, IV 389/15). Eine Frau, die dem Herstellungsurteil nachkommt, macht sich der böslichen Verlassung auch dann nicht schuldig, wenn der Mann ihr das Verbleiben in der Ehewohnung durch ehewidriges Verhalten verleidet, und sie von neuem die häusliche Gemeinschaft aufhebt. (RG. 8. Januar 12, IV 242/11). Pflicht des die Wiederherstellung des ehelichen Lebens nachsuchenden Ehegatten ist es, dem andern Teile bei seiner Rückkehr soviel Entgegenkommen zu bezeigen als zur Ausgleichung der vorhandenen Gegensätze von vornherein nötig ist. (RG. 29. Februar 12, IV 312/11; RG. LZ. 1922, 70[3] RGRKom., Anm. 7 zu § 1567.

11. „Die Zurückweisung des Einwandes der Beklagten, der Kläger habe nicht die ernste Absicht gehabt, die eheliche Gemeinschaft herzustellen, ist unzureichend von dem Berufungsgerichte begründet. Bedenken erregt schon die Annahme desselben, daß die wirtschaftlichen Verhält-

nisse des Klägers nicht so ungünstig seien, daß er der Beklagten nicht wenigstens den notdürftigen Unterhalt zu gewähren fähig wäre, denn das Berufungsgericht hat dabei die Tatsache nicht berücksichtigt, daß zur Zeit der Pfändung in der Wohnung des Klägers keine entbehrlichen Pfandstücke vorgefunden worden sind.

Auch die Frage ist nicht geprüft, ob der Kläger, wenn er auch nicht eine Familienwohnung ins Ungewisse zu halten hat, die Mittel besitzt, jederzeit seiner Frau und seinen Kindern Unterhalt zu gewähren und ihnen die Übersiedelung aus G. nach B. zu ermöglichen. Wenn aber selbst der Kläger seiner Familie wenigstens den notdürftigen Unterhalt zu gewähren fähig wäre, bedurfte es doch noch der Prüfung, ob nach dem Gesamtverhalten des Klägers anzunehmen ist, daß er auch gewillt ist, seinen geringen Arbeitsverdienst mit Frau und Kindern zu teilen und sich zu ihren Gunsten Einschränkungen aufzuerlegen. Die in dieser Hinsicht vorgebrachten Behauptungen der Beklagten wären zu würdigen gewesen, das Berufungsgericht durfte sich nicht darauf beschränken, zur Frage, ob das Verlangen der Herstellung der ehelichen Gemeinschaft ernstlich gemeint sei, nur die beiden eingeschriebenen Briefe und die Anstellung des Klägers in Betracht zu ziehen, obgleich der Kläger über seine Bereitwilligkeit zur Zahlung der Reisekosten für seine Familie von G. nach B. sich gar nicht geäußert hatte." Urteil des RG. IV. ZS. vom 19. März 1903 $\frac{390}{02}$ in JW. 1903 Beilage 8 S. 71 unter 164; vgl. Urteil des RG. III. ZS. vom 4. Dezember 1900 in JW. 1900 S. 891; Urteil des RG. VI. ZS. vom 6. Oktober 1902 in JW. 1902 Beilage S. 272; Urteil des RG. IV. ZS. vom 22. Dezember 1904 $\frac{305}{04}$ in JW. 1905 S. 110; Urteil des RG. IV. ZS. vom 29. Juni 1905 in „Recht" 1905 Nr. 1865; Mugdan und Falkmann Bd. 4 S. 83 unter b, S. 89 unter k; Urteil des OLG. Braunschweig I. Sen. vom 3. Januar 1902 in der BrschwZfR. Bd. 50 S. 18 unter 6.

Für den vollen Tatbestand des § 1567 Nr. 1, also auch für die bösliche Absicht der Beklagten, ist der Kläger beweispflichtig (RG. 29. Februar 12, IV 312/11; LZ. 1922, 70[3]; RGRKom. Anm. 7 zu 1567).

12. Nach dem Urteile des I. Sen. des OLG. Braunschweig vom 3. Januar 1902 in der BrschwZfR. Jahrg. 50 S. 20 unter 9 ist eine bösliche Absicht des sich fernhaltenden Ehegatten dann als vorhanden nicht anzuerkennen, wenn von ihm die Behauptung, er habe nach den Umständen angenommen, daß der andere Ehegatte die Herstellung der ehelichen Gemeinschaft ernstlich überhaupt nicht wolle, als wahr nachgewiesen wird. Vgl. Urteil des OLG. Jena vom 29. Januar

1900 in „Recht" 1900 S. 372 Nr. 213; *Staudinger IV Teil 1 S. 665 c unter γ. Urteil des KG. vom 30. September 1903 in Mugdan und Falkmann Bd. 7 S. 407 unter a: *„Recht" 1904 Nr. 54; RG. 17. Oktober 21 LZ. 1922 S. 70 und S. 291; *Recht 1922 Nr. 974.

13. Bei Prüfung der Frage, ob ein Ehegatte zur Nichtbefolgung des Herstellungsurteils berechtigt ist, kommen nur Tatumstände in Betracht, die erst nach der Verhandlung, auf welche das Herstellungsurteil erging, hervorgetreten sind. Eine Berücksichtigung früherer Tatsachen ist nur insofern zulässig, als durch das Hinzutreten neuer Geschehnisse eine geänderte Sachlage geschaffen ist, deren Würdigung in ihrer Gesamtheit auf die Feststellung hinführt, daß die Fortdauer der Fernhaltung des beklagten Ehegatten als gerechtfertigt anzusehen ist. Urteil des RG. IV. ZS. vom 25. September 1902 $\frac{197}{02}$ in JW. 1902 Beilage 12 S. 273 f.; vgl. Urteil des OLG. Kolmar vom 17. April 1902 in DJZ. 1904 Beilage zu Nr. 4 S. 224 unter 1; Urteil des KG. vom 30. September 1903 in Mugdan und Falkmann Bd. 7 S. 497; Urteil des RG. vom 9. Januar 1905 $\frac{411}{04}$ in Gruch. Bd. 49 S. 960; *Warneyer. Jahrg. 5 S. 152 zu § 1567 BGB. unter 2; *Staudinger Bd. IV Teil 1 S. 665 unter c γ; *„Recht" 1906 Nr. 1939; Urteil des OLG. Hamburg I. ZS. vom 22. April 1910 in Mugdan und Falkmann Bd. 21 S. 237; RG. Gruch. 49, 960; RG. 5. November 1908, IV 67/08; RG. Warn. 1914 Nr. 141.

Nach rechtskräftiger Verurteilung eines Ehegatten zur Herstellung des ehelichen Lebens kann er sich auf frühere, vor der letzten mündlichen Verhandlung liegende Tatsachen zum Nachweise des Rechts zur Verweigerung der ehelichen Gemeinschaft nicht mehr berufen. Frühere Tatsachen können nur zur Unterstützung späterer Tatsachen verwertet werden (RG. Gruch. 47, 115; RG. 3. Dezember 1910 IV 304/10; RG. 2. März 1911 IV. 234/10; RG. JW. 1912, 75[17]; RG. Warn. 1913 Nr. 422). Der zur Herstellung der häuslichen Gemeinschaft verurteilte Ehegatte kann seine Weigerung grundsätzlich nicht auf Tatsachen, die er schon im Herstellungsrechtsstreite hätte geltend machen können, stützen, ebensowenig auf Tatsachen, die sich erst nach Ablauf der Jahresfrist, also zu einer Zeit ereignet haben, wo dem anderen Teil infolge des Fristablaufs bereits ein Recht auf Scheidung erwachsen war (RGE. 81, 297; RGRKom. Anm. 4 zu § 1567).

Für die nach dem Vorstehenden in Betracht kommenden Tatumstände trifft den Ehegatten, der solche behauptet hat, die Beweislast. Urteil des KG. vom 6. November 1902 in Mugdan und Falkmann Bd. 5 S. 401; Urteil des KG. vom 9. Januar 1903 in „Recht" 1903 S. 237; Urteil des OLG. Hamburg vom 14. Juli 1902 in Mugdan und Falkmann Bd. 7 S. 104; *Staudinger a. a. O. S. 643 unter c γ. Sonst hätte es auch der beklagte Ehegatte in der Hand, durch die Erklärung seiner Bereitschaft zur Rückkehr dem Kläger, der hierauf nicht eingehen will, den Beweis aufzubürden, daß er erst nach dem Verstreichen des Wartejahres seine Gesinnung dem beklagten Teil gegenüber geändert habe, wodurch er das Scheidungsrecht des Klägers leicht vereiteln könnte (RG. LZ. 1922, 291[3]).

14. . . . „Das Berufungsgericht hat ausdrücklich festgestellt, daß die Klägerin nach den ihr zugekommenen Mitteilungen der Meinung sein durfte und der Meinung gewesen ist, daß die von ihr als Scheidungsgrund geltend gemachten Ehebrüche, und zwar sowohl die im vorigen, als die im jetzigen Prozeß geltend gemachten, wirklich vorgekommen seien. Handelt aber ein Ehegatte beim Fernbleiben von der häuslichen Gemeinschaft im guten Glauben, ein ihm zustehendes Recht auszuüben, so mangelt seiner Nichtbefolgung des auf Herstellung der häuslichen Gemeinschaft erkennenden Urteils das im § 1567 Abs. 2 Nr. 1 BGB. aufgestellte Erfordernis der böslichen Absicht. Urteil des RG. vom 12. Januar 1911 $\frac{3}{1}\frac{5}{0}$ IV. ZS. in JW. 1911 S. 281 unter 12.

15. Hat ein Ehemann seine Frau verlassen und ist flüchtig geworden, um sich der Verfolgung wegen strafbarer Handlungen zu entziehen, so fehlt in der Regel das Tatbestandsmerkmal der Böslichkeit. Läßt sich aber aus den Umständen des Falls feststellen, daß nicht bloß die Furcht vor Bestrafung, sondern auch die Absicht, sich im Widerspruch mit den durch die Ehe begründeten Pflichten von der Ehefrau zu trennen, bestimmend für den Ehemann gewesen ist, so liegt eine bösliche Verlassung vor. Urteil des OLG. Hamburg vom 3. Juni 1908 in „Recht" 1908 Nr. 2677; *Staudinger Bd. IV Teil 1 S. 665 unter c γ; *Warneyer. Jahrg. 8 S. 181 zu § 1567 BGB. unter 2; vgl. Urteil des OLG. Hamburg vom 14. Juli 1900 in HansGZ. Beibl. 1900 S. 308; *SeuffertArch. Bd. 42 Nr. 35.

Eine Verurteilung zur Herstellung der häuslichen Gemeinschaft verbietet sich trotz deren Aufhebung von selbst, wenn der abwesende Ehegatte durch äußeren Zwang (z. B. Strafhaft, RGE. 53, 341) an der Wiedervereinigung gehindert wird, ebenso wenn andere, von dem Willen des Ehegatten unabhängige Hinderungsursachen, z. B. anhaltende

Krankheit oder Unvermögen zur Bestreitung der Reisekosten, vorliegen. RGRKom. Anm. 4 zu § 1567.

16a. Nach dem Urteile des RG. IV. ZS. vom 20. November 1902 in JW. 1903 Beilage 1 S. 12 unter 26; *BadRpr. 1903 S. 82; *„Recht" 1903 Nr. 1265 schließt zwar nicht jeder Zustand der Willensschwäche die Annahme einer böslichen Absicht aus, doch muß in einem Falle, in dem nahezu Willenlosigkeit vorliegt, zum mindesten geprüft und dargelegt werden, ob und inwiefern der verklagten Ehefrau die Nichtrückkehr zu ihrem Ehemanne als bösliche Absicht zur Last gelegt werden kann.

b. In dem Urteile des OLG. Karlsruhe vom 6. Dezember 1906 in „Recht" 1907 Nr. 310 ist ausgeführt: Nach dem Ergebnis der Beweisaufnahme erscheine die Annahme gerechtfertigt, daß der Ehemann zur Zeit seiner Entfernung aus der ehelichen Wohnung sich im Zustande der krankhaften Störung der Geistestätigkeit befunden habe und deshalb wegen mangelnden subjektiven Verschuldens eine bösliche Verlassung nicht vorliege.

17. Ein Vertrag, durch den ein Ehegatte dem anderen gestattet, nach freiem Belieben und ohne Rücksicht darauf, ob ihm dazu ein gesetzlicher Grund zur Seite steht, dauernd getrennt zu leben, ist nichtig. Urteil des IV. ZS. vom 29. Mai 1905 ⚥ in RGE. 61 S. 53, RGRKom. Bd. III S. 261 unter 4.

Findet der Richter, daß der Kläger das Fernbleiben des anderen Ehegatten nicht als Verletzung der Verpflichtung zur Herstellung der häuslichen Gemeinschaft betrachtet, daß vielmehr hiermit lediglich die Herbeiführung der Scheidung auf Grund gegenseitiger Einwilligung der Ehegatten bezweckt wird, so ist die Scheidungsklage abzuweisen. Bei Prüfung dieser Frage ist der Richter allerdings befugt, von den Parteien nicht vorgebrachte Tatsachen zu berücksichtigen und die Aufnahme von Beweisen von Amts wegen anzuordnen. ZPO. § 622. Liegen aber besondere, auf Kollusion der Parteien deutende Umstände nicht vor, so ist ohne weiteres die Annahme begründet, daß das Fernbleiben des verklagten Ehegatten gegen den Willen des klagenden Ehegatten stattgefunden hat. Urteil des KG. vom 11. Juni 1902 in „Recht" 1903 Nr. 39; vgl. Urteil des OLG. Celle vom 11. Mai 1906 in „Recht" 1906 S. 751; *Staudinger Bd. IV Teil 1 S. 664 unter c β; RG. 3. Januar 1918, IV. 312/17; RGRKom. Anm. 7 zu § 1567.

18. Das Reichsgericht nahm in früherer Rechtsprechung an, das Jahr müsse schon zur Zeit der Erhebung der Scheidungsklage abge-

laufen sein (RGE. 60, 194). Später hat es diesen Grundsatz eingeschränkt, namentlich für solche Fälle, in denen der klagende Ehegatte in der Erhebung der Scheidungsklage nur das äußerste Mittel erblickt, die ihm immer noch in erster Linie erwünschte Herstellung des ehelichen Verhältnisses durchzusetzen (RGE. 72, 321). Urteil des RG. IV. ZS. vom 2. März 1905 $\frac{570}{04}$ in RGE. 60 S. 194 ff.; *JW. 1905 S. 232; *Brschw. ZfR. Jahrg. 52 S. 182 ff.; RGRKom. Bd. III S. 261 unter 5; vgl. Urteil des RG. IV. ZS. vom 16. März 1908 in „Recht" 1908 Nr. 1574; Urteil des OLG. Breslau vom 9. November 1908 in Mugdan und Falkmann Bd. 18 S. 272; *Staudinger Bd. IV Teil 1 S. 664 unter c α; Urteil des RG. IV. ZS. vom 14. April 1905 in „Recht" 1905 S. 313 Nr. 1467; ferner JW. 1921 S. 28; RG. in L. Z. 1922 S. 120 Nr. 7.

Es genügt nach herrschender Rechtsprechung, wenn sich die Jahresfrist erst im Laufe des Scheidungsstreites vollendet. Wie im Falle des § 1568 ist auch im Falle des § 1567 Abs. 2 Nr. 1 maßgebender Zeitpunkt für das Vorhandensein der Erfordernisse des Scheidungsgrundes nicht die Klageerhebung, sondern die mündliche Verhandlung, auf die das Urteil ergeht. Allerdings läuft der Ehegatte, der die Klage aus § 1567 Abs. 2 Nr. 1 verfrüht erhebt, Gefahr, ohne weiteres mit seiner Klage kostenfällig abgewiesen zu werden, wenn das Jahr zur Zeit der ersten mündlichen Verhandlung noch nicht abgelaufen sein sollte (RG. 83, 62). Die Jahresfrist läuft von dem Tage ab, an welchem das Herstellungsurteil rechtskräftig geworden ist. Rechtsirrig ist es, die Frist entgegen dem klaren Inhalt des § 1567 von der Zustellung des Herstellungsurteils an den beklagten Ehegatten ab zu rechnen. (RG. 23. März 1922, IV 565/21; RGRKom. Anm. 5 zu § 1567; LG. Frankfurt a. M. 10. Juni 1921, JW. 1921, S. 1263.)

Die Jahresfrist muß *zusammenhängend* verlaufen; für die Frist trifft § 191 BGB. nicht zu. Ebensowenig finden die Grundsätze von der Hemmung der Verjährung auf die Frist Anwendung. (RGE. 60, 195; RG. Warn. 1915 Nr. 23; RG. JW. 1921, 28^7; *Recht 21 Nr. 2600.)

19. In dem von dem Ehemanne wegen böslicher Verlassung anhängig gemachten Ehescheidungsprozesse hatte die Beklagte geltend gemacht, ihr Ehemann habe noch *nach* dem sie verurteilenden Herstellungsurteile mit seiner Haushälterin wiederholt Ehebruch getrieben. Entsprach diese Behauptung der Wahrheit, so war die Beklagte nach § 1353 Abs. 2 BGB. nicht verpflichtet, jenem Urteile Folge zu leisten.

Bezüglich der Frage, wie lange *der gute Glaube* der Ehefrau gedauert hat, kommt in Betracht, daß der Ehemann erst am 25. Januar 1907 den ihm bezüglich des Geschlechtsverkehrs mit seiner Wirtschafterin auferlegten richterlichen Eid abgeleistet hat. Es muß daher angenommen werden, daß der gute Glaube der Ehefrau während der Dauer des Rechtsstreits, also von Mitte Mai 1906 jedenfalls bis zum 25. Januar 1907 gedauert hat, und dieselbe bis dahin *nicht in böslicher Absicht* dem Herstellungsurteile keine Folge geleistet hat. Es ist daher dieser Zeitraum bei Berechnung der einjährigen Frist auszuscheiden. Urteil des OLG. Stuttgart I. ZS. vom 13. Dezember 1907 in WarnJ. 7 S. 238 zu § 1567 unter 3.

20. Nach dem Urteile des RG. IV. ZS. vom 22. März 1909 $\frac{447}{08}$ in „Recht" 1909 Nr. 1522 liegt die Voraussetzung, daß der Ehegatte während eines vollen Jahres in böslicher Absicht dem Herstellungsurteile nicht Folge geleistet hat, *nicht* vor, wenn während des in Betracht kommenden Jahres auch der andere Teil eine Zeitlang die *Wiederherstellung der ehelichen Gemeinschaft verweigert hat.* Denn während dieser Zeit ist der verurteilte Ehegatte *mit dem Willen* des anderen Ehegatten von diesem fern geblieben.

21a. *Tatsachen*, die sich innerhalb des entscheidenden Jahres oder bereits vorher ereignet haben und an sich geeignet sind, das Recht auf Verweigerung der häuslichen Gemeinschaft oder auf Scheidung zu begründen, können, wenn sie dem zur Herstellung der häuslichen Gemeinschaft verurteilten Ehegatten während des entscheidenden Jahres *unbekannt geblieben sind*, die Feststellung der böslichen Absicht nicht ausschließen. In einem solchen Falle kann der zur Herstellung der häuslichen Gemeinschaft verurteilte Ehegatte zwar Scheidung verlangen, muß sich aber auch die Scheidung wegen böslicher Verlassung gefallen lassen. (RGE. 81, 296; ebenso OLG. 34, 258; RG. LZ. 1922, 365[1].)

b. Wie einerseits Tatsachen unberücksichtigt bleiben müssen, die zwar den bösen Glauben des zur Rückkehr verurteilten Ehegatten ausgeschlossen haben würden, wenn er sie gekannt hätte, die aber diesen Erfolg tatsächlich nicht gehabt haben, so genügt es anderseits zur Verneinung der böslichen Absicht, wenn der verurteilte Ehegatte irrig des guten Glaubens war, daß ein neuer das Fernbleiben von der häuslichen Gemeinschaft rechtfertigender Grund eingetreten sei. (RG. 23. März 22, IV 565/21; RGRKom. Anm. 7 zu § 1567.)

c. In dem zu Nr. 20 bezeichneten reichsgerichtlichen Urteile vom 22. März 1909 in „Recht" 1909 Nr. 1522 sind noch folgende weitere Ausführungen enthalten: „Hat die zur Herstellung der ehelichen Gemeinschaft verurteilte Ehefrau sich bereit erklärt, zum Manne zurückzukehren, hat dieser aber die Wiederaufnahme *von einer unzulässigen Bedingung* — schriftliche Erklärung der Ehefrau, daß er von ihren Verwandten nicht belästigt werde — abhängig gemacht, so ist, solange der Ehemann diese Bedingung aufrecht erhält, die Ehefrau zur Rückkehr *nicht* verpflichtet. Während dieser Zeit läuft daher auch nicht die Frist des § 1567 Abs. 2 Nr. 1 BGB." Das Reichsgericht läßt dahingestellt, ob, nachdem der Ehemann diese Bedingung fallen gelassen hat, wieder ein volles Jahr des böslichen Fernbleibens abgelaufen sein muß oder die Zeit der Unterbrechung nur in das Jahr nicht hineinzurechnen ist. Vgl. RGE. 60 S. 194; Urteil des OLG. Jena vom 29. Oktober 1907; ThürBl. 55, 108; *WarneyerJ. Jahrg. 7 S. 238 zu § 1567 unter 4.

22. Beklagter hatte die Klägerin 1881 heimlich verlassen, sich seitdem fortgesetzt getrennt gehalten, anscheinend ein vagabondierendes Leben geführt, nie für ihren und seiner Kinder Unterhalt gesorgt und ihr niemals Nachricht gegeben. Der auf Scheidung klagenden Klägerin wurde *die öffentliche Zustellung* in allen Instanzen bewilligt, gleichwohl wurde die Klage von dem Landgerichte und dem Berufungsgerichte abgewiesen, da es nicht unwahrscheinlich ist, daß es der Klägerin bei einigem guten Willen gelingen dürfte, den jetzigen Aufenthalt des Beklagten festzustellen. Auf Revision der Klägerin wurde vom Reichsgerichte die Ehe geschieden und ausgesprochen, daß Beklagter die Schuld trage. In den Entscheidungsgründen ist ausgeführt: „Der Begriff ‚unbekannter Aufenthalt' ist für den Tatbestand der böslichen Verlassung kein anderer wie für die Bewilligung der öffentlichen Zustellung nach der ZPO. Die hierfür erforderlichen Voraussetzungen liegen vor, und eine Änderung ist bisher nicht eingetreten. Im übrigen würde der Klägerin zwar eine erlangte Kenntnis von dem Aufenthalte des Beklagten entgegenstehen, aber Ermittlungen waren von ihr nicht zu erfordern. RGE. 31 S. 202; Bd. 15 S. 204. Endlich ist ohne Belang, daß die Klägerin früher, 1893, erklärt hat, sie wolle sich nicht wieder mit dem Beklagten vereinigen, da neben dem Nachweise der Voraussetzungen der Scheidungsklage wegen böslicher Verlassung die Darlegung der inneren Absichten von der Klägerin nicht zu erfordern sind. RGE. 40 S. 159. Nach dem früheren gemeinen Rechte wäre danach die Klage begründet, ebenso ist sie es nach § 1567 Abs. 2 Nr. 2 BGB. Nach Art. 201

des EG. zum BGB. war daher die Ehe zu scheiden und nach § 1574 BGB. die Schuld des Beklagten festzustellen." Urteil des RG. III. ZS. vom 12. Juni 1900 $\frac{6}{00}$ in DJZ. 1900 Spruchbeilage 20 S. 442 Nr. 64.

23. Nach dem Urteile des OLG. Celle I. ZS. vom 19. Juni 1903 in „Recht" 1904 Nr. 55; *WarnJ. 3 S. 135 zu § 1567 BGB. unter 2 ist in dem Falle, wenn die Voraussetzungen für die öffentliche Zustellung seit Jahresfrist vor der Klageerhebung vorliegen, unerheblich, ob inzwischen ein Dritter den Aufenthalt des Beklagten ermittelt hat. Die Möglichkeit, daß der Aufenthalt einer in unbekannter Ferne weilenden Person irgend jemandem bekannt ist, liegt stets vor, und es reicht deshalb diese Feststellung nicht aus, um das Vorliegen der Voraussetzungen für die öffentliche Zustellung in Frage zu stellen. RG. in Gruch. 45 S. 1025.

24. „Die Voraussetzungen für die öffentliche Zustellung haben seit Jahresfrist bestanden. Der Beklagte hat vor zehn Jahren die Klägerin abends aus der Wohnung gewiesen, worauf sie die Nacht oben im Hause verweilte, am nächsten Tage ihre Sachen aus der Wohnung bei Abwesenheit ihres Ehemannes abholte und fortging. Darauf hat sich der Ehemann in der Wohnung eingefunden, seine Effekten von dort mitgenommen und ist, unbekannt wohin, verzogen. Die Bemühungen der Klägerin um Ermittlung des Aufenthalts ihres Ehemannes sind erfolglos geblieben, da er niemals irgend etwas von sich hat verlauten lassen. Bei dieser Sachlage irrt das Landgericht, wenn es die auf Grund des § 1567 Abs. 2 Nr. 2 BGB. angestellte Frage deshalb abweist, weil die Klägerin seinerzeit zuerst die eheliche Wohnung verlassen habe. Das Gesetz spricht überhaupt nicht von ‚Verlassen', sondern stellt als Erfordernis einer Scheidung die Tatsache auf, daß sich der eine Ehegatte ein Jahr lang gegen den Willen des anderen Ehegatten in böslicher Absicht von der häuslichen Gemeinschaft ferngehalten hat, und eine solche ehewidrige Fernhaltung würde hier vorliegen, wenn der Ehemann, nachdem er selbst die Ehefrau hinausgeworfen hatte, sich um ihren Verbleib niemals mehr kümmerte, sondern sich jahrelang absichtlich so verhielt, daß man ihn aller Bemühungen ungeachtet nicht auffinden konnte. Wenn nicht in solchem Falle bei der Unmöglichkeit eines strikten Beweises der Böslichkeit des verschwundenen Ehegatten der § 1567 Abs. 2 Nr. 2 BGB. seine praktische Bedeutung fast gänzlich verlieren soll, muß zum Beweise dieser Böslichkeit die Tatsache genügen, daß der verklagte Ehegatte jahrelang nichts von sich verlauten läßt, sofern nur sein Fortleben zu vermuten ist. Letzteres liegt hier vor, da

der Beklagte erst im 58. Lebensjahre steht." Urteil des OLG. Hamburg V. ZS. vom 14. März 1910 in „Recht" Bd. 14 Nr. 3938; *HansGZ. 1910 Beiblatt S. 232.

25. Auch das Recht auf Scheidung aus § 1567 Nr. 1 kann durch Verzeihung erlöschen. Dieser Scheidungsgrund ist aber erst mit fruchtlosem Ablauf eines Jahres nach Rechtskraft des Herstellungsurteils entstanden, daher kann ihn nur eine dann stattfindende Verzeihung zum Erlöschen bringen. Diese kann sich auch dadurch äußern, daß der zur Scheidungsklage wegen böslicher Verlassung berechtigte Ehegatte den ehelichen Verkehr mit dem anderen Ehegatten aufnimmt. Ein während des Jahres nach Rechtskraft des Herstellungsurteils gepflogener ehelicher Verkehr kommt dagegen nicht als rechtsvernichtende Verzeihung in Betracht. RGE. 27. September 23 in Bd. 108 S. 15.

§ 27.

Geisteskrankheit. BGB. § 1569.

1. Die Klägerin hat beantragt, auf Grund des § 1569 BGB. die Ehe der Parteien zu scheiden, indem sie behauptet, daß ihr Ehemann in Geisteskrankheit verfallen sei, daß diese seit länger als drei Jahren während der Ehe bestehe und einen solchen Grad erreicht habe, daß die geistige Gemeinschaft zwischen den Ehegatten ohne Aussicht auf Wiederherstellung aufgehoben sei. Dem Antrag des Vormundes des Beklagten auf Abweisung der Klage hat das Landgericht stattgegeben, und ist die Berufung der Klägerin durch oberlandesgerichtliches Urteil zurückgewiesen. Auf Revision der Klägerin ist das Berufungsurteil aufgehoben und die Sache in die Vorinstanz zurückverwiesen. In den Entscheidungsgründen ist ausgeführt:

„Das Berufungsurteil beruht auf der Annahme, daß nach dem Gutachten des ärztlichen Sachverständigen, Professor Dr. C., der Beklagte nicht an Geisteskrankheit leide, eventuell aber die etwa vorhandene Geisteskrankheit nicht einen solchen Grad erreicht habe, daß die geistige Gemeinschaft unter den Ehegatten ohne jede Aussicht auf Wiederherstellung aufgehoben sei.

Diese Begründung muß beanstandet werden. In Ansehung der Frage, ob der Beklagte an Geisteskrankheit leidet, bedarf es nach Lage der Sache nicht einer grundsätzlichen Entscheidung darüber, ob der § 1569 BGB. einem Ehegatten die Scheidungsklage nur im Falle der Geisteskrankheit oder auch im Falle der Geistesschwäche des anderen Ehegatten gibt. Das Berufungsgericht ist gegenüber der Behauptung der Klägerin, daß der Beklagte an Geisteskrankheit leide, dem Gutachten des Sachverständigen gefolgt. Derselbe hat bei seiner zweimaligen Vernehmung sich im wesentlichen übereinstimmend dahin geäußert: Der Beklagte sei im Jahre 1893 geisteskrank gewesen. Gegenwärtig sei er im Sinne des BGB. geistesschwach, im wissenschaftlichen Sinne auch geisteskrank. Er leide an sekundärer Demenz auf dem Boden des chronischen Alkoholismus im Anschluß an ein delirium tremens.

Dieses Gutachten bietet aber keine genügende Grundlage für die Beantwortung der Beweisfrage. Dasselbe argumentiert mit dem Begriffe der Geisteskrankheit bald im Sinne des BGB., bald im Sinne der Wissenschaft. Dabei ist aber das Verhältnis nicht dargelegt, in welchem beide Begriffsarten zueinander stehen.

Im Zusammenhange hiermit steht das Bedenken, welches die Vorentscheidung hinsichtlich der eventuellen Frage hervorruft, ob die etwa vorhandene Geisteskrankheit des Beklagten derart gesteigert ist, daß demselben das Bewußtsein der ehelichen Gemeinschaft völlig und dauernd abhanden gekommen ist. Das Berufungsgericht erwägt hier: Nach dem E.'schen Gutachten betätigt sich das Bewußtsein der ehelichen Gemeinschaft seitens des Beklagten noch fort, teils krankhaft durch die Eifersuchtswahnideen, teils nicht krankhaft durch den Widerspruch gegen die Scheidung, wie durch Äußerungen dahin, daß er nach L. zurückkehre und sein Geschäft übernehmen wolle, und daß dies schon gehen werde, wenn sich seine Frau so verhalte wie er. Aber alles dies genüge nicht im Sinne des § 1569 BGB.

Demgegenüber muß davon ausgegangen werden, daß die eheliche Gemeinschaft ein auf sittlichen Rechten und Pflichten beruhendes Lebensverhältnis ist, und daß, wenn von einem Fortbestehen, einer Fortbetätigung dieser Gemeinschaft gesprochen werden soll, entsprechende reale Anhaltspunkte dafür zu erfordern sind.

Nach den — gemachten näheren — Angaben des Sachverständigen wird das Bedenken nahegelegt, inwiefern sich für Gegenwart und Zukunft tatsächlich noch eine eheliche, doch von dem Bewußtsein sittlicher Rechte und Pflichten getragene Gemeinschaft unter den Ehegatten ermöglichen soll." Urteil des RG. IV. ZS. vom 4. März 1901 $\frac{380}{1900}$ in JW. 1901 S. 297; *RGRKom. Bd. III S. 279 unter 5; vgl. auch RG. 1. Februar 22 BayZ. 1922 S. 149; RGE. 100, 106; *Recht 21 Nr. 115.

2. Die Fachausdrücke der ärztlichen Kunstsprache brauchen sich mit den Begriffsbestimmungen der Geisteskrankheit und Geistes-

schwäche nicht zu decken, aber im Sinne des Gesetzes sind zwischen beiden Formen der regelwidrigen Geistesbeschaffenheit nur Gradunterschiede anzuerkennen. (RG. JW. 05, 395[16]; RG. Warn. 1913 Nr. 78.)

3. Das Berufungsgericht geht davon aus, daß der Scheidungsgrund aus § 1569 BGB. nur im Falle der Geisteskrankheit, nicht auch in dem Falle der bloßen Geistesschwäche Platz greife. Diese Ansicht erscheint, wie es in dem Urteil des RG. IV. ZS. vom 5. Mai 1902 $\frac{39}{1902}$ in JW. 1902 Beilage 8 S. 244 Nr. 133; *DJZ. Bd. 7 S. 345; RGRKom. Bd. III S. 279 unter 5; *Staudinger Bd. IV Teil 2 S. 678 unter a; *„Recht" 1902 Nr. 1893 heißt, zutreffend im Hinblick auf die erheblichen Unterschiede, welche das BGB. an anderen Stellen in betreff der Handlungsfähigkeit von Geisteskranken und Geistesschwachen vorsieht, — vgl. §§ 104 Nr. 3, 114, 1304, 1729, 1751, 2253 BGB. — zumal bei Berücksichtung des im § 1569 BGB. selbst für Geisteskrankheit vorausgesetzten Grades, zufolgedessen die geistige Gemeinschaft zwischen den Eheleuten ohne jede Aussicht auf Wiederherstellung ausgeschlossen sein muß. RGE. 50, S. 207. Damit ist offenbar eine höhere Gemeinschaft als das bloße Zusammenleben der Ehegatten gemeint, nämlich eine solche, bei der diese zu gemeinsamem Denken und Fühlen befähigt sind. Vgl. Urteil des RG. IV. ZS. vom 8. Mai 1905 $\frac{608}{04}$ in JW. 1905 S. 395 unter 17; *DJZ. 1905 S. 747; *„Recht" 1905 Nr. 1953.

Das Erfordernis der Aufhebung der geistigen Gemeinschaft bringt deutlich zum Ausdruck, daß die Unmöglichkeit eines ehelichen Zusammenlebens zur Scheidung wegen Geisteskrankheit nicht genügt (RGE. 97, 340).

4. Nach den Urteilen des OLG. Celle vom 20. Oktober 1900 und 20. Dezember 1901 im *„Recht" 1902 Nr. 1846 steht Geistesschwäche als Scheidungsgrund der Geisteskrankheit nicht gleich; jedoch sind Personen, bei welchen eine vernunftgemäße bewußte Willensbestimmung ausgeschlossen ist, insbesondere verblödete Idioten, den Geisteskranken zuzuzählen. Dagegen sind Personen, die vernünftiger Einsicht und Erwägungen und dementsprechender Willensbestimmung nicht völlig unfähig sind, wenn sie auch in dieser Beziehung nicht unerheblich unter dem gewöhnlichen Durchschnittsmaße stehen, zu den Geistesschwachen zu rechnen.

5. „Der § 1569 BGB. beschränkt sich nicht auf die Fälle eines geistigen Todes des erkrankten Ehegatten, sondern verlangt nur Aufhebung der geistigen Gemeinschaft durch die Geisteskrankheit. Eine

solche liegt aber vor, wenn der kranke Ehegatte nicht mehr imstande ist, an dem Lebens- und Gedankenkreise des anderen Ehegatten irgendwie teilzunehmen.

Die Entstehungsgeschichte des § 1569 BGB. zeigt, daß nur eine qualifizierte Geisteskrankheit zur Ehescheidung genügen sollte, und daß man diese Qualifikation der Geisteskrankheit nicht in ihrer Wirkung auf die eheliche oder häusliche Lebensgemeinschaft, sondern in ihrer Wirkung auf die geistige Gemeinschaft finden wollte. (Protokoll der 2. Lesung des Entwurfs zum BGB. S. 5671 f.) Diese Fassung verbietet es, ausschließlich den Zustand des geisteskranken Teils zu beachten, vielmehr ist auch die Lage des gesunden Ehegatten, zu dessen Gunsten das Gesetz gemacht ist, in Betracht zu ziehen. Ist der kranke Ehegatte infolge seiner Geisteskrankheit nicht mehr imstande, an dem hier gewiß einfachen Lebens- und Gedankenkreise des anderen Ehegatten irgendwie teilzunehmen, so kann von einer geistigen Gemeinschaft zwischen den Ehegatten keine Rede mehr sein." Urteil des OLG. Hamburg vom 22. Januar 1901 II. ZS. $\frac{293}{1900}$ in „Recht" 1901 S. 176 Nr. 571.

6. „Daß das Berufungsgericht den Begriff der geistigen Gemeinschaft im Sinne des BGB. verkannt hätte, ist nicht ersichtlich. Wie das Reichsgericht wiederholt ausgesprochen hat, ist der Eintritt des geistigen Todes, also vollkommene Verblödung des Ehegatten, nicht erforderlich. Vgl. Urteil des RG. vom 11. Mai 1905 in JW. 1905 S. 395 unter 16; im § 13 A unter 3 mitgeteilt.

Im vorliegenden Falle sind vom Berufungsgerichte Umstände festgestellt, die in der Tat geeignet sind, die geistige Gemeinschaft der Ehegatten aufzuheben. Denn die Beklagte wird von Wahnvorstellungen beherrscht, die gerade in den wichtigsten Punkten des geistigen Zusammenlebens des Ehegatten das dazu unbedingt notwendige gegenseitige Vertrauen und Verständnis ausschließen und ein gemeinsames Fühlen und Denken unmöglich machen. Bei einem solchen tiefinnerlichen Entfremden der Ehegatten erscheint das geistige Band gelöst, auch wenn durch Zeugenbeweis das Vorhandensein einer gewissen äußeren, vom geisteskranken Ehegatten betätigten Fürsorge für die Familie dargetan werden könnte." Urteil des RG. IV. ZS. vom 16. Februar 1911 $\frac{132}{10}$ in JW. 1911 S. 370 unter 29; vgl. Urteil des RG. IV. ZS. vom 8. Mai 1905 $\frac{608}{04}$ in JW. 1905 S. 395; *DJZ. 1905 S. 747; *„Recht" 1905 Nr. 1953; vgl. auch das Urteil des OLG. Kolmar vom 14. April 1905 in „Recht" 1905 Nr. 1468, in welchem ausgeführt ist, „das Band, das die Ehegatten zur bewußten und gewollten Erfüllung des sittlichen

Zwecks der Ehe verbinde, müsse getrennt sein. Ein Ehegatte aber, dessen Gedankenkreis infolge seiner geistigen Erkrankung sich so weit von demjenigen des anderen Ehegatten entfremde, daß er mit diesem nicht mehr zur Erreichung jenes Zweckes zusammenwirken könne, sei unfähig, in der geistigen Gemeinschaft mit ihm zu verbleiben". Vgl. Urteil des OLG. Königsberg III. ZS. vom 4. November 1901 in Mugdan und Falkmann Bd. 4 S. 88 unter i.

7. Gegenüber dem Hinweise, daß bei Versagung der Scheidung wegen Geisteskrankheit der Kläger sich in einer harten Lage befindet, wird mit Recht erwogen, daß das Gesetz bewußterweise den Schutz des geisteskranken Ehegatten den Interessen des gesunden voranstellt (RGE. 98, 295).

Der gesunde Ehegatte hat bei der Gestaltung des Ehelebens auf das Leiden des andern Rücksicht zu nehmen, und nur dann, wenn sich trotzdem in dem Geisteszustande des Erkrankten ein unüberwindliches Hindernis gemeinsamen Denkens und Empfindens entgegenstellt, beruht eine völlige innere Entfremdung auf dieser geistigen Erkrankung (RG. Warn. 1917 Nr. 23; RGE. 100, S. 106 *Recht 1921 Nr. 115).

8. Daß die Aufhebung der geistigen Gemeinschaft während des ganzen dreijährigen Zeitraums bestanden habe, und jede Aussicht auf Wiederherstellung der geistigen Gemeinschaft zwischen den Ehegatten ausgeschlossen sei, ist nach dem klaren Wortlaute des Gesetzes nicht erforderlich. Es genügt vielmehr, wenn die Geisteskrankheit in dem Zeitpunkte der Verhandlung, auf die das Urteil ergeht, diesen Grad erreicht hat. Ist dies der Fall, so wird der Scheidungsanspruch nicht dadurch ausgeschlossen, daß während der drei Jahre Zeiträume vorhanden waren, in denen die geistige Gemeinschaft zwischen den Eheleuten noch bestanden hatte oder wiederhergestellt war, vorausgesetzt, daß die Geisteskrankheit selbst ununterbrochen fortgedauert hat. Urteil des OLG. Karlsruhe vom 2. Mai 1901 in Mugdan und Falkmann Bd. 3 S. 29 ff.; Urteil des RG. vom 13. April 1905 in BlfRA. Bd. 70 S. 675 ff. In den dreijährigen Zeitraum sind lichte Zwischenräume einzurechnen. Es genügt, wenn der dreijährige Zeitraum zur Zeit der mündlichen Verhandlung, auf die das Urteil ergeht, vollendet ist. Der vor Ablauf der drei Jahre klagende Ehegatte hat allerdings Abweisung der Klage zu gewärtigen. — Es kommt darauf an, daß sich der Ehegatte dauernd in einem einheitlichen Zustand geistiger Erkrankung befindet. Ist das der Fall, dann sind auch die Zwischenzeiten, die

zwischen den Aufenthalten in verschiedenen Irrenanstalten liegen, in den dreijährigen Zeitraum mit einzurechnen. (RG. Warn. 1917 Nr. 233.)

9. Nach dem Urteile des OLG. Jena vom 20. November 1902 in ThürBl. Bd. 50 S. 206; „Recht" 1903 Nr. 2453; *WarnJ. 2 S. 120 zu § 1569 BGB. unter 2 sind die im § 1569 BGB. vorgesehenen drei Jahre von dem Zeitpunkte an zu rechnen, in dem zuerst das Bestehen von Geisteskrankheit festgestellt wurde, nicht etwa schon von da an, wo Symptome hervorgetreten sind, von denen sich später herausgestellt hat, daß sie durch geistige Erkrankung zu erklären seien.

Daß das gegen den geisteskranken Ehegatten eingeleitete Entmündigungsverfahren mit einer Ablehnung der Entmündigung geendet hat, schließt die Scheidung wegen Geisteskrankheit nicht aus, ebensowenig der Umstand, daß das Ehegericht den geisteskranken Ehegatten für geschäftsfähig und darum auch für prozeßfähig hält. (RG. Warn. 1917 Nr. 233.)

10. Zur Vertretung eines geisteskranken Ehegatten im Scheidungsprozesse — ZPO. § 612 Abs. 2 — bedarf es der vorgängigen Entmündigung nicht, da die Bestellung eines Pflegers nach § 1910 Abs. 2 BGB. erfolgen kann. Beschluß des KG. vom 4. September 1900 in Staudinger Bd. IV Teil 1 S. 680 unter e.

Zulässig ist auch die Bestellung eines besonderen Vertreters durch den Vorsitzenden, wenn die Voraussetzungen des § 57 ZPO. vorliegen (RG. 30. Nov. 1922, IV 102/22, RGE. Bd. 105 S. 401, unter Abweichung von RG. JW. 1894, 113[5]). Zur Scheidungswiderklage bedarf eine im Laufe des Rechtsstreits wegen Geisteskrankheit entmündigte Beklagte der Genehmigung des Vormundschaftsgerichts. Diese kann noch nachträglich im Laufe des Rechtsstreits erteilt werden (RGE. 86, 15; RG. 27. September 1915, IV 97/15).

Dritte Abteilung.

Nach § 1568 BGB. zu beurteilende Scheidungsgründe im einzelnen.

§ 28.

Mißhandlungen.

1. Nach § 1568 Abs. 2 BGB. gelten als schwere Verletzungen der durch die Ehe begründeten Pflichten grobe Mißhandlungen. Zu solchen gehören nicht nur Tätlichkeiten eines Ehegatten, durch welche das Leben oder die Gesundheit des anderen Ehegatten tatsächlich gefährdet sind, oder welche solche Nachteile auch nur leicht im Gefolge haben können, sondern es sind dazu auch allgemein Tätlichkeiten zu rechnen, welche nach dem Sachverhalt des einzelnen Falls, insbesondere mit Rücksicht auf die Standesverhältnisse und den Bildungsgrad der Parteien, auf die begleitenden Umstände und auf die Art, wie die Mißhandlungen verübt sind, geeignet erscheinen, eine so tiefe Zerrüttung des ehelichen Verhältnisses herbeizuführen, daß dem klagenden Ehegatten die Fortsetzung der Ehe nicht zugemutet werden kann. (Vgl. RGE. 47 S. 33; RG. JW. 08, S. 42[17], 276[12]).

Die Feststellung einer groben Mißhandlung ist ebenso wie die einer schweren Verletzung der Pflichten nicht nur von der äußeren Beschaffenheit einer Tat, sondern auch von dem Willen des Täters und den sonstigen Umständen abhängig. So kann z. B. eine ihrer äußeren Beschaffenheit nach grobe Mißhandlung nicht als solche erscheinen, wenn sie fahrlässig oder aus Furcht begangen ist. RGRKom. Anm. 8 zu § 1568.

Auch andere als grobe Mißhandlungen können als schwere Eheverfehlung angesehen werden. (RG. 15. April 1916, IV. 442/15.)

2. Eine Ohrfeige, die die Frau dem Manne in äußerster sittlicher Empörung über eine schwerkränkende Äußerung des Mannes über ihren kurz zuvor verstorbenen Vater versetzt, ist auch dann kein Scheidungsgrund, wenn die Eheleute gebildeten Kreisen angehören. (RG. Warn. 1915/16 Nr. 52.)

3. „Die Auffassung des Berufsgerichts, daß die grobe Mißhandlung im Sinne des § 1568 BGB. erhebliches körperliches Unbehagen verursachen oder äußere Spuren am Körper zurücklassen müsse, unterliegt allerdings an und für sich rechtlichen Bedenken. Auch dadurch kann sich im Sinne dieser Gesetzesvorschrift eine Mißhandlung als grobe kennzeichnen, daß sie unter Umständen vorgenommen wird, welche den Verletzten durch die ihm zuteil gewordene Behandlung besonders tief heruntersetzen, möchte auch die objektive Folge im übrigen nicht erheblich sein. *Eine erniedrigende Mißhandlung vor den Augen eines Untergebenen* vermag daher den Tatbestand recht wohl herzustellen. Gegenüber der Klägerin, welche besonders betont, Beklagter habe sich keinesfalls so weit vergessen dürfen, *sie im Beisein der Dienstboten zu prügeln und sie zu beschimpfen*, stellt das Berufungsgericht fest, daß *die Klägerin selbst vor ihren Dienstboten ehrverletzende Äußerungen über den Beklagten getan* habe und folgert daraus, daß nach der hierdurch und sonst von der Klägerin an den Tag gelegten Denk- und Empfindungsweise ihr die Fortsetzung der Ehe zuzumuten sei. Diese Würdigung des Verhaltens der Klägerin enthält keineswegs eine unstatthafte Anwendung des Kompensationsprinzips, ist vielmehr eine durchaus zulässige Berücksichtigung des eigenen subjektiven Empfindens des Verletzten, die den Zweck verfolgt, im Rahmen des § 1568 BGB. die Feststellung zu treffen, ob die Fortsetzung der Ehe von dem Verletzten als unerträgliche Last gefühlt werde." Urteil des RG. IV. ZS. vom 17. März 1904 539/03 in JW. 1904 S. 204 unter 17; *DJZ. 1903 III. Spruchsammlung S. 37; *Staudinger Bd. IV Teil 1 S. 668 unter 2a α Abs. 3; RG. 1. Juni 1911, IV. 514/10; 15. Januar 1912, IV. 231/11; RG. JW. 1910 S. 819[40].

4. Es kommt nicht darauf an, ob die Ehegatten — wie die Revision bemängelt — „keineswegs ungebildeten Volkskreisen angehören"; indem das Gesetz die grobe Mißhandlung als schwere Verletzung der Pflichten noch besonders hervorhebt, gibt es zu erkennen, daß es diesen Verstoß ohne Unterschied des Standes und des Bildungsgrades *stets* als Scheidungsgrund gelten läßt. (RG. JW. 1911 S. 945/12, vgl. auch ebenda S. 717[18].)

5. Auf eine Klage der Ehefrau und auf eine Widerklage des Ehemannes erkannte das Berufungsgericht: Die Ehe der Parteien wird auf die Klage und Widerklage geschieden, beide Ehegatten werden für

schuldig erklärt. Die Revision des Beklagten und die Anschlußrevision der Klägerin werden zurückgewiesen. „Zur Klage der Klagerin ist angenommen worden, der Beklagte habe schon vor Ende Oktober 1903 in einer ganzen Reihe von Fällen der Klägerin näher nicht feststellbare, allerdings verziehene, aber gemäß § 1573 BGB. zur Unterstützung des selbständigen Klaggrundes heranzuziehende Mißhandlungen zugefügt. Diesen Grund erblickt das Berufungsgericht darin, daß der Beklagte am 12. November 1903 im Verlauf eines Wortwechsels der Parteien über eine von der Klägerin gestattete Beurlaubung des Kindermädchens der Klägerin eine oder zwei Ohrfeigen und einen Schlag oder Stoß gegen den rechten Unterarm versetzt habe. Der Tätlichkeit war nach der Feststellung des Berufungsgerichts die Äußerung der Klägerin vorangegangen: „Auf die Kinder, die ich von einem solchen Manne habe, verzichte ich, ich will frei sein, und so einen Grafen wie dich bekomme ich noch jeden Tag, ich brauche nur auf mein Portemonnaie zu klopfen, da habe ich an jedem Finger einen Grafen; Eure Sorte ist ja käuflich". Mit Unrecht rügt der Beklagte, das Berufungsgericht habe mit rechtsirrtümlicher und unzureichender Begründung verneint, daß die Äußerung der Klägerin vom 12. November 1903 der nachfolgenden Mißhandlung den Charakter der Verschuldung entziehe. Das Berufungsgericht verkennt nicht, daß unter Umständen die Mißhandlung seitens eines Ehegatten mit Rücksicht auf die in einer vorausgegangenen schweren Kränkung seitens des anderen Ehegatten enthaltene Reizung so weit als entschuldigt gelten kann, daß in der Mißhandlung nicht mehr eine Verschuldung im Sinne des § 1568 BGB. zu finden ist. In Ansehung des Vorfalls vom 12. November 1903 hat jedoch das Berufungsgericht den an sich möglichen Entschuldigungsgrund aus tatsächlichen, den Umständen des vorliegenden Falls entnommenen Gründen dem Beklagten versagt. Es ist darauf hingewiesen, vom Standpunkte der Klägerin aus sei die Äußerung allerdings unentschuldbar gewesen, der Beklagte habe aber schon früher ähnliche Äußerungen aus dem Munde seiner Gattin vernommen, er habe auch gewußt, daß sie in Wirklichkeit auf den Stand ihres Gatten stolz gewesen sei. Unter diesen Umständen sei es, wie das Berufungsgericht weiter ausführt, nicht einzusehen, wie der Beklagte in einen solchen Grad von Wut geraten konnte, daß er mit einer so groben Mißhandlung antwortete, wie sie festgestellt worden ist. Auch kommt die weitere Erwägung des Berufungsgerichts betreffend die Zerrüttung des ehelichen Verhältnisses in Betracht, daß in gebildeten Ständen Mißhandlungen der Frau durch den Mann regelmäßig als nicht wieder gutzumachende Kränkungen angesehen werden, und daß der Beklagte aus dem früheren Verhalten der Klägerin, namentlich vom Juni 1901, wußte, wie schwer sie die von ihrem Ehemanne zugefügten Mißhandlungen empfand. Hieraus ergibt sich zugleich, daß die Frage der Zerrüttung nicht ausschließlich von dem subjektiven Standpunkte der Klägerin aus, sondern auch von dem objektiven, in gebildeten Kreisen herrschenden Standpunkte geprüft worden ist." Urteil des RG. IV. ZS. vom 17. Januar 1907 $\frac{269}{06}$ in JW. 1907 S. 142 unter 24; *Warn. 1906 S. 170 unter 14; DJZ. Jahrg. 8 S. 257; *Staudinger Bd. IV Teil 1 S. 677 unter 8 a *α*.

6. „Ist ein Ehemann, der, wie der Ehefrau bekannt ist, zu Jähzorn neigt, von dieser andauernd gereizt worden und dadurch in solche Wut geraten, daß er sich zu einer an sich groben Mißhandlung seiner Ehefrau hat hinreißen lassen, so ist rechtlich nicht zu beanstanden, wenn nach den Umständen des Einzelfalls das Vorhandensein einer Eheverfehlung, die objektiv geeignet wäre, das eheliche Verhältnis zu zerrütten, und damit das Vorhandensein eines Scheidungsgrundes verneint wird. In diesem Falle ist es unerheblich, ob nach dem subjektiven Empfinden der Ehefrau die Ehe zerrüttet war." Urteil des RG. IV. ZS. vom 11. Juli 1907 $\frac{35}{07}$ in Sörgel 1907 S. 453 unter 43; RG. Warn. 1914 Nr. 193 und Nr. 87; RG. SeuffArch. 74 Nr. 33, auch RG. 12. Juli 1923 in Recht 1923 Nr. 1243.

7. Nach dem Urteile des OLG. Dresden vom 1. März 1902 in „Recht" Jahrg. 1902 S. 209 Nr. 983; *WarnJ. 1 S. 171 unter 3 c „rechtfertigen grobe Mißhandlungen — mehrfaches schonungsloses Schlagen mit der Faust auf den Kopf und ins Gesicht — auch dann das Verlangen nach Scheidung, wenn sie in der Trunkenheit verübt und durch Schimpfen des anderen Teils provoziert sind."

8. Eine einmalige Mißhandlung des Mannes durch die Frau, zu der sich diese in der Erregung hat hinreißen lassen, ist, auch wenn darin den Umständen nach eine schwere Verfehlung liegt, kein derartiges Verhalten, daß es dem Mann, wenn er sich andauernder Trunksucht und Beschimpfung der Frau schuldig gemacht hat, unmöglich ist, sich über die ihm angetane Kränkung hinwegzusetzen. (RG. 26. Nov. 1923, IV ZS. Warn. 23/24 Nr. 159.)

9. In dem Urteile des RG. IV. ZS. vom 21. März 1910 $\frac{290}{10}$ in „Recht" 1910 Nr. 1755, wonach Mißhandlungen, welche sich nach Art und Beschaffenheit ohne weiteres als grobe darstellen — mehrmalige Faustschläge auf den Rücken und Nacken — nicht lediglich in Berücksichtigung der Standesverhältnisse der Parteien der Charakter eines Scheidungsgrundes abgesprochen werden kann, heißt es: „Es gilt heute in Deutschland allgemein und ohne Unterschied des Standes für entwürdigend, wenn der in der Regel kräftige Mann die schwächere Frau körperlich mißhandelt, wie denn der deutsche Gesetzgeber dem Dienstberechtigten auch dem Gesinde gegenüber jedes Züchtigungsrecht abgesprochen hat. Art. 95 Abs. 3 des Einführungsgesetzes zum BGB. Damit steht im Einklange, daß nach dem Schlußsatze des § 1568 BGB. grundsätzlich jede grobe Mißhandlung als schwere Verletzung der durch die Ehe begründeten Pflichten gilt. Danach bedarf es der Feststellung besonderer diese Annahme rechtfertigender Umstände, wenn gleichwohl das Verschulden des Täters im Einzelfalle verneint werden soll."

10. In dem Urteile des OLG. Dresden vom 1. März 1902 in „Recht" Jahrg. 1902 S. 209 Nr. 984 ist ausgesprochen, „daß *heftige Ohrfeigen* im eigentlichen Sinne des Worts, welche der Ehemann seiner Frau gibt, — nicht bloß Backenstreiche — als grobe Mißhandlungen anzusehen sind".

11. „Es ist nicht rechtsirrtümlich, wenn der Berufungsrichter unter den besonderen, von ihm näher dargelegten Umständen des Falls die Ohrfeige, die der Beklagte der Klägerin im Februar 1908 gegeben hat, *nicht* als grobe Mißhandlung im Sinne des Gesetzes aufgefaßt hat. Abgesehen davon, daß der Schlag ‚keineswegs schwer' gewesen ist, war er nach den getroffenen Feststellungen dadurch veranlaßt, daß der Beklagte von einem hinter seinem Rücken an dritte fremde Personen geschriebenen Brief der Klägerin Kenntnis erlangt hat, der, wie mit Recht hervorgehoben ist, unerhörte Beleidigungen gegen ihn enthielt, daß die Klägerin auf Vorhalt hierüber keinerlei Reue zeigte, und daß sie auch sonst durch ein besonders zänkisches und streitsüchtiges Wesen schon jahrelang die Geduld des Beklagten aufs äußerste herausgefordert hatte. Unter diesen Umständen war der Berufungsrichter berechtigt, diesen *einmaligen*, auch von ihm gemißbilligten Vorgang, selbst in Verbindung mit der Tatsache, daß der Beklagte dem körperlichen Leiden der Klägerin nicht immer die gebührende Rücksicht entgegengebracht hat, die Bedeutung eines Scheidungsgrundes im Sinne des § 1568

BGB. abzusprechen." Urteil des RG. IV. ZS. vom 27. Juni 1910 $\frac{166}{10}$ in JW. 1910 Nr. 40 S. 819; *„Recht" 1910 Nr. 3527; vgl. Urteil des RG. IV. ZS. vom 22. Oktober 1910 $\frac{185}{10}$ in „Recht" 1911 Nr. 93.

12. Nach dem Urteile des RG. IV. ZS. vom 9. März 1908 $\frac{350}{07}$ in JW. 1908 S. 276 unter 12; *„Recht" 1908 S. 269 Nr. 1575 „ist die Annahme der Revision, daß jeder Schlag mit der Hand in das Gesicht schon deshalb eine grobe Mißhandlung darstelle, weil edle Teile hätten getroffen werden können, verfehlt. Allerdings kann eine hinsichtlich der objektiven Folgen nicht erhebliche Mißhandlung sich deshalb als grobe kennzeichnen, weil sie unter Umständen begangen wurde, die eine erniedrigende Herabwürdigung des mißhandelten Ehegatten vor den Augen von Untergebenen darstellte. In solchem Falle kommt es aber wesentlich auf die Gestaltung der Umstände des Einzelfalls an". Vgl. auch Urteil des RG. IV. ZS. vom 17. März 1904 $\frac{539}{03}$ in JW. 1904 S. 204 unter 17; *„Recht" 1904 S. 283 Nr. 1285; Urteil des OLG. Stuttgart I. ZS. vom 22. November 1907 U $\frac{510}{07}$ und vom 5. Juli 1907 U $\frac{62}{07}$ in „Recht" 1908 S. 60 Beilage 2 Nr. 342.

13. Das Urteil des OLG. Braunschweig II. Sen. vom 3. Juni 1902 enthält folgende Ausführungen: „Es muß vorausgesetzt werden, daß eine Mißhandlung, wenn sie als ‚grobe' angesehen werden soll, über das Maß einer gewöhnlichen Mißhandlung hinausgeht und in objektiver und subjektiver Beziehung, sowie nach der sozialen Stellung der Parteien geeignet ist, eine tiefe Zerrüttung des ehelichen Verhältnisses nach sich zu ziehen. Davon kann keine Rede sein, wenn die Beklagte und Widerklägerin — welche gegenüber der Klage ihres Ehemannes auf Herstellung des ehelichen Lebens Widerklage auf Scheidung wegen Mißhandlung erhoben hatte — zum Beweise unterstellt hat, der Kläger, der Maurer ist, habe sich einmal bei einer Differenz über Bestreitung von Haushaltskosten dazu hinreißen lassen, seine Frau mit der Faust in das Gesicht zu schlagen. Derartige Mißhandlungen sind, wenn auch roher Natur, in dem Stande der Parteien keine Seltenheit, sie werden regelmäßig milde beurteilt und können jedenfalls so lange, als sie nur vereinzelt vorkommen, den Beweis einer tiefen Zerrüttung des ehelichen Verhältnisses nicht erbringen."

14. Eine derbe Ohrfeige, die der Mann der Frau gegeben, weil sie auf der Straße einen ihr bekannten Herrn zufällig getroffen und mit

ihm einige Worte gewechselt hatte, kann als grobe Mißhandlung angesehen werden. (RG. 9. Januar 1919, IV 287/18; RGRKom. Anm. 8 zu § 1568.)

15. „Am 27. Juli 1904 kam es in der Küche zwischen den Parteien zu einem Streite über die Art und Weise, wie die Milch zum Tränken der Kälber hergerichtet werden sollte. Dies hatte zur Folge, daß der Kläger später in der Stube die Beklagte z ü c h t i g t e. E r h o b i h r d i e R ö c k e a u f u n d v e r s e t z t e i h r m i t e i n e r R u t e S c h l ä g e a u f d a s n a c k t e G e s ä ß u n d z w i s c h e n d i e n a c k t e n B e i n e. Der Berufungsrichter mißbilligt die Annahme des ersten Richters, daß hierdurch ein Fall der Anwendung des § 1568 BGB. gegeben sei. Er lehnt die Anwendung dieser Gesetzesvorschrift aus dem Grunde ab, weil die Mißhandlung k e i n e g r o b e gewesen sei. Das Werkzeug zu der Züchtigung sei eine dünne Birkenrute von der Länge nur eines halben Armes und darum ungeeignet gewesen, erhebliche Folgen herbeizuführen. Eine grobe Mißhandlung liege auch dann nicht vor, wenn sie etwa auf eine beschimpfende oder die Beklagte erniedrigende Art und Weise erfolgt sei, denn der Kläger sei gereizt worden. Das ganze Verhalten des Klägers sei, wenn es auch vielleicht ein ungehöriges Verhalten genannt werden müsse, infolge des Angriffs der Beklagten verzeihlich. Nach den Anschauungen der Bevölkerungskreise, zu denen die Parteien gehören, sei aber auch anzunehmen, daß die Züchtigung von der Beklagten nicht besonders schwer empfunden sei. Der Kläger seinerseits habe jedenfalls, wie auf Grund der ganzen Sachlage als erwiesen gelten könne, weder die Absicht gehabt, die Beklagte durch die Züchtigung zu beschimpfen, noch auch das Bewußtsein davon gehabt, daß die Beklagte durch die Art und Weise, wie er sie züchtigte, beschimpft werden würde.

Diese Ausführungen beruhen zunächst auf einer Verkennung des Rechtsbegriffs der ‚groben Mißhandlung'. Dieser Begriff schließt nicht nur die Fälle der lebens- oder gesundheitsgefährlichen Mißhandlung in sich, sondern er ist ein weiterer — RGE. Bd. 47 S. 31 — und umfaßt auch solche vorsätzliche Körperverletzungen, die, ohne das Leben und die Gesundheit des verletzten Ehegatten in Gefahr zu bringen, unter Umständen oder in einer Art begangen werden, die sie als eine besonders rohe, das allgemeine Rechtsempfinden schwer verletzende Ausschreitung erscheinen lassen. Es ist insbesondere in der Rechtsprechung des Reichsgerichts bereits wiederholt hervorgehoben worden, daß unter jenen Begriff auch solche Mißhandlungen fallen, die mit einer ehrenrührigen Herabwürdigung des mißhandelten Ehegatten verbunden sind, so in

Sachen S. c/a S. IV. $\frac{14}{04}$ durch Urteil vom 25. Februar 1904, sowie in Sachen B. c/a B. IV. $\frac{539}{03}$ durch Urteil vom 17. März 1904. Um einen solchen Fall handelt es sich gegenwärtig. Kläger hat nicht nur durch Züchtigung an sich, sondern namentlich auch durch die Art ihrer Ausführung seiner Frau eine Schmach angetan, die jedem Sittlichkeits- und Rechtsempfinden widerspricht. Es kann darüber hinweggegangen werden, daß der Berufungsrichter dies in Zweifel zieht, da er es doch selbst wenigstens als möglich unterstellt, daß objektiv betrachtet die Züchtigung für die Beklagte erniedrigend gewesen sein könnte. Dieser objektive Maßstab ist aber für die Frage, ob die Beklagte in grober Weise mißhandelt worden ist, wenn nicht allein entscheidend, so doch von allerwesentlichster Bedeutung. Eine *grobe* Mißhandlung bleibt eine *solche, gleichviel wodurch sie veranlaßt*, oder ob sie insbesondere *durch eine von dem Verletzten verschuldete Erregung des Mißhandelnden hervorgerufen wurde*. Ihr Vorhandensein ist auch *unabhängig* von ihrer *Wirkung auf das subjektive innere Empfinden des Verletzten*. Das angenommene Mitverschulden der Beklagten und ihre vermeintliche geringe Empfindlichkeit werden daher von dem Berufungsrichter in einem rechtlich fehlsamen Zusammenhang gewürdigt. Beides kann bei der Entscheidung darüber, ob die Tatbestandsvoraussetzungen des § 1568 BGB. gegeben sind, unter Umständen an *anderer* Stelle von Erheblichkeit sein. Hat die Beklagte die Züchtigung nicht besonders schwer empfunden, so kann es sich fragen, ob dies die Annahme ausschließt, daß ihre eheliche Gesinnung gänzlich zerstört, in ihrer Person also die *subjektive* Folge der Ehezerrüttung entstanden ist. Hat sie andererseits den Mann durch ihr Verhalten zum Zorn gereizt, so entsteht die Frage, ob bei *objektiver* Würdigung des Falls die Ehezerrüttung so beschaffen ist, daß es dem Wesen der Ehe nicht mehr entspricht, ihr die Fortsetzung dieser Ehe zuzumuten. JW. 1905 S. 496 unter 24 und S. 693 unter 18. Sollte übrigens die Verfehlung des Klägers unter den Begriff der groben Mißhandlung nach der Lage der Verhältnisse *nicht* fallen, so bliebe immer doch die Möglichkeit bestehen, daß in seinem Verhalten gleichwohl eine schwere Verletzung der durch die Ehe begründeten Pflichten erblickt werden müßte." Urteil des RG. IV. SZ. vom 14. Oktober 1907 $\frac{98}{07}$ in JW. 1907 S. 711 unter 20; *Staudinger Bd. IV Teil I S. 668 a; Vgl. auch Urteil des RG. III. ZS. vom 9. Oktober 1900 in JW. 1900 S. 741; *RGE. Bd. 47 S. 31; Urteil des RG. IV. ZS. vom 9. März

1908 in JW. 1908 S. 276; *Staudinger a. a. O. S. 668 a, vgl. ferner hierzu JW. 1904 S. 204 Nr. 17; RG. 20. September 1912, IV. 23/12.

16. „Im vorliegenden Falle hat das Kammergericht sich dahin entschieden, daß der Klägerin, weil sie durch eheliche Untreue den Beklagten in große Aufregung versetzt und den Anlaß zu seinen Ausschreitungen gegeben habe, die Fortsetzung der Ehe zuzumuten sei. Damit ist indessen nach Lage des Falls an Klägerin eine zu weitgehende Anforderung gestellt. Mag es selbst richtig sein, daß der Beginn des ehebrecherischen Verkehrs der Klägerin bereits in die Zeit vor der Trennung der Parteien fällt, und daß weitere Verfehlungen, außer den im Berufungsurteil festgestellten, dem Beklagten nicht nachzuweisen sind, so hat doch letzterer, wie namentlich die in kurzer Zeit aufeinander folgenden Mißhandlungen zeigen, die Klägerin in so roher und erniedrigender Weise behandelt, daß diese der Zumutung überhoben ist, die Ehe fortzusetzen. Würde dem Beklagten daran gelegen gewesen sein, den ehewidrigen Verkehr zwischen der Klägerin und dem H. zu verhindern, so hätte er dem als Schlafburschen bei den Parteien wohnenden H. die Wohnung kündigen und sonstige geeignete Mittel ergreifen können. Statt dessen ist er in so maßloser und gehässiger Weise gegen die Klägerin vorgegangen, daß diese Verfehlungen unter keinen Umständen zu entschuldigen sind." Urteil des RG. IV. ZS. vom 24. Februar 1910 $\frac{228}{09}$ in „Recht" 1910 Nr. 3352.

17. Die Berufung des Beklagten gegen das landgerichtliche Urteil, durch welches die Ehe der Parteien auf Antrag der Klägerin wegen grober Mißhandlung geschieden und der Beklagte für den schuldigen Teil erklärt worden, ist von dem OLG. Braunschweig zurückgewiesen.

„Nach dem Ergebnisse der Beweisaufnahme haben die Parteien seit längeren Jahren in ernstem Unfrieden gelebt, und hat insbesondere der Beklagte, der Zimmermann ist, die Klägerin arg mißhandelt. Zeugen haben häufig brutale Mißhandlungen der Klägerin durch Schläge mit der Faust ins Gesicht und Treten mitangesehen. Die Zeugen N. und K., bei denen die Klägerin Schutz gesucht hat, haben bei derselben wiederholt Verletzungen, namentlich im Gesichte blaue Flecke u. dgl. bemerkt, welche nach der Angabe der Klägerin von Mißhandlungen des Beklagten hergerührt haben, der die Tätlichkeiten den Zeugen gegenüber zum Teil zugestanden hat. Nach einem Streite Ende Dezember 1903, bei welchem die Klägerin auch Verletzungen im Gesicht davongetragen hat, ist sie von ihrem Ehemanne fortgegangen, späterhin aber, in Veranlassung der Erkrankung ihres 16 jährigen Sohnes Hermann, zum Beklagten zurückgekehrt. Die Klägerin ist am 26. Februar 1904 vom Beklagten, ohne daß ein nennenswerter Streit vorangegangen, und ohne daß der Beklagte sonst durch die Klägerin erheblich gereizt worden wäre, in brutaler Weise durch Würgen und Treten mit einem schweren, nägelbeschlagenen Schuh in die Seite und an anderen Körperteilen mißhandelt worden und hat dadurch verschiedene schmerzhafte Verletzungen (große blaue Flecke) an den Oberschenkeln und an anderen Stellen des Körpers davongetragen. Wegen dieser groben Mißhandlung, einer gefährlichen Körperverletzung im Sinne des § 223a des RStGB., ist der Beklagte durch schöffengerichtliches Urteil vom 12. April 1904 zu einer Geldstrafe von 30 Mk. ev. sechs Tagen Gefängnis rechtskräftig verurteilt. Seit diesem Vorfall leben die Parteien definitiv getrennt. Zwar ist festgestellt, daß die Klägerin sich nicht immer einwandfrei verhalten und den Beklagten insbesondere durch den Vorwurf des Ehebruchs und Schimpfworte wie ‚Hurenkerl' gereizt hat, auch ihre Pflicht, für den Beklagten und den Haushalt zu sorgen, nicht immer gewissenhaft erfüllt zu haben scheint, in welcher Beziehung auf die Aussagen der Zeugen und die Ausführungen des schöffengerichtlichen Urteils über die Gründe für die Annahme mildernder Umstände Bezug genommen ist. Alles dieses fällt aber doch gegenüber dem festgestellten Verhalten des Beklagten nicht erheblich ins Gewicht, wobei namentlich hervorzuheben ist, daß der Beklagte durch sein ganzes Verhalten wenigstens den Verdacht bei seinen Angehörigen wohl erwecken konnte, daß er sich mit anderen Frauen halte.

In erster Linie kommt die Körperverletzung vom 26. Februar 1904 in Betracht, die zweifelllos schon an sich als eine grobe und brutale Mißhandlung sich darstellt, und deshalb als eine schwere Verletzung der durch die Ehe begründeten Pflichten gilt. Nur unterstützend dient noch das frühere Verhalten des Beklagten, die seit langen Jahren vorgekommenen Mißhandlungen der Klägerin, namentlich bezüglich der Frage, ob durch die Pflichtverletzungen eine so tiefe Zerrüttung der Ehe vom Beklagten verschuldet ist, daß der Klägerin die Fortsetzung der Ehe nicht mehr zugemutet werden kann. Das ist aber nach dem gesamten Ergebnis der Beweisaufnahme und der ganzen Sachlage zu bejahen. Wenn auch von einer in der Aufregung oder infolge einer

Reizung durch den anderen Ehegatten begangenen groben Mißhandlung unter Umständen, zumal in Berücksichtigung des Standes und der Anschauungen der Ehegatten, anzunehmen sein wird, daß ihretwegen allein dem anderen Ehegatten die Fortsetzung der Ehe nicht unerträglich ist, — RG. in JW. 1901 S. 596, 1902 Beilage 8 S. 243, — so ist doch nach den näheren Tatumständen des Vorfalls vom 26. Februar 1904 in Verbindung mit dem früheren Verhalten des Beklagten hier die Feststellung gerechtfertigt, daß der Beklagte durch sein Verschulden der Klägerin die Fortsetzung der Ehe in der Tat unerträglich gemacht hat. Nach § 1573 kommt es nicht darauf an, ob auf die früheren Tatsachen wegen Verzeihung oder Zeitablauf eine Scheidungsklage gegründet werden konnte.

Danach sind die Voraussetzungen des § 1568 BGB. mit Recht als gegeben erachtet und die erkannte Scheidung, sowie der Schuldausspruch nach § 1574 BGB. begründet." Urteil des OLG. Braunschweig II. Senat vom 2. Februar 1905.

18. Nach der Feststellung des Berufungsgerichts hat der Beklagte auf der Hochzeit seines Bruders am 6. Februar 1904 nach einem Streite mit dem Reisenden D. im Saale die Klägerin vor der Saaltür an der Kehle gepackt. Im Hinblick auf die Folgen dieser Tätlichkeit in gesundheitlicher Hinsicht hat das Berufungsgericht dieselbe als grobe Mißhandlung aufgefaßt, die im Fall der Leistung des über den Ehebruch der Klägerin auferlegten Eides als schwere den Scheidungsantrag der Klägerin rechtfertigende Verletzung der durch die Ehe begründeten Pflichten anzusehen sei. Für den Fall der Weigerung des Eides nimmt das Berufungsgericht an, daß die festgestellte Mißhandlung sich nicht als schwere Verfehlung im Sinne des § 1568 BGB. darstelle, weil alsdann feststehe, daß die Klägerin selbst die ehelichen Pflichten schwer verletzt habe. In den Gründen des nachbezeichneten reichsgerichtlichen Urteils heißt es: „Die hier zutage tretende verschiedene Auffassung derselben Tätlichkeit ist mit der Vorschrift des § 1568 BGB. nicht in Einklang zu bringen. Denn hiernach gilt kraft Gesetzes eine grobe Mißhandlung stets als schwere Verletzung der Pflichten. Eine teilweise Aufrechnung von Scheidungsgründen liegt dem BGB. fern, vielmehr ist anerkannt, daß jeder Ehegatte durch sein Verhalten dem anderen einen Grund zur Scheidung geben kann. Geht man aber auch davon aus, daß das BGB. die Mißhandlung als grobe ansah, so entbehrt die hieraus für den Fall der Eidesleistung

hergeleitete Feststellung in Ansehung der vom Beklagten verschuldeten Zerrüttung des ehelichen Verhältnisses der erforderlichen Prüfung der sonstigen Tatbestandsmerkmale des § 1568 BGB. Es mußte vom *objektiven* Standpunkte aus geprüft werden, ob die Verfehlungen des Beklagten so beschaffen waren, daß nach der sittlichen Bedeutung der Ehe deren Fortsetzung unter Hinnahme der Verfehlungen des Beklagten der Klägerin nicht mehr angesonnen werden konnte; es genügte nicht, daß die Klägerin nach ihrer *subjektiven* Auffassung, nach ihrem eigenen Empfinden, das eheliche Verhältnis als zerrüttet ansah." Urteil des RG. IV. ZS. vom 4. Februar 1909 $\frac{204}{08}$ in JW. 1909 S. 166 unter 14; vgl. JW. 05 S. 393[13]; 496[24], 693[18].

19. Mißhandlung eines Stiefkindes durch die Stiefmutter.

19. Wenn der Vater noch unerzogener Kinder eine neue Ehe eingeht, überträgt er damit stillschweigend das ihm nach § 1361 BGB. zustehende Erziehungs- und Züchtigungsrecht als abgeleitetes Recht auf die Frau, welche diesen Kindern nun Mutter sein soll. Sie darf deshalb, wie der Vater selbst, die bei der Erziehung angemessenen Zuchtmittel anwenden, und es ist zu deren Anwendung im Einzelfalle die besondere Zustimmung des Vaters kein gesetzliches Erfordernis. Anderseits kann eine Anwendung der Zuchtmittel, wenn sie über das durch die Zwecke der Erziehung gebotene Maß hinausgeht und sich als durch die Erziehungszwecke nicht gebotene Mißhandlung und gesundheitliche Schädigung der Stiefkinder darstellt, dem Vater berechtigten Anlaß zur Erhebung einer auf § 1568 BGB. gestützten Scheidungsklage geben. (24. April 17, VII 441/16; *RG. JW. 1917 S. 656[17]; Warn. 1915 Nr. 86.) Ferner früher auch Urteil des RG. IV. ZS. vom 23. April 1906 $\frac{514}{05}$ in JW. 1906 S. 391 unter 17; *„Recht" 1906 S. 938 Nr. 2247; *Sörgel 1906 S. 353 unter 8; RGRKom. Bd. III S. 265 unter 3; *Staudinger Bd. IV Teil 1 S. 671 unter c η.

§ 29.

Ehrenkränkungen. BGB. § 1568.

1. *Der strafrechtliche Begriff der Beleidigung* kommt bei Anwendung des § 1568 BGB. nach dem Urteile des RG. IV. ZS. vom 7. März 1907 $\frac{396}{06}$ *nicht* in Betracht. Sörgel 1907 S. 446 unter 12.

2. „*Beleidigungen* können *als schwere Verletzungen* der durch die Ehe begründeten Pflichten nur dann gelten, wenn unter den Umständen, unter denen sie begangen wurden, sie ihrer Beschaffenheit nach allgemein geeignet waren, die eheliche Gesinnung des beleidigten anderen Ehegatten unheilbar zu zerstören. Es *genügt nicht*, wenn festgestellt werden kann, daß die Beleidigungen eine derartige Wirkung in dem zu entscheidenden Falle tatsächlich gehabt haben, denn das kann nicht auf die Beschaffenheit der Verfehlungen, sondern auf einer besonderen Überempfindlichkeit des beleidigten Ehegatten beruhen. Es ist vielmehr zu prüfen, *ob vom Standpunkte eines von rechter ehelicher Gesinnung erfüllten Ehegatten aus* der beleidigte Teil das ihm widerfahrene Unrecht zu verwinden und die Ehe fortzusetzen hat, oder ob bei der durch die Schwere der Verfehlung verursachten Tiefe der Zerrüttung es dem Wesen der Ehe nicht mehr entsprechen würde, ihm dies zuzumuten." Urteil des RG. V. ZS. vom 20. Oktober 1910 $\frac{594}{09}$; *JW. 1910 S. 21 unter 32; „Recht" 1909 Nr. 3788. In der Erwiderung einer Beleidigung kann eine Milderung dieser Verfehlung gefunden werden. RGE. IV. ZS. vom 25. April 1907 $\frac{272}{06}$ in Sörgel 1907 S. 446 unter 13. Urteil des RG. IV. vom 9. Juni 1910 $\frac{399}{09}$; in „Recht" 1910 Nr. 3192.

3. Nach dem Urteile des OLG. Braunschweig II. Sen. vom 3. Juni 1902 Nr. 52 — „können *wörtliche Beleidigungen*, wenn sie *schwer* sind, oder wenn sie *öffentlich* und *häufig* erfolgen, auch der *Bildungsstufe* und den *Lebensanschauungen der Ehegatten widersprechen*, zu einem Ehescheidungsgrunde aus § 1568 BGB. genügen. Vgl. RG. in JW. 1900 S. 847, auch daselbst 1901 S. 242. Von derartigen erschwerenden Momenten liegt hier nichts vor, wenn der Kläger — welcher Maurer ist — nach der Behauptung der Beklagten bei einer häuslichen Szene diese ‚nacktes Aas' geschimpft hat." Vgl. Urteil d. OLG. Jena vom 7./14. März 1900 in Mugdan und Falkmann Bd. I 1900 S. 256 Nr. 156 unter b; RG. 12. November 1900 und 8. März 1901 in JW. 1900 S. 847 und 1901 S. 242 ff.; Staudinger IV 1 S. 669 unter b Abs. 4; RG. 22. Februar 1901 in „Recht" 1901 S. 176 unter 570.

4. Auch *einfache* Beleidigungen können unter Umständen eine so tiefe Zerrüttung des ehelichen Verhältnisses verschulden, daß dem anderen Teile die Fortsetzung der Ehe nicht zugemutet werden kann. Ist die Ehe bereits so zerrüttet, daß eine Steigerung nicht denkbar ist, so kann eine Handlung doch die Scheidung begründen, *wenn sie*

für sich die Ehe, falls dieselbe nicht bereits zerrüttet wäre, *zerrütten müßte*." Urteil des KG. XII. ZS. vom 5. Mai 1900 in Mugdan und Falkmann Bd. I 1900 S. 88 — oben in § 8 Ziff. 1 mitgeteilt; „*Recht" 1900 S. 373 unter 215; RG. 28. Mai 1900 $\frac{85}{00}$ in „Recht" 1900 S. 372 unter 214; Urteil des RG. 8. März 1901 in JW. 1901 S. 242; Urteil des RG. vom 12. November 1900 und 22. Februar 1901 in JW. 1900 S. 847 und 1901 S. 203 ff.; *Staudinger a. a. O. S. 669 unter b Abs. 4.

Auch eine *einmalige Beleidigung* kann einen Scheidungsgrund abgeben, doch müssen die begleitenden Umstände besonders schwer wiegen (RG. JW. 1910, S. 655[15]; 1920, S. 437[9]; RG. Warn. 1912 Nr. 218). In solchen und ähnlichen Fällen sind die Begleitumstände besonders sorgfältig zu prüfen (RG. 15. April 16, IV 428/15; RG. Gruch. 64, 230; RG. JW. 1920, S. 437[9].).

5. „Wenn auch schwere, mit der ehelichen Gesinnung unvereinbare, andauernde und sich steigernde Ehrenkränkungen, namentlich wenn sie öffentlich begangen werden, eine Scheidung nach § 1568 BGB. rechtfertigen können, so ist dies doch dann *nicht* der Fall, wenn die beleidigenden Äußerungen in der *Erregung oder Übereilung* gefallen sind, und wenn der Beleidigende *in Wahrnehmung berechtigter Interessen* gehandelt hat, und *die Absicht zu beleidigen* aus der Form und den Umständen *nicht* hervorgeht." *„Recht" 1904 S. 140 Nr. 643, ferner RG. JW. 09, S. 461[20]; RG. Warn. 1920, Nr. 115; RG. LZ. 1920 S. 236[6]; 1922 S. 463[8].

Umgekehrt, wenn eine Partei im Scheidungsverfahren ehrenkränkende Behauptungen aufstellt, deren Richtigkeit sie nicht beweisen kann, ohne jeden äußeren Anhalt, wenn auch nicht wider besseres Wissen, so handelt sie grob leichtfertig, kann sich auf *Wahrnehmung berechtigter Interessen* nicht berufen und verletzt die durch das eheliche Verhältnis gebotenen Pflichten (RG. LZ. 1920, 328[6]).

6. „Die Revision hält es für unzulässig, bei der *Bemessung der Tragweite* der Beleidigungen der Beklagten gegen den Kläger *auf den bloß körperlich leidenden Zustand* der Beklagten Rücksicht zu nehmen, da aus demselben doch noch nicht die völlige Unzurechnungsfähigkeit folge. Der Revision steht entgegen, daß es sich hier gar nicht um die Zurechnungsfähigkeit der Beklagten bei den ihr zur Last fallenden Beleidigungen, sondern *um die Schwere* derselben in der Richtung handelt, ob danach dem Kläger noch die Fortsetzung der Ehe mit der Beklagten zugemutet werden kann. Nach all-

gemeiner Erfahrung ist aber der körperlich kranke Zustand des Menschen auch auf das seelische Leben, namentlich die geistige Erregung und Reizbarkeit von Einfluß, und es ist daher nur folgerichtig, bei Bemessung der Schwere der Verfehlung eines Menschen geeignetenfalls auch dessen körperlich kranken Zustand in Betracht zu ziehen. Die Bemessung selbst ist tatsächlicher Natur und der Nachprüfung in der Revisionsinstanz entzogen, so daß auch die darauf beruhende, vorstehend wiedergegebene weitere Annahme des Berufungsgerichts nicht zu beanstanden ist. Mit der Verneinung des Vorliegens einer von der Beklagten verschuldeten Zerrüttung der Ehe entfällt ein für die Erfüllung des Tatbestandes aus § 1568 BGB. wesentlicher Umstand: daß die tatsächlich bestehende Zerrüttung der Ehe von dem Ehegatten, gegen den deshalb die Scheidung gesucht wird, verschuldet sein muß. Wenn das Berufungsgericht dabei eine von dem eigenen Verschulden des anderen Ehegatten unabhängige Verschuldung verlangt, so wird damit zum Ausdruck gebracht, daß dieser nicht eine Zerrüttung geltend machen darf, die ungeachtet des gleichfalls ehewidrigen Verhaltens des anderen Ehegatten in Wirklichkeit doch nicht von letzterem, sondern von ihm selbst verschuldet ist. Der Beklagten fällt somit die ihr von dem Kläger vorgeworfene, im § 1568 BGB. vorgesehene Verfehlung nicht zur Last." Urteil des RG. IV. ZS. vom 23. Dezember 1901 287/01 in JW. 1902 Beil. 2 S. 205; Urteil des RG. IV. ZS. vom 4. März 1909 302/08 in Sörgel 1909 S. 420 unter 34.

7. „Die groben Schimpfwörter ‚*verfluchter Hund*', ‚*Aas*' stellen, zumal sie in Gegenwart eines Dienstboten gefallen sind, regelmäßig eine Verletzung der durch die Ehe begründeten Pflichten dar. Es kann sich nur fragen, ob nach den besonderen Umständen — Bildungsgrad, Ärger, Erregung — des Einzelfalls die Verletzung als eine *schwere* oder eine *geringere* anzusehen ist." Urteil des RG. IV. ZS. vom 9. April 1908 428/07 in Sörgel 1908 S. 386 unter 39 auszugsweise mitgeteilt.

8. „Schwere Beleidigungen können an sich wohl als schwere Verletzungen der durch die Ehe begründeten Pflichten angesehen werden. Schimpfwörter wie ‚Sau' und ‚Hure' enthalten aber nicht notwendig schwere Beleidigungen, namentlich dann nicht, wenn sie nicht in Beziehung auf bestimmte Vorgänge gebraucht worden sind, also *nicht einen bestimmten Vorwurf geschlechtlicher Ausschweifung* enthalten, sondern als Schimpfwörter allgemeiner Natur zu betrachten sind, und nach der sozialen Stellung der Eheleute

keine besondere Empfindlichkeit gegenüber groben Schimpfereien anzunehmen ist. Von diesem Gesichtspunkte aus kann die Klägerin auf die von ihr behaupteten Schimpfereien keinen Anspruch auf Scheidung gründen. Soweit sie aber behauptet hat, ihr Mann habe ihr ‚Herumhuren auf dem Markte' und ‚Kindesabtreibung' vorgeworfen, so mag darin eine schwere Beleidigung gefunden werden. Jedenfalls fehlt es an jeder näheren Darlegung, inwiefern diese Vorwürfe das eheliche Verhältnis der Parteien so zerrüttet haben, daß der Klägerin die Fortsetzung der Ehe nicht zugemutet werden kann. Die Klägerin hat Tatsachen, welche einen Schluß auf die Wirkung jener Vorwürfe auf das Eheleben gestatten würden, nicht vorgetragen. Nach dem erstinstanzlichen Tatbestande hat sie dort als Ursache ihrer Trennung in erster Linie den ekelerregenden Geruch des Beklagten angeführt. Es ist auch nicht ohne weiteres einleuchtend, daß die Klägerin, die nach ihren eigenen Ausführungen bereits mehrere außereheliche Kinder hat, solche grobe Redensarten und Vorwürfe derart schwer empfinden würde, daß ihr das Zusammenleben mit ihrem Manne dadurch unmöglich gemacht worden sei." Urteil des OLG. Jena II. ZS. vom 7. und 14. März 1900 in Mugdan und Falkmann Bd. 1 (1900) S. 256 Nr. 156 unter b; *Staudinger IV. 1 S. 669 unter b Abs. 4.

9. „Das Berufungsgericht erachtet einen Scheidungsgrund aus § 1568 BGB. für gegeben, falls Klägerin beschwört, daß Beklagter nach Weihnachten 1907 die Äußerung zu ihr getan habe, sie sei ein gemeines Frauenzimmer, er verachte sie. Die in dieser Äußerung enthaltene Beleidigung sei eine so schwere, daß sie einen Scheidungsgrund bilde, ohne daß es der unterstützenden Berücksichtigung der eine Eheverfehlung enthaltenden Vorgänge bedürfe, und ohne daß auf etwaige Verfehlungen des Beklagten aus der Zeit vor Weihnachten 1907, die durch das Verhalten der Klägerin zu Weihnachten verziehen seien, weiter eingegangen zu werden brauche.

Mit Grund wird diese Entscheidung angefochten. Nach § 1568 GBG., der dem richterlichen Ermessen einen weiten Spielraum läßt, ist es zwar nicht ausgeschlossen, daß schon eine einzelne Beleidigung zur Scheidung führt. In diesem Falle sind aber die gesamten Umstände sorgfältig daraufhin zu prüfen, ob eine schwere Verletzung der durch die Ehe begründeten Pflichten angenommen werden darf. Ist die Beleidigung der Ausfluß einer ehenidrigen, durch längeres Verhalten betätigten Gesinnung, so daß durch die beleidigende Äußerung nur die Mißachtung zum Ausdruck gebracht ist, die dem bisherigen Verhalten bereits zugrunde lag, so kann je nach Lage des Falls schon der einzelnen Beleidigung, die für sich nicht so schwer wiegt, die Bedeutung einer *schweren* Eheverfehlung beigelegt werden. An einer derartigen Würdigung hat es aber das Berufungsgericht gänzlich fehlen lassen. Vor allem aber kommt in Betracht, daß das Vorhandensein einer schweren Eheverfehlung zur Anwendung des § 1568 BGB. noch nicht genügt. Zur Entscheidung ist nach diesem Paragraph weiter erforderlich, daß der Beklagte durch die Beleidigung eine so tiefe Zerrüttung des ehelichen Verhältnisses verschuldet hat, daß der Klägerin die Fortsetzung der Ehe nicht zugemutet werden kann. Diese Festsetzung ist von dem Oberlandesgerichte nicht getroffen, und noch weniger sind die Umstände dargelegt, die eine solche Feststellung rechtfertigen könnten." Urteil des RG. IV. ZS. vom 9. Mai 1910 $\frac{654}{09}$ in JW. 1910 S. 655 unter 15.

10. Nach dem Urteile des RG. IV. ZS. vom 2. Dezember 1907 in Sörgel 1908 S. 387 unter 43 sind „*Schimpfworte, die den Vorwurf des Ehebruchs enthalten, nicht* als schwere Eheverfehlungen anzusehen, wenn sie in einer durch Eifersucht entschuldbaren Aufregung geäußert sind, und der Ehemann seiner Frau durch Einstellung des Geschlechtsverkehrs mit ihr und Verkehr mit einer anderen Frau begründeten Anlaß zum Verdacht gegeben hat."

11. „*Scharfe, auf ehebrecherischen Verkehr hinweisende Schimpfworte* und *Äußerungen, die eine wirtschaftliche Schädigung des Ehemannes androhen*, sind dann *keine schwere* Eheverfehlungen, wenn die Ehefrau durch fortgesetztes schamloses Verhalten ihres Ehemannes auf offener Straße gegenüber fremden Frauenzimmern und durch ein dauerndes ehebrecherisches Verhältnis in berechtigten Ärger versetzt und aufs höchste gereizt ist. Bei dem durch solches Verhalten des Ehemannes bekundeten Mangel an feinerem Gefühl haben die Äußerungen auf ihn jedenfalls nicht ehezerrüttend gewirkt." Urteil des RG. IV. ZS. vom 29. Juni 1908 $\frac{503}{07}$ in Sörgel 1908 S. 386 unter 42.

12. „Sind die viel leichteren Eheverfehlungen der Frau — *Schimpfworte* — durch die außerordentlich schwereren Verfehlungen des Mannes — *Schimpfworte, Drohungen, rohe Mißhandlungen* — hervorgerufen, so können die ersteren zwar als Verletzungen der ehelichen Pflichten, aber *nicht als schwere Verletzungen* dieser Pflichten angesehen werden." Urteil des RG. IV. ZS. vom 28. Februar 1910 $\frac{220}{09}$ in „Recht" 1910

Nr. 1392; JW. 1910 S. 394[12]; *Sörgel 1910 S. 390 unter 9; vgl. Urteil des RG. IV. ZS. vom 5. Januar 1910 $\frac{124}{09}$ in „Recht" 1910 Nr. 715.

13. „Ist die Ehefrau zwar durch den unsittlichen Lebenswandel des Ehemanns zu groben Schimpfreden gereizt worden, daneben aber von der Absicht ausgegangen, ihm Böses anzutun und ihn zu schädigen, so bildet ihr Verhalten einen selbständigen Scheidungsgrund." Urteil des RG. IV. ZS. vom 22. Februar 1909 $\frac{290}{08}$ in Sörgel 1909 S. 417 unter 12."

Auch von einer durch Untreue ihres Mannes gekränkten Frau muß verlangt werden, daß sie in Gesprächen mit anderen, namentlich mit ihren Kindern, über den Lebenswandel des Vaters die gebotene Zurückhaltung übt, vor allem keine unwahren Mitteilungen macht, die geeignet sind, den Vater in den Augen der Kinder herabzuwürdigen. Zuwiderhandlungen können schwere Eheverfehlungen darstellen. (RG. Warn. 1914 Nr. 299.)

14. „Beleidigende Äußerungen eines Ehegatten über den anderen Ehegatten zu einem aushorchenden Privatdetektiv sind nicht als schwere Kränkungen im Sinne des § 1568 BGB. aufzufassen." WarnJ. 5 S. 154 unter 13; *DJZ. 1907 8. Spruchsammlung S. 106.

15. Briefe der Frau, in denen sie dem Manne allerhand ehrenrührige Dinge vorwirft, nachdem es ihr mit gesetzlichen Mitteln nicht gelungen war, in den Besitz der Kinder zu kommen, können die Scheidung begründen. Der Frau gereicht es nicht zur Entschuldigung, daß sie die Briefe im Streite um die Kinder geschrieben hat (RG. Warn. 1915 Nr. 291).

16. Die bloße Abfassung eines den Mann beleidigenden Briefes kann der Frau als Eheverfehlung nicht angerechnet werden. Es muß hinzukommen, daß der Brief mit ihrem Willen zur Kenntnis irgend einer andern Person gelangt (RG. Recht 1922 Nr. 983).

17. Aus den zahlreichen zu den Akten gegebenen Briefen der Beklagten ergibt sich, daß dieselbe mit einer unerträglichen Schmäh- und Zanksucht behaftet ist, und daß ihr jede Blöße, welche ihr Mann sich gibt, einen willkommenen Anlaß bietet, den Kläger auf das bitterste zu verhöhnen. Solche höhnische Bemerkungen sind, ebenso wie grobe Beleidigungen des Klägers, fast auf jeder Postkarte zu finden, und es kann keinem Zweifel unterliegen, daß die Beklagte damit den Zweck verfolgte, nicht nur ihren Mann zu kränken, sondern ihn in seinem

Bekanntenkreise lächerlich und unmöglich zu machen, indem sie damit rechnete, daß die offenen Postkarten, sowohl in X., dem derzeitigen Wohnorte der Parteien, als auch in Y., ihrem früheren und späteren Wohnorte, von unteren Postbeamten, Dienstboten usw. gelesen und ihr Inhalt auf die Weise bekannt werden würde. Bezeichnend für die Sinnesart der Beklagten ist auch der Umstand, daß sie den Kläger gerade an der Stelle zu treffen suchte, wo er, wie sie wußte, besonders empfindlich war. Aus dem eigenen, zu ihrer Entschuldigung dienen sollenden Vorbringen ergibt sich, daß der Kläger in einem besonders innigen Verhältnis zu seiner Mutter stand, daß er gelegentlich sogar die Dienste eines Hausmädchens verrichtet und das Schlafzimmer seiner Mutter zurecht gemacht hatte. Dieses Verhältnis des Klägers zu seiner Mutter machte die Beklagte verschiedentlich zum Gegenstande des grausamsten Hohnes, — wie die in dem oberlandesgerichtlichen Urteil wörtlich mitgeteilten Belegstellen ersehen lassen. Hierin sind ebenso, wie auf Postkarten und in Briefen sich findende, grobe Beleidigungen des Klägers — meineidiger Lügner und Betrüger, dummer Junge, Bubenstreiche, abgebrühtes Schwein, rohes Verhalten usw. — trotz der in der plötzlichen Abreise des Klägers liegenden Reizung der Beklagten, schwere Verletzungen der durch die Ehe begründeten Pflichten der Beklagten zu erblicken, um so mehr, als die Beklagte sich bei ihrer Rückkehr nach X. keineswegs in so trauriger Lage, wie sie jetzt vorgibt, befunden hat, — was in dem oberlandesgerichtlichen Urteil näher dargelegt ist.

Das Gericht hat hiernach die Überzeugung gewonnen, daß die Beklagte die vom 22. November 1905 und später datierten Postkarten und Briefe zum geringsten Teile unter dem Einflusse der von dem Kläger ihr zugefügten Kränkung geschrieben hat, daß sie vielmehr unter dem Deckmantel der ihr widerfahrenen Kränkungen die beste Gelegenheit fand, ihrer Schmähsucht und ihrem Hasse gegen den Kläger und dessen Mutter nachzugeben, und daß sie mit ihrem Vorgehen nicht nur beabsichtigte, den Kläger aufs tiefste zu kränken, sondern ihn in X. und Y. unmöglich zu machen. Hierin liegt eine schwere Verletzung der durch die Ehe der Parteien begründeten Pflichten auf seiten der Beklagten.

Daß dadurch eine so tiefe Zerrüttung der Ehe herbeigeführt ist, daß der Kläger eine Fortsetzung der Ehe als unbillige Zumutung empfinden muß, erscheint ohne weiteres glaubhaft. Urteil des OLG. Braunschweig II. ZS. vom 11. Januar 1909; vgl. Urteil des RG. IV. ZS. vom 15. April 1908 in „Recht" 1908 S. 336 Nr. 2001; *WarnJ. 7 S. 238 unter 6[1]; und Urteil des RG. IV. ZS. vom 13. Juli 1910 $\frac{258}{10}$ in „Recht" 1910 Nr. 3193.

18. Behauptungen beleidigenden Inhalts können an sich Eheverfehlungen, selbst schwere, darstellen, auch wenn sie der Wahrheit entsprechen und nicht in der Absicht der Kränkung aufgestellt sind (RG. Warn. 1914 Nr. 219). Das Vorhandensein einer schweren Eheverfehlung ist nicht schon deshalb zu verneinen, weil der beschuldigte Ehegatte bei beleidigenden Äußerungen lediglich die Absicht verfolgt habe, seinem schweren Herzen Luft zu machen (RG. Warn. 1913 Nr. 148; 1914 Nr. 219; RG. 7. Februar 1916, IV. ZS. 313/15).

19. „Der von dem Ehemanne brieflich mit vollem Vorbedacht erhobene, gänzlich ungerechtfertigte Vorwurf der Unsittlichkeit der Frau vor der Ehe, ihrer mangelnden Jungfräulichkeit, die Drohung, im Stadtblatte eine ganze Seite über die ihm gegebene Jungfrau zum besten zu geben, der in öffentlicher Gastwirtschaft in Gegenwart seines Schwiegervaters und anderer Gäste laut geäußerte Vorwurf mangelnder Jungfräulichkeit enthalten eine schwere Eheverfehlung." Urteil des RG. IV. ZS. vom 19. Oktober 1908 $\frac{17}{08}$ in Sörgel 1909 S. 418 unter 18.

20. „Öffnet der Ehemann in Abwesenheit seiner Frau deren Schreibtisch, liest deren vor der Ehe empfangene Briefe und teilt den aus einem harmlosen Briefe grundlos geschöpften Verdacht vorehelichen Geschlechtsverkehrs in gehässiger Form dem Vater und dem Oheim seiner Frau mit, so liegt darin eine schwere Eheverfehlung." Urteil des RG. IV. ZS. vom 12. Oktober 1908 $\frac{63}{08}$ in Sörgel 1908 S. 385 Nr. 33.

21. „Die Herabwürdigung des Mannes durch die Frau in einem Briefe, in dem sie ihn als Bockheinrich und verlogenen und betrügerischen Mann bezeichnet, der voller Schandtaten sei, ein Kollege des Schweinehundes, ohne Verstand und noch viel dämlicher als sie, daß er bei lebendigem Leibe verfaulen solle usw., enthält trotz früherer grober Beschimpfungen seitens des Mannes eine schwere Eheverfehlung." Urteil des RG. IV. ZS. vom 19. Oktober 1908 $\frac{17}{08}$ in Sörgel 1909 S. 417 unter 13.

22. „Wenn der *Verdacht* der Ehefrau, *ihr Ehemann verkehre mit anderen Frauen*, begründet war, so stand es ihr frei, die Scheidung zu verlangen, oder die häusliche Gemeinschaft aufzuheben, nicht aber durfte sie ihren Ehemann *aus diesem Grunde* vor dem Dienstpersonale herabsetzen.“ Urteil des RG. IV. ZS. vom 18. November 1907 $\frac{133}{07}$ in Sörgel 1908 S. 387 unter 44.

23. „In der Feststellung, daß die Behauptungen der Klägerin, der Beklagte treibe sich mit Frauenspersonen herum und bringe sein Geld mit Weibern durch, *keine* schwere Eheverfehlung enthielten, weil die Klägerin durch einen ehewidrigen Verkehr des Beklagten mit einer Frauensperson *hinreichenden Grund zur Eifersucht* gehabt habe, liegt weder eine unzulässige Kompensation von Ehescheidungsgründen, *noch* ein *Verstoß gegen* § 1568.“ Urteil des RG. IV. ZS. vom 21. September 1908 $\frac{625}{07}$ in Sörgel 1908 S. 383 unter 22 b.

24. Als *schwere Eheverfehlung* ist anzusehen, daß der Ehemann mehrere Tage hindurch der Ehefrau *fortgesetzt*, zuletzt in Gegenwart der Kinder und des Kinderfräuleins, in besonders schroffer Form *den ungerechten Vorwurf eines unerlaubten Verkehrs mit einem anderen Manne gemacht hat*. Erschwerend ist dabei berücksichtigt, daß der Vorwurf für die Ehefrau besonders verletzend sein mußte, weil sich der Ehemann seinerseits unsittliche Annäherungsversuche gegenüber seinem Kinderfräulein, einem Dienstmädchen und einer Schwägerin hatte zuschulden kommen lassen.“ Urteil des RG. IV. ZS. vom 4. April 1907 $\frac{393}{06}$ in Sörgel 1907 S. 456 unter 61; vgl. RGE. IV. ZS. vom 27. März 1907 in WarnJ. 1906 S. 170 unter 3.

25. „Schwere Verletzung der durch die Ehe begründeten Pflichten kann darin liegen, daß der *eine Ehegatte den anderen andauernd und grundlos des Ehebruchs bezichtigt*. Jedoch ist unter Umständen *guter Glaube* des den Vorwurf erhebenden Ehegatten geeignet, seine Schuld zu mindern oder ganz auszuschließen.“ Urteil des RG. IV. ZS. vom 27. März 1907 $\frac{448}{06}$ in Sörgel 1907 S. 447 unter 18.

26. „*Der Vorwurf des Ehebruchs* enthält, wenn er *weder wider besseres Wissen, noch leichtsinnig erhoben ist — gegen einen Mann, der mit einer anderen Frau zusammen gelebt, mit ihr Reisen unternommen, sie als seine Frau vorgestellt*,

auch Trauringe für sie und sich bestellt hat — *keine* schwere Verletzung der durch die Ehe begründeten Pflichten, selbst wenn er zu Dritten und wiederholt in derben Ausdrücken geäußert ist. Auch solche den verdächtigen Ehegatten schwer belastende Tatsachen, die in die Zeit *nach* der Äußerung fallen, können zur Beurteilung der gesamten Sach- und Rechtslage verwertet werden." Urteil des RG. IV. ZS. vom 30. März 1908 $\frac{387}{07}$ in Sörgel 1908 S. 387 unter 45; WarnJ. 7 S. 238 unter 7; vgl. RGE. vom 12. Juni 1902 Nr. $\frac{80}{1902}$ in JW. 1902 Beil. 10 S. 260 unter 179.

Wird die Behauptung eines Ehebruchs in hohem Grade leichtfertig aufgestellt, so wird darin der Regel nach eine Eheverfehlung zu finden sein. Die Annahme einer schweren Eheverfehlung ist auch dann begründet, wenn bereits im früheren Prozesse die völlige Haltlosigkeit der Beschuldigung erwiesen worden war, die Behauptung jedoch gleichwohl immer von neuem aufgestellt wird, ohne daß neue tatsächliche Angaben für ihre Richtigkeit gemacht werden können. (RG. 2. Oktober 22, Recht 23 Nr. 356, *Seuff. Arch. 77, 299).

27. „Von einer Zerrüttung der Ehe durch Verschulden des Mannes kann nicht die Rede sein, wenn er seiner Ehefrau *Ehebruch vorwirft*, diesen Vorwurf aber *nicht etwa wider besseres Wissen*, sondern durch unrichtige Berechnung der Dauer der Schwangerschaft irregeführt und in offenbarer Erregung über die vermeintliche Treulosigkeit seiner Ehefrau ausgesprochen und, nachdem er seinen Irrtum erkannt hatte, wegen seiner unbedachten und beleidigenden Äußerungen seine Ehefrau um Entschuldigung gebeten hatte." RGE. IV. ZS. vom 7. Oktober 1907 $\frac{70}{07}$ in Sörgel 1907 S. 447 unter 16.

28. „Wenn die Ehefrau ein Mädchen befragt, ob es mit ihrem Ehemanne geschlechtlich verkehrt habe, so liegt darin in dem Falle *keine schwere* Eheverfehlung der Frau, daß sie ihrem Ehemanne nach seinem Verhalten einen Ehebruch zutrauen konnte." Urteil des RG. IV. ZS. vom 21. Juni 1909 $\frac{575}{08}$ in Sörgel 1909 S. 418 unter 21.

29. „Der Vorwurf, die Beklagte habe *mit ihrem Stiefsohne Ehebruch getrieben*, sich also der Blutschande schuldig gemacht, § 173 Abs. 2 StGB., enthält eine grobe Kränkung der Ehre der Beklagten, wie außer Zweifel steht. Anderseits ist *nicht* festgestellt, daß nach den obwaltenden Umständen diese Kränkung *keine widerrechtliche* gewesen ist, indem der Kläger nach dieser Richtung nichts vorgebracht, sich vielmehr darauf beschränkt hat, zu behaupten, daß die Beklagte mit ihrem Stiefsohne in einer Kammer hinter ver-

riegelter Tür schlafe, eine Tatsache, die nach der eidlichen Aussage des Walter G., des Stiefsohns der Beklagten, auf den der Kläger sich berufen hat, dessen Bekundung aber nicht von dem Berufungsrichter gewürdigt ist, einer Auffassung Raum gibt, die einen Verdacht des unerlaubten Verkehrs der Beklagten mit ihrem Stiefsohne ausgeschlossen erscheinen läßt. Walter G. hat auch jeden geschlechtlichen Verkehr mit der Beklagten abgelehnt." Urteil des RG. IV. ZS. vom 1. März 1900 $\frac{364}{1899}$ in JW. 1900 S. 304 unter 29.

30. Die Klägerin hatte auf Wiederherstellung des ehelichen Lebens geklagt, der Beklagte hatte Widerklage auf Scheidung erhoben. Dem Antrage der Vorklage war stattgegeben, und der Beklagte war mit der Widerklage abgewiesen. Auf die Berufung des Beklagten ist unter Aufhebung des erstinstanzlichen Urteils die Klage abgewiesen, auf die Widerklage die Ehe geschieden und die Widerbeklagte für den schuldigen Teil erklärt mit folgender Begründung:

„Der Beweisaufnahme zufolge hat die Klägerin beim Mieten der gemeinsamen Wohnung der Parteien, die schon seit Jahren voneinander getrennt gelebt hatten, und bei einer zweiten Gelegenheit den Verdacht ausgesprochen, der Beklagte beabsichtige sie zu töten, wenn sie zu ihm zöge, ferner hat sie den Beklagten des Meineids bezichtigt und im November oder Dezember 1901 zu zwei verschiedenen Malen der gemeinsamen Tochter P. gegenüber geäußert, der Beklagte habe mit dieser Tochter einen ehebrecherischen und blutschänderischen Verkehr unterhalten. Die Klägerin hat diese Behauptungen des Beklagten einfach geleugnet und nicht einmal den Versuch gemacht, die Begründetheit dieser Vorwürfe durch Behauptung von Tatsachen darzutun, geschweige denn zu beweisen.

Die vorgedachten Äußerungen der Klägerin enthalten Beleidigungen der schwersten Art, da dadurch der Beklagte in der frivolsten Weise ohne alle tatsächliche Unterlage beschuldigt wird, schwere Verbrechen begangen zu haben und die Begehung solcher zu beabsichtigen. Von der Rechtsprechung ist allgemein anerkannt, daß derartige schwere Beleidigungen eine schwere Verletzung der durch die Ehe gebotenen Pflichten im Sinne des § 1568 BGB. enthalten. JW. 1900 S. 847; „Recht" 1901 S. 176; JW. 1901 S. 242 und S. 595.

Wäre auch nur einer der oben erwähnten Vorgänge tatsächlich vorgekommen, so könnte auch nicht bezweifelt werden, daß die Klägerin durch ihr Verhalten eine derartige Zerrüttung des ehelichen

Verhältnisses verschuldet hat, daß dem Beklagten die Fortsetzung der Ehe nicht zugemutet werden kann. Denn jeder der fraglichen Vorwürfe enthält die Betätigung einer so feindseligen Gesinnung, eines solchen Hasses, der Verachtung und der Unversöhnlichkeit, daß jedes gedeihliche Zusammenleben der Parteien als ausgeschlossen erscheint. Hiernach ist die Widerklage für begründet erklärt und die Vorklage abgewiesen." Urteil des OLG. Braunschweig I. Sen. vom 3. Juni 1904 Vgl. RGE. IV. ZS. vom 21. November 1907 $\frac{144}{07}$ in Sörgel 1908 S. 387 unter 46.

31. „Der Vorwurf der Ehefrau, *ihr Ehemann habe ihre Tochter verführt*, enthält eine schwere Verletzung der durch die Ehe begründeten Pflichten, zumal die Ehefrau durch das erstinstanzliche Urteil auf die Folgen schwerer neuer Verdächtigungen besonders hingewiesen und vom Strafgerichte wegen eben dahingehender Beleidigungen ihres Ehemanns bestraft worden war." Urteil des RG. IV. ZS. vom 16. Dezember 1907 $\frac{187}{08}$ in Sörgel 1908 S. 387 unter 47.

32. Der Ehemann verstößt gegen § 1568 BGB., wenn er, ohne Klage wegen Ehebruchs der Frau zu erheben, ein ehewidriges Verhalten verschuldet. Gegenüber der Eheanfechtungsklage des Klägers hatte dessen Ehefrau widerklagend Scheidung verlangt.

„Das Berufungsgericht hält die Behauptung der Beklagten für unbeachtlich, weil der Beweis des Ehebruchs der Beklagten geführt und deshalb der *von dem Kläger erhobene Vorwurf des Ehebruchs berechtigt*, auch das sonstige Verhalten des Klägers mit Rücksicht auf den Ehebruch der Beklagten entschuldbar und nicht geeignet gewesen sei, den Tatbestand des § 1568 BGB. zu erfüllen.

Nun handelt es sich aber nach der Darstellung der Beklagten nicht nur um einzelne, von dem Kläger seiner Ehefrau gemachte Vorwürfe des Ehebruchs und um Rücksprachen, die der Kläger aus Anlaß des Verdachts des Ehebruchs mit seinen Verwandten nahm. Nach den Angaben der Beklagten hat sich der Kläger lange Zeit und unausgesetzt in einer Weise verhalten, die auch gegenüber einer des Ehebruchs schuldigen Ehefrau geeignet sein konnte, schließlich einen unerträglichen Zustand herbeizuführen. Die Beklagte behauptet, der Kläger habe ihr gegenüber *monatelang*, vom Sommer 1904 bis zu ihrer Abreise im Februar 1905 *Tag für Tag* den Vorwurf des Ehebruchs erhoben, sie fremden Personen gegenüber *öffentlich als Ehebrecherin bezichtigt* und sich in den *brutalsten Aus*-

drücken über die während der Ehe von ihr geborenen Kinder geäußert.

Der Ehebruch eines Ehegatten gewährt dem anderen Ehegatten das Recht, gemäß § 1565 BGB. auf Scheidung zu klagen. Entschließt sich aber der letztere, über den Ehebruch hinwegzusehen und die Lebensgemeinschaft mit dem schuldigen Ehegatten fortzusetzen, so erwächst für ihn die Verpflichtung, sein Verhalten so zu gestalten, daß ein erträgliches Zusammenleben der Ehegatten stattfinden kann.

Wenn das Berufungsgericht bei Erörterung des Einwandes des Rechtsmißbrauchs ausgeführt hat, die von der Beklagten vertretene Annahme, sie würde bei Wiederherstellung der häuslichen Gemeinschaft den früher erlittenen Unbilden ausgesetzt sein, sei durch keinerlei Tatsachen begründet, so wird übersehen, daß hier zunächst dieselben Behauptungen betreffend das Verhalten des Klägers seit Sommer 1904 in Betracht kommen, auf welche die Scheidungsklage gestützt wird. Sollte der Beweis erbracht werden, daß der Kläger durch ein nicht zu entschuldigendes ehewidriges Verhalten verschuldet habe, daß die Beklagte sich von ihm trennte, so würde es Sache des Klägers sein, darzutun, daß die Beklagte im Fall der Rückkehr eine andere als die bisherige Behandlung von ihm zu erwarten habe." RGE. IV. ZS. vom 11. April 1906 $\frac{504}{05}$ in JW. 1906 S. 389 unter 15; vgl. RGE. IV. ZS. vom 13. Januar 1910 $\frac{134}{09}$ in „Recht" 1910 Nr. 718.

33. „Der von dem Ehemanne Dritten gegenüber wider besseres Wissen erhobene Vorwurf, seine Frau habe Geld unterschlagen, ist eine schwere Verletzung der durch die Ehe begründeten Pflichten." Urteil des RG. IV. ZS. vom 29. November. 1906 $\frac{201}{06}$ in WarnJ. 1906 S. 170 unter 3; *JW. 1907 S. 48; Warn. 1915/16 Nr. 109.

Hauptsächlich kommt es auf die Gesinnung an, von welcher sich ein Ehegatte bei der Erstattung einer Strafanzeige leiten läßt (RG. LZ. 1922, S. 714).

Auch die Erstattung einer an sich begründeten Anzeige kann als gegen die Pflichten eines Ehegatten verstoßend angesehen werden. (RG. Warn. 1913 Nr. 396, 1916 Nr. 109, 1919 Nr. 67; RG. 3. Januar 16, IV ZS. 248/15.) Bezichtigt ein Gatte den andern Dritten gegenüber einer strafbaren Handlung, so kann darin eine schwere Eheverfehlung auch dann liegen, wenn es nicht wider besseres Wissen geschieht. (Recht 1923 Nr. 1241.)

34. Eine Ehefrau hatte in einer Privatklage als Zeugin beeidigt, daß sie mit einem Kaufmanne C., der auch noch jetzt bei ihr zur Miete wohnt, *keinen Geschlechtsverkehr* gepflogen habe. Ihr Ehemann hat darauf gegen sie bei der Staatsanwaltschaft Anzeige *wegen Meineids* erstattet und im Beschwerdewege die Einleitung der Voruntersuchung erreicht, die Ehefrau ist jedoch demnächst außer Verfolgung gesetzt. Sie erblickte in dem Verhalten ihres Ehemannes eine Verfehlung aus § 1568 BGB. und hat gegen denselben auf Scheidung geklagt. Die Klage ist aber ebenso wie die Berufung abgewiesen und die Revision aus folgenden Gründen zurückgewiesen:

„Der Berufungsrichter stellt fest, daß der Beklagte *die Meineidsanzeige in gutem Glauben an die Wahrheit der Anzeige*, ohne daß ihn bei der Prüfung der erhaltenen Mitteilungen ein Verschulden treffe, und *nicht in beleidigender Form* erstattet, und daß er auch an der amtlichen Ermittlung des Sachverhalts *ein berechtigtes Interesse* gehabt hatte, um demnächst mit Erfolg die Scheidungsklage wegen Ehebruchs erheben zu können.

Es ist nicht rechtsirrtümlich, wenn unter solchen Umständen ein Ehevergehen des Beklagten im Sinne des § 1568 BGB. *verneint* ist. Namentlich kann der Revision nicht zugegeben werden, daß einem Ehegatten ein für allemal versagt sein müsse, gegen den anderen Ehegatten strafgerichtliches Einschreiten wegen eines Verbrechens zu veranlassen.“ Urteil des RG. IV. ZS. vom 3. Juli 1905 $\frac{101}{04}$ in JW. 1905 S. 496 unter 23; *Staudinger IV 1 S. 669 unter b Abs. 2; *„Recht“ 1905 S. 501 Nr. 1953; Warn. 1915/16 Nr. 109.

35. „Zeigt der Mann seine Frau, die wegen einer Kostenschuld an ihn den Offenbarungseid geleistet hat, zwar nicht wider besseres Wissen oder aus Haß, sondern *einzig und allein* um seine Kosten zu verlangen, wegen Meineids an, so liegt darin eine schwere Eheverfehlung.“ Urteil des RG. IV. ZS. vom 30. September 1909 $\frac{634}{08}$ in Sörgel 1909 S. 416 unter 3.

36. *Keine* schwere Eheverfehlung ist darin zu erblicken, daß die Ehefrau den Ehemann, der ihr erfolgter Verurteilung ungeachtet keine Unterhaltsgelder zahlt und den Offenbarungseid geleistet hat, wegen Meineids und Betrugs zur Anzeige bringt, um die Verwirklichung ihres Unterhaltsanspruchs zu befördern.

In den Entscheidungsgründen des nachbezeichneten reichsgerichtlichen Urteils heißt es:

„Die Ausführungen in der Anzeige laufen darauf hinaus, daß der Beklagte trotz der Leistung des Offenbarungseides aus seinem Sparkassenguthaben und aus dem Verkaufe seines Krämereigeschäfts genügende Mittel besitzen müsse und gegen die Klägerin betrüglich handle. Um dies darzulegen, wird in ausführlichster Weise geschildert, wie bisher der Beklagte vor und während der Ehe sich gegen die Klägerin benommen hat. Die hierbei etwa von dem Beklagten begangenen Straftaten treten in der Darstellung so zurück, daß mit gutem Grunde der Berufungsrichter annehmen konnte, der eigentliche und hauptsächlichste Zweck der Klägerin bei der Anzeige sei nur der gewesen, die Verwirklichung ihres Unterhaltsanspruchs zu befördern, nicht aber die Bestrafung des Beklagten herbeizuführen." Urteil des RG. IV. ZS. vom 9. Juni 1910 $\frac{389}{09}$ in „Recht" 1910 Nr. 3192; *JW. 1911 S. 154[13], ferner RG. 28. September 16, IV 158/16, RG. Warn. 1919 Nr. 120.

37. Die Ladung zum Offenbarungseide kann, wenn mit ihr eine öffentliche Kränkung und Bloßstellung des geladenen Ehegatten bezweckt wird, als eine Verfehlung angesehen werden, die unter Heranziehung früherer, durch Fristablauf oder Verzeihung ausgeschlossener Tatsachen die Scheidung des § 1568 rechtfertigt (RG. 3. April 16, IV 404/15).

38. „Die kurz nach dem auf Antrag der Ehefrau anberaumten Sühnetermin aus Haß und Rachsucht erfolgte leichtfertige Anzeige des Ehemannes, die Frau habe ihr Kind vorsätzlich getötet, ist eine schwere Eheverfehlung — vgl. hierzu auch RG. 9. Juli 14, IV 169/14; Warn. 1924 Nr. 11 — während die bald darauf eingereichte Anzeige der Frau gegen den Mann wegen Notzucht wegen ihrer Erbitterung und der vorhandenen tatsächlichen Grundlage, sowie wegen ihres berechtigten Interesses, den Geschlechtsverkehr aufzuklären, eine solche Verfehlung nicht darstellt." Urteil des RG. IV. ZS. vom 12. Juli 1909 $\frac{590}{08}$ in Sörgel 1909 S. 420 unter 36; vgl. Urteil des RG. IV. ZS. vom 8. Dezember 1910 $\frac{676}{09}$ in JW. in 1911 S. 154 unter 13; vgl. hier auch die in Erbitterung über Mißhandlung erstattete Diebstahlsanzeige, die keine schwere Eheverfehlung darstellt (RG. 13. Juli 22, IV 615/21; RGRKom. III, Anm. 3 zu § 1568).

39. In Beziehung auf falsche Beschuldigung eines Ehegatten seitens des anderen Ehegatten ist von dem Berufungsgerichte ausgeführt: „Anschuldigungen unrichtigen Inhalts geben einen relativen Scheidungsgrund nicht bloß dann ab, wenn sie wider besseres Wissen erhoben worden sind, vielmehr können auch solche unrichtige Anschul-

digungen zur Scheidung ausreichen, welche ohne die Überzeugung von ihrer Wahrheit geäußert worden sind.

Im vorliegenden Falle hatte der Beklagte für seine Beschuldigung der Ermordung des Kindes und der Giftmischerei seitens der Klägerin immerhin so viele Anhaltspunkte, daß man nicht sagen kann, er habe nicht an ihre Wahrheit geglaubt, wie in der Entscheidung der Vorinstanz ausführlich dargelegt ist. Der Umstand, daß der Beklagte vor der letzten Erhebung der Beschuldigung Kenntnis von der Einstellung der gegen die Klägerin wegen Mordes eingeleiteten Untersuchung erhalten hatte, reicht nicht aus, den Mangel der Überzeugung des Beklagten für die Folgezeit darzutun. Der Mangel an Vertrauen und das Bewußtsein der Kränkung genügen nicht zur Abgabe eines Scheidungsgrundes, da sie nicht vom Beklagten verschuldet sind. Anders würde die Sache liegen, wenn der Beklagte seinen Verdacht auch im Wirtshause und bei der Arbeit ausgesprochen hätte. Dieses ist nicht erwiesen." Urteil des OLG. Braunschweig II. Senat vom 7. Mai 1907.

40. Eine Meineidsanzeige, die der Mann gegen die Frau ohne sachliches Interesse aus blindem Haß erstattet, ist selbst dann, wenn die Frau die Eidespflicht mindestens fahrlässig verletzt hat, eine schwere Eheverfehlung. Als berechtigtes Interesse des Mannes kann es nicht anerkannt werden, wenn der Mann im Wege des Strafverfahrens den Beweis des Meineids erlangen will, um den Meineid als Ehescheidungsgrund zu benutzen. Ein derartiges Verfahren würde in gröbster Weise gegen die durch die Ehe begründeten Pflichten verstoßen. (RG. JW. 1913, S. 990[19].) „Als schwere Eheverfehlung kann die von der Ehefrau einem Arzte gegenüber gemachte wahrheitswidrige Angabe, ihr Mann habe einen widernatürlichen Geschlechtsverkehr mit ihr teils beansprucht und teils vollzogen, angesehen werden." Urteil des RG. IV. ZS. vom 27. April 1908 in WarnJ. Jahrg. 7 S. 239 unter 8.

41. „Erstattet die Ehefrau eines Beamten, die in dem Verhalten ihres Ehemannes genügenden Grund zu der Annahme finden darf, daß ihr Ehemann mit einer anderen Frauensperson unlautere Beziehungen unterhält, hierüber bei dem Vorgesetzten ihres Mannes Anzeige, aber nicht in der Absicht, ihren Mann zu schädigen oder ein Disziplinarverfahren gegen ihn herbeizuführen, sondern zu ihrem eigenen Schutze, weil sie glaubt, zur Abwehr eines ihr drohenden Unrechts hierzu genötigt zu sein, so ist nicht zu beanstanden, wenn in diesem Vorgehen der Ehe-

frau eine schwere Eheverfehlung nicht gefunden wird." RGE. IV. ZS. vom 13. Mai 1907 $\frac{516}{06}$ in Sörgel 1907 S. 445; *„Recht" 1907 Nr. 1665.

42. Eine schwere Eheverfehlung liegt vor, wenn ein Ehegatte in der Absicht, den anderen Ehegatten möglichst zu schädigen, in einem gegen letzteren eingeleiteten Strafverfahren eine eidliche Zeugenaussage zu dessen Ungunsten wissentlich oder fahrlässig falsch abgibt. (RG. 8. März 15, IV 457/14.)

43. Wird der Gatte zu der Beschuldigung nicht durch sachliche Interessen, sondern durch Rachsucht und Gehässigkeit, also durch die Absicht bestimmt, den andern zu schädigen und herabzusetzen, so verletzt er das Gebot gegenseitiger Achtung, und damit die durch die Ehe begründeten Pflichten. (RG. LZ. 1920, S. 862[8]; 1922, S. 558[5]; RG. 14. Februar 21, IV 452/20; RGRKom. III, Anm. 3 zu § 1568.)

44. Die Geltendmachung intimer Vorgänge des Ehelebens im Prozesse ist nicht ohne weiteres als eine Eheverfehlung des Ehemannes im Sinne des § 1568 BGB. anzusehen.

„Die Revision wendet sich nicht ohne Grund dagegen, daß in der Art und Weise, wie der Beklagte sich gegen die Prozeßbehauptung der Klägerin, sie habe sich ihm nicht freiwillig hingegeben, verteidigt hat, eine rechtlich in Betracht kommende Verfehlung erblickt worden ist.

Die Rechtserheblichkeit der Frage, ob die Beiwohnungen, wie die Klägerin behauptet, nur mit Drohungen erzwungen waren, stand außer Zweifel, da von ihr die Entscheidung über den Einwand der Verzeihung abhing. War nun die Behauptung der Klägerin unwahr, so ist es allerdings richtig, daß der Beklagte sie hinzunehmen, oder mit schlichtem Bestreiten zu beantworten hatte, sofern sein Verhalten ausschließlich nach dem Maßstabe einer tieferen Herzensbildung und einer vornehmeren Gesinnung zu würdigen gewesen wäre. Dagegen ist es vom Rechtsstandpunkte aus unrichtig, ihn für die schriftlichen und mündlichen Auslassungen des Prozeßbevollmächtigten selbst dann verantwortlich zu machen, wenn diesem bei Erteilung der Information eine derartige Verwendung der ihm gemachten Mitteilungen untersagt war. Die bloße Vermutung, daß der Beklagte den jene Auslassungen enthaltenden Schriftsatz selbst ‚korrigiert' oder ‚konzipiert' habe, ändert hieran nichts. Jedenfalls würde auch im Fall einer nachträglichen Billigung dieses Vorbringens, weit mehr aber insoweit, als es sich um die vertraute Erörterung der Vorgänge zwischen dem Beklagten und seinem Sachwalter handelte, dem Beklagten als entlastend anzurechnen sein, daß er sachlich erhebliche und zu einer prozessualisch wirksamen Verteidigung dienliche Behauptungen vorbrachte, von denen einstweilen noch nicht feststeht, daß sie tatsächlich unrichtig sind. Daß solche Behauptungen, wie der erste Richter unter Billigung des Berufungsrichters annimmt, nur angedeutet und nicht auch ausgesprochen werden durften, entspricht nicht den Anforderungen voller Klarheit und Offenheit, die für jedes gerichtliche Verfahren die grundsätzliche Regel bilden muß. Hiernach ist in einem Punkte, auf den der Berufungsrichter selbst das erheblichste Gewicht legt, die Annahme unhaltbar, daß dem Beklagten eine Eheverfehlung zur Last fällt ..." Urteil des RG. IV. ZS. vom 12. Dezember 1907 $\frac{282}{07}$ in JW. 1908 S. 43; *„Recht" 1908 Beilage 2 S. 60 Nr. 343.

45. Äußerungen eines Ehegatten über Vorkommnisse im innersten ehelichen Verkehr zu dritten Personen können, auch wenn sie der Wahrheit entsprechen, Eheverfehlungen bilden, und zwar sowohl als Beleidigung des andern Ehegatten, wie auch aus dem Gesichtspunkt eines unsittlichen Verhaltens (RG. 16. Januar 1911, IV. 72/10). Die ohne jeden berechtigten Zweck und Grund erfolgende Offenbarung innerster, das Geschlechtsleben der Ehegatten betreffender Vorgänge an gänzlich unbeteiligte Dritte, hier noch dazu an einen ehemaligen Dienstboten der Parteien, ist mit der auch noch während des Scheidungsverfahrens bestehenden Pflicht der Ehegatten zu gegenseitiger Rücksichtnahme nicht vereinbar und kann sehr wohl geeignet sein, einen Scheidungsanspruch des andern Ehegatten aus § 1568 zu begründen (RG. 8. Juni 1914, IV. 81/14).

46. Der Kläger hat im Laufe des Rechtsstreits in dem Schriftsatze vom 12. September 1903 ausführen lassen: „Die Beklagte habe im Dezember 1896 endgültig sich von dem Kläger zu trennen beabsichtigt, um zu R., ihrem geschiedenen Ehemann, zurückzukehren, der, nachdem er seine frühere Maitresse zur Gattin erhoben, jetzt die frühere Gattin zur Maitresse habe machen wollen", und hat in der mündlichen Verhandlung am 11. Juni 1904 diese Behauptung wiederholen und dahin erweitern lassen: „Die Beklagte sei Ende Dezember 1896 mit R. gemeinschaftlich in demselben Wagenabteil nach Genf gefahren, um die Scheidung ins Werk zu setzen, sie habe darauf wieder mit R. geschlechtsvertraulich verkehrt und zwar sowohl in Genf, wie später in Riga. In dem letzten Orte habe sie im Hause des Bruders des R. gewohnt, und habe sie daselbst mit diesem bis nachts 3 Uhr zusammen

gesessen“. Das Berufungsgericht nimmt an, daß diese Darstellung einen außerordentlich schweren Vorwurf enthalte, der nicht begründet sei, und den er, wofür auch das Wort „Maitresse“ spreche, nur deshalb habe erheben lassen, um die Beklagte nach Kräften herabzusetzen und zu kränken. In der mithin für vorliegend erachteten, mindestens leichtfertigen Beschimpfung der Beklagten seitens des Klägers erblickt das Berufungsgericht eine so schwere Verletzung der ehelichen Pflichten, daß angenommen werden müsse, durch dieselbe sei in gleicher Weise, wie durch das Verhalten der Beklagten die damals bereits vorhandene Zerrüttung des ehelichen Verhältnisses derart gesteigert worden, daß auch der Beklagten die Fortsetzung der Ehe nicht zugemutet werden könne, § 1568 BGB. Die dagegen erhobenen Revisionsangriffe konnten nicht für begründet erachtet werden.

Die Auffassung des Berufungsgerichts, daß an sich die Art der Prozeßführung des Klägers als Scheidungsgrund geltend gemacht und vom Gericht berücksichtigt, insbesondere als Beleidigung der Gegenpartei angesehen werden könne, ist rechtlich nicht zu beanstanden. Nach der Erwägung und Annahme des Berufungsgerichts hat der Kläger seinem Prozeßbevollmächtigten die Weisung erteilt, den vorerwähnten Vorwurf des geschlechtsvertraulichen Verkehrs mit R. zu erheben und sich des Ausdrucks „Maitresse“ zu bedienen. In diesem Sinne ist die hierauf bezügliche Ausführung des Berufungsgerichts in ihrer Gesamtheit und insbesondere die darin gebrauchte Wendung zu verstehen, der Kläger habe die Angaben und Ausführungen seines Prozeßbevollmächtigten vorbringen lassen. Das Berufungsgericht durfte daher die Äußerungen des Prozeßbevollmächtigten dem Kläger zurechnen. Unzweifelhaft konnte dasselbe in den erhobenen Vorwürfen eine beabsichtigte schwere Ehrenkränkung der Beklagten finden. Auch hat es die Grenzen seines zulässigen tatsächlichen Ermessens nicht dadurch überschritten, daß es annahm, der Kläger habe durch diese Ehrenkränkungen zur Zerrüttung des ehelichen Verhältnisses so wesentlich beigetragen, daß der Beklagten ebensowenig wie ihm die Fortsetzung der Ehe zugemutet werden kann. Damit war die gesetzliche Voraussetzung für den Ausspruch gegeben, daß auch der Kläger an der Ehescheidung schuld sei .... Urteil des RG. IV. ZS. vom 21. Februar 1905 $\frac{521}{04}$ in JW. 1905 S. 204 unter 8, vgl. RGE. IV. ZS. vom 3. Oktober 1910 $\frac{621}{09}$ in „Recht“ 1910 Nr. 4095; Urteil des RG. IV. ZS. vom 21. November 1910 $\frac{668}{09}$ in

„Recht" 1911 Nr. 518, ferner RG. 11. Dezember 1915, IV. 204/15; vgl. OLG. 30 S. 55.

47. „Die Annahme, daß durch die Art der Prozeßführung der eine Ehegatte dem anderne einen Scheidungsgrund nur dann geben könne, wenn er seine Vorwürfe lediglich in der Absicht erhebe, den anderen Teil zu kränken und zu verletzen, ist rechtlich nicht haltbar. *Entscheidend* ist vielmehr lediglich, ob die in der Art der Prozeßführung liegenden Ehrenkränkungen zur *Zerrüttung* des ehelichen Verhältnisses so wesentlich beigetragen haben, daß dem anderen Teile die Fortsetzung der Ehe nicht zuzumuten ist.

Wenn es sich um Vorwürfe handelt, die *in gutem Glauben* an ihre Richtigkeit *zur Verteidigung* geltend gemacht werden, so ist nach der konkreten Sachlage zu beurteilen, ob in dem erhobenen Vorwurfe eine schwere Verletzung der durch die Ehe begründeten Pflichten enthalten ist.

Unrichtig ist ferner, daß die im Prozesse vom Kläger aufgestellten Behauptungen und Verdächtigungen unter dem Schutze des § 193 StGB. stehen. Der durch solchen Paragraph auf strafrechtlichem Gebiete gewährte Schutz kann, wie die Revision mit Recht hervorhebt, für die Beurteilung des Rechtsverhältnisses zwischen den Parteien, das im § 1568 BGB. eine besondere Regelung erfahren hat, keine entscheidende Geltung beanspruchen." RGE. IV. ZS. vom 24. Juni 1907 $\frac{560}{06}$ in Sörgel 1907 S. 452 unter 42.

48. „Ein im Laufe eines Scheidungsprozesses erhobener unbegründeter ehrenrühriger Vorwurf (des Ehebruchs) kann nur dann einen Scheidungsgrund aus § 1568 BGB. darstellen, wenn besondere, aus der Form oder aus den Umständen sich ergebende Momente hinzukommen. *Eine bloße Unvorsichtigkeit* bei der Aufstellung der Behauptung *reicht nicht aus*. Die Behauptungen dürfen *nicht wider besseres Wissen, noch sonst schuldhaft* aufgestellt sein, also *über die Grenzen der Rechtsverfolgung nicht* hinausgehen." Urteil des RG. IV. ZS. vom 30. Januar 1908 $\frac{294}{07}$ in Sörgel 1908 S. 383 unter 21 a; vgl. Urteil des RG. IV. ZS. vom 28. September 1908 $\frac{639}{07}$ in Sörgel a. a. O. in Bezug genommen; RG. Warn. 1910 Nr. 455.

Wahrheitswidrige, zur Herabwürdigung des andern Ehegatten geeignete Nachreden können auch dann den Tatbestand des § 1568 erfüllen, wenn sie zwar nicht wider besseres Wissen aufgestellt sind, aber auf grober Fahrlässigkeit beruhen. (RG. JW. 1913, S. 95^{10}.)

49. „Das Berufungsgericht erblickt in dem Verhalten des Klägers deshalb eine schwere Verletzung der durch die Ehe begründeten Pflichten, weil der *Vorwurf, die Beklagte habe mit L. heimliche Zusammenkünfte gehabt*, ihre Ehrbarkeit schwer antaste und keine erweisliche Grundlage habe. Diese Begründung ist zur Anwendung des § 1568 BGB. unzureichend.

An sich steht freilich nichts im Wege, die von einer Partei zur Begründung des Scheidungsbegehrens im Rechtsstreite aufgestellten Behauptungen, wenn sie Ehrenkränkungen der Gegenpartei darstellen, als Eheverfehlungen in Betracht zu ziehen. Allein der Ehescheidungsrichter muß sich dann auch vor Augen halten, daß *sich die Ehegatten als streitende Parteien gegenüberstehen* und durch das Streitverfahren *geradezu veranlaßt sind, alles vorzubringen, was sie zur Durchfechtung ihrer Ansprüche geeignet halten dürfen*. Darunter fallen auch Tatsachen, die den Gegner *kränken, aber unwahr sind oder unbewiesen bleiben*. In der Behauptung solcher Tatsachen kann *nicht ohne weiteres* eine schwere Eheverfehlung erblickt werden. Vielmehr kommt es dann noch darauf an, ob die Behauptung *wider besseres Wissen oder in hohem Grade leichtfertig* aufgestellt und die Gelegenheit zur Wahrnehmung ihrer Rechte zu dem Zwecke mißbraucht *ist, die Gegenpartei zu kränken*. Das Berufungsgericht hat aber nach dieser Richtung das Verhalten des Klägers nicht geprüft und sich daher einer Verletzung des § 1568 BGB. schuldig gemacht." Urteil des RG. IV. ZS. vom 17. Juni 1909 $\frac{617}{08}$ in JW. 1909 S. 461 Nr. 20; vgl. Urteil des RG. IV. ZS. vom 16. Januar 1908 $\frac{256}{07}$ in „Recht" 1908 S. 166 Nr. 986; Urteil des RG. IV. ZS. vom 5. November 1908 $\frac{67}{08}$ in Sörgel 1908 S. 417 unter 10; Urteil des RG. IV. ZS. vom 21. November 1910 $\frac{668}{09}$ in „Recht" 1911 Nr. 518.

50. „Nur die Aufstellung *unwahrer, nicht lediglich beweisloser* Behauptungen im Scheidungsprozesse kann als Scheidungsgrund in Betracht kommen. Die Prozeßbehauptung, Beklagter habe wiederholt zur Klägerin geäußert, ‚man erwürbe eine Existenz nur, wenn man mit dem Ärmel an das Zuchthaus streife, er würde sich nicht besinnen, einen Meineid zu leisten', kann der Klägerin als *schwere* Eheverfehlung schon deshalb *nicht* angerechnet werden, weil es an dem Nachweise der Unwahrheit dieser Behauptung fehlt.

Auch kann nicht ohne weiteres daraus, daß der Behauptende *zur Angabe von Beweismitteln nicht imstande ist*, weil bei jener Äußerung keine Zeugen zugegen waren, gefolgert werden, daß die Behauptung *nicht* zum Zweck der Rechtswahrnehmung, sondern *mißbräuchlich zur Kränkung* des anderen Ehegatten vorgebracht sei, weil der Behauptende darauf rechnen kann, daß sie nach Lage der Sache dem Prozeßgericht als glaubhaft erscheint." Urteil des RG. IV. ZS. vom 20. Januar 1910 155/09 in „Recht" 1910 Jahrg. 14 Nr. 922.

51. *Keine Eheverfehlung* liegt darin, daß der Ehegatte im Scheidungsprozeß tatsächliche *Behauptungen des Gegners bestreitet*, die sich durch die Beweisaufnahme als zutreffend erweisen. Es handelt sich dabei lediglich um Verteidigungsmaßnahmen. Eine Verpflichtung des Ehegatten, ihm ungünstige, aber richtige Tatsachen zuzugestehen oder doch unbestritten zu lassen, läßt sich aus dem sittlichen Wesen der Ehe nicht herleiten (RG. 5. Dezember 15, IV 231/15; RGRKom. III § 1568 Anm. 3).

52. Nach dem Urteile des RG. IV. ZS. vom 25. Februar 1907 359/07 in Sörgel 1907 S. 450 unter 31 „kann ein Ehegatte aus § 1568 BGB. klagen, wenn der andere Ehegatte gegen ihn *den Vorwurf des versuchten Giftmordes* erhoben hat".

53. Es würde eine Verkennung des sittlichen Wesens der Ehe bedeuten, wenn man in der bewußt unwahren, Dritten gegenüber erhobenen Beschuldigung des einen Ehegatten durch den andern, in *wilder Ehe* zu leben, ohne Hinzutritt von Entschuldigungsgründen keine schwere Pflichtverletzung erblicken wollte. Denn es wird damit dem Gatten der Vorwurf gemacht, daß er gegen die Gebote der Sittlichkeit und Religion und gegen die Strafgesetze verstoße. (RG. 16. 3. 22, Recht 1923 Nr. 657.)

54. Beleidigung der Schwiegereltern.

a. „Eine schwere Verfehlung des einen Ehegatten gegen den anderen kann darin gefunden werden, daß er die Eltern des anderen beleidigt. Durch *die Beleidigung der Mutter der Klägerin ist mittelbar*, ohne daß es hierfür auf die Willensrichtung des Beklagten ankommt, *auch die Klägerin getroffen*. Die Beleidigung der Mutter der Klägerin kann daher sehr wohl eine schwere Verfehlung gegen die Klägerin selbst bilden." Urteil des RG. IV. ZS. vom 15. April 1908 430/07 in „Recht" 1908 S. 336

Nr. 2002; *Sörgel 1908 S. 384 unter 25; *WarnJ. 7 S. 238 unter 6^2; *Mugdan und Falkmann 1908 Nr. 484; *DJZ. 1909 16. Spruchsammlung S. 293; *Staudinger IV 1 S. 669 unter b Abs. 3; vgl. RG. 10. April 17, LZ. 1917 S. 794.

b. Die Tatsache, daß dritte Personen das abfällige Urteil des Beklagten über seine Schwiegereltern geteilt und ihrerseits ähnliche oder gleichlautende Reden über sie geführt haben sollen, kann das Verhalten des Beklagten nicht entschuldigen. Die der Klägerin als seiner Ehefrau geschuldete Rücksichtnahme auf ihre kindlichen Gefühle gegenüber ihren Eltern hätte ihn abhalten müssen, sich ohne hinreichenden Anlaß in der geschehenen wegwerfenden Weise über seine Schwiegereltern zu äußern. (Recht 1916 Nr. 2110).

c. Der in einem Briefe an einen Dritten vom Ehemanne ausgesprochene Verdacht, sein Schwiegervater habe 2000 Mark gestohlen, ist eine schwere Eheverfehlung. Urteil des RG. IV. ZS. vom 21. Juni 1909 $\frac{575}{08}$ in Sörgel 1909 S. 418 unter 17.

d. Wegen einer in Erregung über die Beleidigung des Vaters gegegebenen Ohrfeige siehe § 28 Nr. 2.

§ 30.

Begehung von Verbrechen oder Vergehen.

1. Das BG. bezeichnet als ehezerrüttende Tatsache im Sinne des § 1568 BGB. die letzte Bestrafung des Beklagten; ähnlich sagt es an anderer Stelle, das sittliche Empfinden der Klägerin sei nicht so niedrig einzuschätzen, daß sie nicht die Verurteilung des Beklagten zu mehrjähriger Zuchthausstrafe als unerträgliche Ehezerrüttung zu empfinden vermöge. Zwar erwähnt es auch die Unverbesserlichkeit des Beklagten und das ihm zur Last fallende ehrlose Verhalten, kommt dann aber wieder auf den ehrlosen Charakter der Zuchthausstrafe und die durch die lange Haft des Beklagten herbeigeführte Entfremdung zu sprechen. Nach diesen Ausführungen läßt sich die Annahme nicht von der Hand weisen, daß auch das Berufungsgericht von der — im landgerichtlichen Urteil ausdrücklich zugrunde gelegten — Anschauung ausgegangen sei, die Tatsache der Bestrafung an sich könne als Scheidungsgrund verwendet werden. Das wäre aber rechtsirrig; auf die Tatsache der Bestrafung kommt es überhaupt nicht an, sondern einzig und allein auf das in der Begehung der Straftaten sich äußernde ehrlose Verhalten. Ein Antrag, die Verurteilung zu Zuchthausstrafe als Scheidungsgrund

zu erklären, ist in der Reichstagskommission gestellt, aber abgelehnt worden. (Bericht der Reichstagskommission S. 202 ff.)

2. Nach dem Urteile des OLG. Rostock vom 2. Oktober 1900 in Sörgel Jahrg. 1 und 2 S. 174 unter p; *MecklZ. Bd. 19 S. 215 ff. „kann von der Ehefrau aus § 1568 BGB. auf Scheidung geklagt werden, wenn der Ehemann *einen Offenbarungseid wissentlich falsch geleistet hat* und deshalb zu längerer Zuchthausstrafe verurteilt ist".

3. „Eine schwere Verletzung der durch die Ehe begründeten Pflichten kann darin gefunden werden, daß die Ehefrau bei Gericht eine falsche *eidesstattliche Versicherung* einreicht, um gegen den Willen ihres Ehemannes die Erziehung eines Kindes zu erreichen." Urteil des RG. IV. ZS. vom 27. April 1908 in WarnJ. Jahrgang 7 S. 239 unter 8; *DJZ. 1909 Spruchsammlung Nr. 19 zu § 1568 BGB.

4. „Ein von einem Ehegatten verübter *Diebstahl ist an sich noch nicht* Scheidungsgrund, wenn nicht nach Lage des Falls ersichtlich ist, daß gerade infolge des Diebstahls das eheliche Verhältnis derart tief zerrüttet wurde, daß dem anderen Ehegatten die Fortsetzung der Ehe nicht zugemutet werden kann." Urteil des OLG. Hamburg vom 24. März 1900 in Sörgel 1900/1 S. 174 unter O.

5. „Die wiederholte Betätigung *diebischer Neigungen* kann Scheidungsgrund sein, wenn sie mit einem groben Vertrauensmißbrauch verbunden war, — ein Diebstahl, den eine Hebamme bei Ausübung ihres Gewerbes auch noch nach Erhebung der Scheidungsklage begangen hat." Urteil des RG. IV. ZS. vom 30. April 1908 505/07 in WarnJ. 1907 S. 239 unter 12; WarnRechtspr. Bd. I Nr. 524.

6. Auf die Berufung der Klägerin, deren Scheidungsklage in der ersten Instanz abgewiesen war, ist unter Aufhebung des angefochtenen Urteils die Ehe der Parteien geschieden und der Beklagte für den schuldigen Teil erklärt. In den Entscheidungsgründen ist ausgeführt:

.... An demselben Tage, an welchem die Klägerin den Beklagten verlassen hat — 9. November 1904 —, wurde dieser verhaftet. Durch landgerichtliches Urteil vom 6. März 1905 wurde er wegen *Untreue in idealer Konkurrenz mit Unterschlagung in sieben Fällen* zu einer Gefängnisstrafe von fünf Monaten verurteilt. Von diesen Straftaten, deren jede mit einem Monat angesetzt ist, sind *sechs* im Jahre 1900 *vor* der Verheiratung der Parteien, die siebente — *eine Unterschlagung von 215 M.* — im Dezember 1902 nach der Eheschließung begangen. Nachdem der Beklagte diese Strafen bis zum 10. April 1905 verbüßt hat, ist er wegen fernerer Unterschlagung, die er nach seiner Verheiratung begangen hat, zu einer längeren Freiheitsstrafe verurteilt, die er in der Zeit vom 2. Oktober 1905 bis zum 17. Oktober 1906 in Hannover verbüßt hat. Endlich hat der Beklagte im Anfang 1907 ein ernstes Liebesverhältnis mit der unverehelichten K. in B. unterhalten und an sie überschwengliche Liebesbeteuerungen enthaltende Briefe und Postkarten geschrieben, die von der Verabredung von Zusammenkünften und deutlich von der Absicht, die K. zu heiraten, handeln.

Zwar kann von den im März 1905 abgeurteilten Unterschlagungen nur die im Dezember 1902 begangene für die Begründung der Scheidungsklage in Betracht kommen, da die übrigen Straftaten vor der Eheschließung begangen sind, und es begrifflich ausgeschlossen ist, daß durch sie die erst mit der späteren Eheschließung übernommenen Pflichten verletzt sind. Urteil des RG. IV. ZS. vom 26. Mai 1902 $\frac{8}{2}$ vgl. auch RGE. Bd. 51 S. 340.

7. In dem Urteil des KG. XII. ZS. vom 19. Mai 1900 in Mugdan und Falkmann Bd. 1 S. 255 unter 156a; *Staudinger IV 1 S. 672 unter 3a Abs. 3, ist ausgeführt: „Wenn nun auch die Ehefrau sich des Ehebruchs und dadurch eines schweren Verstoßes gegen die sittlichen Pflichten der Ehe schuldig gemacht und auch der Mißachtung ihrer Standesgenossen sich ausgesetzt hat, so folgt daraus nicht, daß nunmehr durch ein ehrloses und unsittliches Verhalten des anderen Teils das eheliche Verhältnis eine weitere Zerrüttung nicht erfahren könne. Daß der Ehemann an dem Ehebruch der Klägerin keinen wesentlichen Anstoß genommen hat, geht daraus hervor, daß der Ehemann dieserhalb die Scheidung nicht verlangt hat.

Eine Zuchthausstrafe wegen Unterschlagung und Meineids, zumal von so langer Dauer — $1^1/_2$ Jahr —, wirkt erfahrungsmäßig derart auf die Achtung der Standesgenossen und das Zusammenleben mit ihnen ein, daß der Klägerin nicht zugemutet werden kann, die Ehe mit einem in der Achtung der Mitmenschen so tief herabgesetzten Ehegatten fortzusetzen. Daß auch die Ehe tatsächlich tief zerrüttet ist, ergibt sich aus dem Verlangen der Klägerin nach Trennung derselben."

8. „Das Berufungsgericht ist zunächst in die tatsächliche und rechtliche Würdigung des dem Beklagten vorgeworfenen blutschänderischen Verkehrs mit seiner Tochter Anna W.

eingetreten; dabei erachtet es nach dem Ergebnisse der Beweisaufnahme die in dem Strafurteile vom 9. Januar 1901 getroffenen Feststellungen, wonach der Beklagte fortgesetzt den Entschluß, mit seiner Tochter Anna, einer Verwandten absteigender Linie, den Beischlaf zu vollziehen, durch Handlungen betätigt hat, welche einen Anfang der Ausführung dieses beabsichtigten, aber nicht zur Vollendung gekommenen Verbrechens enthalten, auch seinerseits für gerechtfertigt und nimmt schon dadurch den Tatbestand des Scheidungsgrundes aus § 1568 BGB. als gegeben an, und nach der weiteren Feststellung, daß die fortgesetzten Versuche des Beklagten, mit seiner Tochter den Beischlaf zu vollziehen, sich als ein ehrloses und unsittliches Verhalten charakterisieren, durch welches Beklagter eine so tiefe Zerrüttung des ehelichen Lebens verschuldet habe, daß der Klägerin die Fortsetzung der Ehe nicht zugemutet werden könne. Diese Feststellung gibt zu Bedenken keinen Anlaß, und es ist daher ebenfalls zutreffend, wenn das Berufungsgericht weiter annimmt, daß schon hiernach die Klägerin die Scheidung aus § 1568 BGB. verlangen könne, falls sie die im § 1571 BGB. vorgesehene Klagefrist gewahrt hätte." Urteil des RG. IV. ZS. vom 22. Januar 1903 $\frac{288}{02}$ in RGE. Bd. 53 S. 337; *Staudinger IV 1 S. 673 unter d.

9. Nachdem der beklagte Ehemann durch Urteil vom 8. Februar 1900 zu drei Jahren Zuchthaus und zum Verlust der bürgerlichen Ehrenrechte auf die Dauer von fünf Jahren verurteilt war, weil er sich im Jahre 1899 zu wiederholten Malen der Beihilfe zum Versuch der Abtreibung schuldig gemacht hat, ist der Scheidungsklage der Klägerin durch Entscheidung des Kammergerichts vom 3. November 1900 in Mugdan und Falkmann Bd. 1 (1900) S. 473 Nr. 294 stattgegeben. In den Entscheidungsgründen heißt es:

„In der Begehung solcher entehrender Verbrechen ist ein so ehrloses und unsittliches Verhalten offenbart, daß dadurch eine tiefe Zerrüttung des ehelichen Verhältnisses herbeigeführt worden ist. Es kann daher der Klägerin nicht zugemutet werden, mit einem Manne noch weiter zu leben, der aus den vorerwähnten verbrecherischen Handlungen ein förmliches Gewerbe macht." Vgl. auch Staudinger IV 1 S. 672 unter a Abs. 3.

10. „Die Bestrafung mit Gefängnis wegen Vornahme unsittlicher Handlungen rechtfertigt die Scheidung nach § 1568 BGB." Urteil des RG. IV. ZS. vom 5. April 1905 in Warn. Bd. 4 S. 150 unter 3 a.

11. Nach dem Urteile des OLG. Hamburg vom 10. März 1900 in Sörgel 1900/1 S. 173 unter n; *HansGZ. 1900 Beiblatt S. 115; *WarnJ. 1 S. 170 unter 2c „kann fortgesetztes verbrecherisches Treiben Zerrüttung des ehelichen Lebens begründen, auch wenn der andere Teil bei der Eheschließung einige der Vorstrafen gekannt hat. Hat der klagende Ehegatte ein ehrloses Verhalten des anderen Ehegatten bewiesen, so kann ihm nicht noch der weitere Beweis aufgebürdet werden, daß gerade dieses Verhalten zur Zerrüttung des ehelichen Lebens geführt hat".

§ 31.

Ehrloses oder unsittliches Verhalten.

1. Nach dem Urteile des RG. IV. ZS. vom 4. Juli 1909 $^{490}/_{09}$ in Sörgel 1910 S. 394 unter 34 „bildet die Freisprechung von der Anklage eines Sittlichkeitsverbrechens in dem Scheidungsprozesse kein Hindernis, eine entgegengesetzte Feststellung zu treffen, in dem damaligen Verhalten des Freigesprochenen eine schwere Verletzung der durch die Ehe begründeten Pflichten zu erblicken und es als ehrlos und unsittlich anzusehen".

2. Keineswegs braucht ein Verhalten, um unsittlich zu sein, auf Erregung oder Befriedigung des Geschlechtstriebes abzuzielen, also unzüchtig zu sein, wenn es nur sonst den herrschenden Sittlichkeitsbegriffen widerstreitet. (RG. Warn. 1914 Nr. 86 — der Mann hatte vor dem Dienstmädchen seinen Unterleib entblößt).

3. Leistet ein Eheteil den unsittlichen Angriffen des anderen auf einen Dienstboten Vorschub, um sich über das ehewidrige Verhalten Gewißheit zu verschaffen, so liegt hierin kein Verstoß gegen die ehelichen Pflichten.

„Klägerin hatte von den unsittlichen Angriffen des Beklagten gegenüber einer Dienstmagd erst später Kenntnis erhalten. Das Berufungsgericht stellt fest, daß Klägerin die Dienstmagd aufforderte, im Dienst zu bleiben, um ihr Gelegenheit zu geben, sich über das ehewidrige Gebaren ihres Ehemannes Gewißheit zu verschaffen, mit dem Hinzufügen, „sie möge halt ihrem Manne ein wenig schön tun". Nach der Überzeugung des Gerichts ist der Ehemann, der hierauf wieder unsittliche Angriffe auf die Dienstmagd unternahm, nicht den Verführungskünsten derselben unterlegen, sondern seinem eigenen durch Alkohol beeinflußten Willen. Klägerin hat hierdurch nicht gegen ihre ehelichen Pflichten verstoßen, wie das Berufungsgericht gegenüber dem von ihm festgestellten Sachverhalt ohne Rechtsirrtum annehmen konnte." Urteil des RG. IV. ZS. vom 11. Januar 1906 $\frac{328}{05}$ in *„Recht" Jahrg. 1906 S. 246 Nr. 473.

4. „Bezüglich der der Klägerin zur Last gelegten *Verführungsversuche zum Ehebruch* erkennt auch der Berufungsrichter an, daß sie an und für sich betrachtet ein *schweres* Vergehen im Sinne des § 1568 enthalten würden. Er erachtet aber mit Rücksicht auf die von dem Beklagten betätigten ehebrecherischen Neigungen nicht für bewiesen, daß durch die von der Ehefrau ihm gestellte Zumutung des Ehebruchs seine eheliche Gesinnung untergraben worden sei. Die Revision erhebt hiergegen den Einwand, daß diese Begründung nicht das Wesen der behaupteten Ehewidrigkeit treffe. Nicht in der Zumutung des Ehebruchs, sondern in der *Hinterlist, mit der ihm die Klägerin Fallen zu stellen gesucht habe*, liege der schwere Verstoß gegen die ehelichen Pflichten. Allein abgesehen davon, daß der Berufungsrichter der Klägerin den Entschuldigungsgrund tiefer seelischer Erregung offenbar auch bei dem jetzt in Frage stehenden Verhalten zugute gehen lassen will, so deckt jedenfalls seine Feststellung auch das Verhalten der Klägerin, wenn man es unter dem von dem Beklagten vertretenen Gesichtspunkte betrachtet. Steht einmal fest, daß letzterer sich des Ehebruchs wirklich schuldig gemacht hat, so konnte ohne Rechtsirrtum auch weiter angenommen werden, daß die Versuche der *gröblich hintergangenen Ehefrau*, sich Beweismaterial für die eheliche Untreue zu verschaffen, selbst dann eine tiefe Zerrüttung der ehelichen Gesinnung auf seiten des Mannes *nicht* bewirkt haben, wenn die Frau sich hierbei sittlich verwerflicher Mittel bedient hat. Mit Verneinung der Kausalität zwischen der Pflichtverletzung des einen Ehegatten und der eingetretenen Zerrüttung des ehelichen Verhältnisses auf seiten des anderen Ehegatten entfällt aber die Anwendbarkeit des § 1568 BGB." Urteil des RG. IV. ZS. vom 16. April 1903 $\frac{420}{02}$ in JW. 1903 Beilage S. 82 unter 189.

5. Ein Ehegatte, der den andern Ehegatten planmäßig der *Versuchung des Ehebruchs aussetzt*, um einen Scheidungsgrund zu erlangen, gibt selbst Anlaß zur Scheidung. (RG. 25. 1. 12, IV 258/11; RG. Warn. 1918, Nr. 119.)

6. Nach dem Urteile des RG. IV. ZS. vom 7. Februar 1907 $\frac{335}{06}$ in Sörgel 1907 S. 455 unter 55 ist „eine schwere Verletzung der Ehepflichten und ein unsittliches Verhalten des Ehemannes darin zu finden, daß er in der Hochzeitsnacht seine Frau einer körperlichen Untersuchung

auf ihre Jungfräulichkeit unterzieht und ihr den Schwur abnimmt, daß sie nie mit einem Manne zu tun gehabt habe, und daß sie elend umkommen wolle, wenn sie die Unwahrheit schwöre".

7. „Die Zumutung eines Ehemannes — eines Schneiders — an seine Ehefrau, Ehebruch zu begehen, damit er von ihr geschieden werden könne, kann dann nicht ehezerrüttend wirken, wenn die Frau schon vorher Ehebruch in der von ihr ausgesprochenen Absicht getrieben hat, ihrem Ehemanne einen Scheidungsgrund zu geben. Abgesehen hiervon kann die gedachte Zumutung dem Ehemanne nicht als schwere Verletzung der Ehepflichten angerechnet werden, weil er damals infolge des Ehestreits seelisch hochgradig erregt war." Urteil des RG. IV. ZS. vom 8. Juli 1907 $\frac{3}{0}\frac{8}{7}$ in Sörgel 1907 S. 446 unter 8.

8. „.... Die Klage ist auf § 1568 BGB. gestützt. Durch die glaubhafte Aussage des Zeugen M. und den Inhalt der vorgelegten Briefe ist erwiesen, daß die Beklagte seit Jahren mit dem genannten M. ein Liebesverhältnis unterhalten, Liebesbriefe mit ihm gewechselt, in seinem Atelier ihn besucht und öfter als Halb- und Ganzakt ihm gesessen hat. Sie erklärte dem Kläger schließlich, daß sie mit ihm nicht mehr zusammen leben könne, weil sie M. liebe, und verließ am 24. März 1907 die Ehewohnung, ohne mehr dorthin zurückzukehren. Aus diesen Tatsachen geht zur Genüge hervor, daß die Beklagte sich schwerer Verletzungen der durch die Ehe begründeten Pflichten schuldig gemacht und hierdurch, wie durch ihr unsittliches Verhalten, eine so tiefe Zerrüttung des ehelichen Verhältnisses herbeigeführt hat, daß dem Kläger die Fortsetzung der Ehe mit ihr nicht zugemutet werden kann.

Daß der Kläger von dem Tun und Treiben seiner Ehefrau vor deren Entfernung aus der gemeinsamen Wohnung Kenntnis bekommen habe, ist nicht behauptet worden, und hierfür liegen keine Anhaltspunkte vor. Daraus, daß er schon am 28. März 1907 den Auftrag zur Einleitung des Scheidungsverfahrens gab, geht vielmehr hervor, daß er das ihm angetane Unrecht recht wohl empfand, das Verhalten seiner Ehefrau von Anfang an als ehewidrig ansah und sich ohne Besinnen entschloß, die Konsequenzen daraus zu ziehen. Wenn er weitere Aufklärung durch das Streitverfahren selbst erhielt und Material für die Klagebegründung, ohne hiervon Gebrauch zu machen, so darf hieraus nicht auf eine gewisse Unempfindlichkeit gegenüber dem treulosen Verhalten der Beklagten geschlossen werden, nachdem schon die weniger schwerwiegenden Tatsachen in ihm den Entschluß reiften, die Trennung herbeizuführen. Es kann deshalb der Vorinstanz nicht beigepflichtet werden, wenn sie ausführt, daß Kläger dadurch, daß er den Ehebruch der Klägerin nicht geltend mache, zeige, daß er ihn nicht für geeignet halte, seine Ehe unheilbar zu zerrütten, und daß er daher nicht verlangen könne, daß lediglich vorbereitende unzüchtige Handlungen als Scheidungsgrund angesehen werden.

Die zur Klagebegründnng aufgestellten Behauptungen rechtfertigen den Scheidungsgrund auf Grund des § 1568 BGB. Sie sind erwiesen, sodaß der Streit nach dieser Richtung zur Entscheidung reif ist. Einen weiteren Scheidungsgrund heranzuziehen und in die Würdigung des Beweisergebnisses hinsichtlich eines etwaigen Ehebruchs der Beklagten einzutreten, besteht weder Anlaß, noch Berechtigung, zumal die privatrechtlichen Folgen der Scheidung nach § 1565 und 1568 BGB. die gleichen sind. (Entscheidungen des RG. Bd. 55 S. 245; JW. 1904 S. 91 411.) Es war daher das angefochtene Urteil aufzuheben und die Ehe der Streitteile aus dem Verschulden der Beklagten zu scheiden." — Urteil des OLG. München 4. Senat vom 19. November 1907 in Seuffert. Arch. Bd. 63 Nr. 47 S. 67.

9. „Die Ehefrau ist berechtigt, Ehescheidung zu verlangen, wenn der Ehemann während bestehender Ehe mit einer anderen Frauensperson ein Liebesverhältnis unterhalten hat in der ausgesprochenen Absicht, sie zu heiraten. Dadurch hat sich der Ehemann einer schweren Verletzung der durch die Ehe begründeten Pflichten und eines unsittlichen Verhaltens schuldig gemacht. Es muß angenommen werden, daß das zwischen den Parteien schon bestehende Zerwürfnis — die Ehefrau hatte das von ihrem Ehemanne erwirkte, auf Eheherstellung lautende Urteil ein Jahr nicht befolgt — durch jene Handlungsweise des Klägers in solchem Maße verstärkt worden ist, daß nunmehr das eheliche Verhältnis als völlig zerrüttet angesehen werden muß, und der Beklagten eine Fortsetzung der Ehe nicht zugemutet werden kann." Urteil des OLG. Hamburg I. vom 22. April 1910 in Mugdan und Falkmann 1910 Bd. 21 S. 237 unter x, vgl. ferner RG. in JW. 1911, S. 983 Nr. 19.

10. Es ist davon auszugehen, daß die nicht mehr ganz jugendliche, früher anderweit verlobte Klägerin mit der Vornahme des widernatürlichen Verkehrs einverstanden war, obwohl sie sich dessen Widernatürlichkeit bewußt war. Alsdann reicht aber die Tatsache, daß sie ursprünglich von dem Beklagten dazu verführt worden ist, nicht aus, um sie der Fortsetzung der Ehe zu entheben. Mag auch das Vorgehen

des Beklagten höchst verwerflich sein, so hat doch auch die Klägerin seinem unzüchtigen Ansinnen nicht den Widerstand entgegengesetzt, der von einem Mädchen ihres Alters (21 Jahre) und Bildungsgrades erwartet werden mußte. Sie hat sich vielmehr für die ihr vom Beklagten zugemuteten Schamlosigkeiten und Unzüchtigkeiten als eine „gelehrige Schülerin" erwiesen und ist darauf mit einer Bereitwilligkeit eingegangen, die nur mit einem bedauerlichen Mangel an Sittlichkeitsgefühl erklärt werden kann. Die Tatsache allein, daß der Beklagte auch in der Ehe die gleichen unsittlichen Handlungen wie vorher mit der Klägerin vorgenommen hat, vermag daher einen Scheidungsanspruch der Klägerin nicht zu begründen. (RG. IV., 9. Oktober 1919, 150/19; vgl. Nr. 89, 92, 93, 95 im Recht 1919 Nr. 94.)

11. Nach dem Urteile des RG. IV. ZS. vom 24. Juni 1907 $\frac{560}{06}$ in „Recht" 1907 S. 978 Nr. 2324 „kann eine schwere Eheverfehlung darin gefunden werden, daß der Ehemann, der ein betrügerisches Verhalten seiner Ehefrau duldete oder davon Kenntnis hatte, die Gelegenheit, sich mit dem Beschädigten gütlich zu einigen, nicht benutzt hat, sondern es zur Bestrafung seiner Ehefrau hat kommen lassen".

12. „Die schamlose, von dem Ehemanne seiner Ehefrau gegenüber in Gegenwart eines 14 jährigen Laufburschen gemachte Äußerung, seine Ehefrau versage ihm die eheliche Gemeinschaft, sie lasse ihn nicht heran, er werde sich gleich eine andere von der Straße holen, enthält eine schwere Eheverfehlung." RGE. IV. ZS. vom 12. Oktober 1908 $\frac{120}{08}$ in Sörgel 1908 S. 386 unter 41.

13. „Gewohnheitsmäßige Selbstbefleckung des Ehemannes stellt ein unsittliches Verhalten dar, auch wenn er dabei unter einem unwiderstehlichen psychologischen Zwange gehandelt zu haben behauptet." Urteil des RG. IV. ZS. vom 28. Juni 1909 $\frac{86}{09}$ in Sörgel 1909 S. 419 unter 29;* „Recht" 1909 Nr. 2428; *Staudinger IV. 1 S. 673 unter d.

14. In der Stellung des Antrags auf Entmündigung des Ehegatten wegen Geisteskrankheit ist ein Verstoß gegen die ehelichen Pflichten dann nicht zu erblicken, wenn der Antrag nicht aus Gehässigkeit oder in unlauteren Absichten, sondern lediglich zu dem Zwecke gestellt worden ist, einer Verschwendung des Vermögens des zu entmündigenden Ehegatten zum Besten der Familie vorzubeugen (RG. 1. November 1915, IV. 123/15).

15. In dem Urteile des RG. IV. ZS. vom 14. Februar 1907 $\frac{344}{06}$ in Sörgel 1907 S. 449 unter 26 ist ausgesprochen, „daß in Stellung

eines völlig unbegründeten Entmündigungsantrags der Ehefrau gegen ihren Mann, sowie in der Entnahme von Geld mittels gefälschten Schecks vom Depot ihres Mannes der Tatbestand des § 1568 BGB. enthalten sein könne."

16. „Der Ehefrau fällt eine schwere Eheverfehlung zur Last, wenn sie den Prozeßgegner ihres Mannes durch Zutragen von denselben belastendem und der Gefahr einer Freiheitsstrafe aussetzendem Material und durch ihre belastende Aussage vor der Polizei und dem Untersuchungsrichter im Strafverfahren gegen ihren Mann unterstützt.

Ein Zwang zu solcher Aussage bestand in keiner Weise. Daß es sich dabei zugleich um ihr Recht, Scheidung zu verlangen, gehandelt hat, kann ihr ebensowenig zur Rechtfertigung dienen, wie der Hinweis auf § 257 StGB. Mochte auch die Klägerin keinen Anlaß haben, in dem Strafverfahren dem Manne Beistand zu leisten, um ihn der Bestrafung zu entziehen, obwohl sie in solchem Falle hätte straflos bleiben müssen, § 52 Abs. 2 und § 257 Abs. 2 StGB., so durfte sie doch ohne grobe Verletzung ihrer Pflichten als Ehefrau nicht dazu übergehen, dem Gegner des Mannes die Waffen in die Hand zu liefern und, ohne zu einer derartigen Meinungsäußerung verpflichtet zu sein, die erwähnte, schwer belastende Aussage abzugeben." RG. IV. ZS. vom 3. Januar 1910 $\frac{122}{09}$ in „Recht" Jahrg. 1910 Nr. 714; *Sörgel 1910 S. 393 unter 30.

17. „Eine schwere Verletzung der Ehepflichten ist anzunehmen, wenn eine Ehefrau *vor Anstellung der Scheidungsklage* einen Detektiv unter Aushändigung einer Photographie ihres Ehemannes beauftragt, nachzuforschen, *ob ihr Ehemann Ehebruch getrieben habe*, dem Detektiv 500 Mark zahlt und weitere 1000 Mark für den Fall verspricht, daß seine Ermittelungen ausreichendes Überführungsmaterial für einen Scheidungsprozeß liefern." RG. IV. ZS. vom 25. April 1910 $\frac{360}{09}$ in „Recht" Jahrg. 1910 Nr. 2569; *Sörgel 1910 S. 392 unter 18.

18. Hat der Mann keinerlei begründeten Anhalt dafür, daß die Frau sich in ehewidrigen Verkehr mit anderen Männern eingelassen habe, so wird schon in dem Beobachtenlassen durch ein Detektivbureau an sich, auch wenn hierbei unlautere und anstößige Mittel nicht angewandt worden sind, eine Verletzung der durch das eheliche Verhältnis gebotenen Pflichten zu finden sein. (RG. LZ. 1920, 526.[6])

19. „Ein ehewidriges Verhalten im Sinne des § 1568 BGB. ist *nicht* darin zu erblicken, daß *eine im Scheidungsprozesse lebende Ehefrau, die berechtigten* Anlaß hat, an der

ehelichen Treue ihres Mannes zu zweifeln, sich bei Dritten nach einem etwaigen Ehebruch desselben erkundigt und für die Beschaffung der Beweismittel eines begangenen Ehebruchs Geldversprechen macht." Urteil des RG. IV. ZS. vom 4. April 1910 288/09 in „Recht" Jahrg. 1910 Nr. 2567; *Sörgel 1910 S. 393 unter 26.

20. Ein Ehegatte, der während des Scheidungsverfahrens den andern Ehegatten auf den bloßen, tatsächlicher Anhaltspunkte entbehrenden Verdacht des Ehebruchs hin *durch Geheimbeamte (Detektive) oder andere Personen beobachten* und über ihn beleidigende Erkundigungen einziehen oder beleidigende Gerüchte ausstreuen läßt, macht sich einer unerlaubten Handlung schuldig. Der andere Teil hat geeignetenfalls Anspruch auf Unterlassung und Schadenersatz (RG. JW. 1912, 1105[6]). Eine derartige unerlaubte Handlung kann auch als Eheverfehlung im Sinne des § 1568 angesehen werden. Verletzungen der durch die Ehe begründeten Pflichten können sich auch als unerlaubte Handlungen im Sinne der §§ 823, 826 darstellen und Schadenersatzpflicht nach sich ziehen (RG. JW. 1905, 431[10]).

21. In betreff *der nachträglichen Verweigerung der kirchlichen Trauung*, die vor der Eheschließung zugesichert oder als selbstverständlich vorausgesetzt war, heißt es in dem Urteile des RG. vom 16. Februar 1904 Rpr. VII. 405/03 in den RGE. Bd. 57 Nr. 58 S. 256 f., in Bezug genommen in Staudinger IV 1 S. 673 unter e: „Wenn bei der Beratung des § 1568 BGB. sowohl in der zweiten Kommission für die zweite Lesung des Entwurfs des BGB. (Protokolle Bd. 4 S. 414 ff.) als auch in der Reichstagskommission (Kommissionsbericht Nr. 440 b S. 68, 77 ff.), in letzterer sogar einstimmig, die Ansicht geäußert wurde, die nachträgliche Weigerung *der vor Abschluß der Ehe zugesicherten oder als selbstverständlich vorausgesetzten kirchlichen Trauung* könne oder müsse einen Ehescheidungsgrund abgeben, so ist damit nicht etwa eine kirchliche Pflicht zu einer rechtlichen gestempelt, sondern es ist eine solche Weigerung lediglich *unter den Gesichtspunkt eines ehrlosen und unsittlichen Verhaltens* im Sinne des § 1568 BGB. gebracht worden.

22. Es ist weder ein ehrloses oder unsittliches Verhalten, noch eine Verletzung der ehelichen Pflichten, wenn die Frau einem vor und während der Ehe abgegebenen ehrenwörtlichen Versprechen zuwider sich weigert,

lediglich aus äußeren Gründen und ohne innere Überzeugung ihren *Glauben zu wechseln* (zum Judentum überzutreten.) RG. JW. 1917, 765[8]. Übertritt der Frau von der evangelischen Kirche zur Adventistengemeinde als Scheidungsgrund wegen mangelnden Verschuldens der Frau verneint in RG. Gruch. 65, 347.

Umgekehrt ist Glaubenswechsel kein Scheidungsgrund. RG. 3. Februar 1921; BayZ. 1921 S. 127; LZ. 1921 S. 340, ebenso Urteil Landgericht Fürth 4. April 1921 in JW. 1921 S. 1471.

§ 32.

Trunksucht.

1. Das RG. IV. ZS. hat in dem Urteile vom 27. Oktober 1902 $\frac{131}{1902}$, mitgeteilt in JW. 1902 S. 280 Nr. 230 und RGRKom. III S. 270, „die Ansicht des Berufungsgerichts *hinsichtlich der Begriffsmerkmale der Trunksucht* für zutreffend erklärt, daß ein Ehegatte an Trunksucht leide, dessen Hang zu übermäßigem Trinken in dem Grade krankhaft geworden sei, daß er die Kraft verloren habe, dem Anreize zum übermäßigen Genuß geistiger Getränke zu widerstehen."

2. „Bei Beantwortung der Frage, ob der Frau wegen Trunksucht des Mannes die Fortsetzung der Ehe zuzumuten ist, muß *die Sachlage zur Zeit der letzten mündlichen Verhandlung in der Berufungsinstanz* gewürdigt werden, denn noch in diesem Zeitpunkte müssen, wie das Reichsgericht in beständiger Rechtsprechung anerkannt hat, alle gesetzlichen Tatbestandsmerkmale des § 1568 BGB. verwirklicht sein." Urteil des RG. IV. ZS. vom 10. Mai 1909 $\frac{452}{08}$ in „Recht" 1909 Beilage Nr. 2965.

3. „Trunkfälligkeit, zumal dann, wenn dieselbe *zum gesundheitlichen und wirtschaftlichen Verfall, sowie zur völligen Hintansetzung aller ehelichen Pflichten* seitens des Ehemannes geführt hatte, ist ein relativer Scheidungsgrund. Im vorliegenden Falle war ein unverbesserlicher, bis in die Gegenwart reichender Zustand behauptet." Beschluß des OLG. Rostock I. ZS. vom 3. April 1900 in Staudinger IV. 1 S. 672 unter b.

4. In den Vorinstanzen ist der Scheidungsklage des Ehemannes wegen Trunksucht der Beklagten stattgegeben, und die Revision ist zurückgewiesen aus folgenden Gründen:

„Zu Unrecht macht die Revisionsklägerin geltend, daß *Trunksucht* vom Standpunkte des BGB. *kein* Scheidungsgrund sei. Die Scheidungsgründe des § 1568 BGB. begreifen nicht bloß ein Verhalten, welches zufolge Verletzung der in dem ehelichen Verhältnis begründeten *Rechtspflichten* die Zerrüttung der Ehe herbeizuführen geeignet ist. Auch *ehrloses und unsittliches Verhalten* zählt hierher, und hierzu ist unbedenklich ein Verhalten zu rechnen, welches im Widerspruch mit den *sittlichen* Anforderungen der Ehe gegen den anderen Ehegatten Rücksichtslosigkeit an den Tag legt und in ihm physischen und moralischen Ekel hervorzurufen geeignet ist. Vgl. Mot. zum BGB. Bd. IV. S. 595.

Daß die Trunkenheit eine *unverbesserliche und unheilbare* sei, wie die Revision vermeint, ist nicht erforderlich. Es reicht zur Erfüllung des unsittlichen Verhaltens auch im Sinne des § 1568 BGB. aus, wenn die Trunksucht sich als *beharrliche* betätigt. Die Scheidungsklage ist mithin begründet, wenn dieser Zustand *als zur Zeit der Klage vorhanden* nachgewiesen ist.

Nicht erforderlich ist, daß die Trunksucht *auch noch im Laufe des Prozesses* andauert. Der Einwand der Beklagten, daß sie demnächst in der Borsdorfer Anstalt Heilung gefunden habe, ist sonach mit Recht von dem Berufungsrichter als unbeachtlich verworfen. Eine spätere Heilung würde erheblich sein, wenn sie geeignet wäre, in Frage zu stellen, ob das *frühere* Verhalten ein beharrlich betätigtes gewesen sei. Solche Gesichtspunkte sind hier nicht in Frage gekommen." Vgl. RGE. Bd. 38 S. 219; RG. IV. ZS. vom 18. November 1901 235/01 in JW. 1902 S. 71; *Staudinger IV. 1 S. 672 unter b; RGRKom. III S. 270 unter 4; auch JW. 1911, S. 369 Nr. 27; JW. 1914 S. 248[9], und 1915 S. 446[5]. *Sörgel 1907 S. 454 unter 51 b; *Staudinger a. a. O.; RG. IV. ZS. vom 5. März 1908 324/07 in RGE. Bd. 68 S. 124; Urteil des RG. IV. ZS. vom 5. Januar 1910 125/09 in Sörgel 1910 S. 394 Nr. 35; RG. Warn. 1915 Nr. 241.

5. „Es ist rechtlich unbedenklich, daß die von dem Berufungsgericht festgestellten Tatsachen die Anwendung des § 1568 BGB. rechtfertigen. *Beharrliche Trunksucht* ist recht wohl im Sinne dieser Bestimmung als ehrloses und unsittliches Verhalten anzusehen, wie der erkennende Senat bereits in Sachen Kruschke gegen Kruschke in dem vorstehend mitgeteilten Urteile vom 18. November 1901 235/01 ausgeführt hat. Dortselbst ist auch eine etwa später *im Laufe des Verfahrens eingetretene Besserung* nur insofern als er-

heblich erachtet werden, als sie geeignet wäre, in Frage zu stellen, ob das frühere Verhalten ein *beharrlich* betätigtes gewesen ist. Vgl. RGE. Bd. 38 S. 219. Solche Gesichtspunkte sind jedoch vorliegend nicht in Frage gestellt." Urteil des RG. IV. ZS. vom 5. Juni 1902 $\frac{7}{02}$ in JW. 1902 Beilage 9 S. 248 unter 150; *Staudinger IV 1 S. 672 unter b; RGRKom. III S. 270 unter 4; vgl. RGE. IV. ZS. vom 27. Juni 1904 $\frac{503}{03}$ in JW. 1904 S. 473 unter 13; *„Recht" 1907 Nr. 466; *Staudinger a. a. O.

6. „Die Ansicht des Berufungsgerichts, daß der *Nachweis der unverbesserlichen Trunksucht* erbracht werden müsse, damit eine schwere Verletzung der durch die Ehe begründeten Pflichten angenommen werden könne, ist zu beanstanden. Es ergibt sich dies weder aus dem Wesen der Ehe, noch aus der Bestimmung des § 1568 BGB." Urteil des RG. IV. ZS. vom 27. Juni 1904 $\frac{503}{03}$ in JW. 1904 S. 473 unter 13; RGRKom. III S. 270 unter 4; *Staudinger IV 1 S. 672 unter b.

7. Auf die Klage des Ehemannes wegen Trunksucht der Ehefrau ist die Ehe geschieden und die Revision der Ehefrau zurückgewiesen. In den Entscheidungsgründen des reichsgerichtlichen Urteils ist an- und ausgeführt:

Die Beklagte ist durch Gerichtsbeschluß vom 11. Januar 1904 *wegen Trunksucht entmündigt* und auf Anordnung ihres Vormundes am 18. April 1904 in einer Trinkerheilanstalt untergebracht worden, in der sie sich seitdem befindet. Die auf Trunksucht der Beklagten gestützte Scheidungsklage des Ehemannes ist dem Vormunde der Beklagten am 26. Juni 1904 zugestellt worden. Mit Rücksicht auf diesen Tag der Klagezustellung hat das Berufungsgericht geprüft, *ob die Trunksucht der Beklagten als eine ihr anzurechnende Verfehlung* mindestens noch am 26. Dezember 1903 bestanden habe, und es hat diese Frage bejaht. Das Berufungsgericht führt aus, die Verschuldung der Beklagten reiche auch in die Zeit nach dem 26. Dezember 1903 hinein. Ohne Rechtsirrtum geht das Berufungsgericht davon aus, daß *auch ein wegen Geistesschwäche beschränkt geschäftsfähiger Ehegatte* für schwere Eheverfehlungen gemäß § 1568 BGB. verantwortlich zu machen sei. Es folgert dann aus dem Briefe, den die Beklagte an ihren Vormund am 15. Mai 1905 geschrieben hat, daß *sie sich ihres Fehltritts vollständig bewußt gewesen* sei, und gelangt zu dem Ergebnis, daß sich die Beklagte, mögen auch ihre geistigen Fähigkeiten infolge des Trunkes geschwächt worden sein, bis in die entscheidende Zeit hinein in einer ihr als Schuld anzurechnenden Weise dem übermäßigen Genusse geistiger Getränke hingegeben habe. Urteil des RG. IV. ZS. vom 15. Januar 1906 $\frac{337}{05}$ in JW. 1906 S. 140 unter 13; *„Recht" 1906 S. 505 Nr. 1172; RGRKom. III. S. 270 unter 4; *Staudinger Bd. 4 Teil 1 S. 672 unter b; *„Recht" 1907 S. 1261 Nr. 3107; ferner RG. Warn. 1910 Nr. 124; RG. 28. Januar 1915, IV. 531/14.

8. „Aus den Aussagen der in der ersten Instanz vernommenen Zeugen hat das Landgericht entnommen, daß der Beklagte zwar dann und wann dem Alkohol fröhnend sich betrinkt, Lärm macht und mit seiner Ehefrau zankt, jedoch den Beweis vermissen läßt, daß er ein derartiger Trinker sei, daß die Klägerin ein gedeihliches Leben mit ihm nicht führen könne. Vorgänge der in Rede stehenden Art seien bei Personen vom Stande der Parteien — der Beklagte ist Bergmann — nichts Ungewöhnliches, von wesentlicher Verstimmung oder gar von tiefer Zerrüttung könne nicht die Rede sein. Das Landgericht erwähnt nichts von Mißhandlungen. Daß aber der Beklagte nicht nur gelärmt und gezankt, sondern auch, und zwar wiederholt die Klägerin mißhandelt hat, kann nicht zweifelhaft sein. Beklagter selbst hat eingeräumt, die Klägerin einmal geschlagen und einmal leicht gezüchtigt zu haben. Die Mutter hat zu zwei verschiedenen Malen gesehen, daß der Beklagte seine Fran in harter Weise geschüttelt hat, so daß sie schrie. Der Zeuge L. hat in einer Nacht, in welcher der Beklagte in trunkenem Zustande nach Hause gekommen ist, in der Wohnung der Klägerin Lärm gehört, diese hat geschrien und ist am andern Morgen ganz hinfällig gewesen. Der Zeugin H. hat sie erzählt, ihr Ehemann habe sie mit einer Weckeruhr an den Kopf geschlagen und sie mit einem Hackemesser bedroht. Diese Exzesse hat der Beklagte in der Trunkenheit begangen und in solchem Zustande gelärmt und getobt und Hausgerät entzwei geworfen. Daß der Beklagte dem Trunke in hohem Grade ergeben ist, unterliegt keinem Zweifel. Die Zeugen haben ihn oft bei Tag und Nacht betrunken gesehen. Der in der zweiten Instanz vernommene Zeuge S. hat ihn innerhalb eines Zeitraumes von vier Wochen, während dessen der Beklagte seiner Aufsicht unterstanden hat, zweimal betrunken gesehen. Er ist in solchem Zustande zum Dienst gekommen, auf Vorhalt ungebührlich geworden und wurde des Dienstes entlassen.

Das Gesamtverhalten des Beklagten stellt eine schwere Verletzung der durch die Ehe begründeten Pflichten dar, nicht minder hat er durch solches eine so tiefe Zerrüttung des ehelichen Verhältnisses verschuldet, daß der Klägerin die Fortsetzung der Ehe nicht zugemutet werden kann. Wie sehr die Klägerin das Benehmen ihres Ehemannes empfindet, und in wie hohem Grade die Ehe zerrüttet ist, geht aus den zu den Akten überreichten Briefen hervor.

Die Voraussetzungen des § 1568 BGB. liegen vor, und es ist der Klage stattzugeben. Urt. d. OLG. Braunschweig I. Senat vom 28. Februar 1908.

9. „Nach der Beweisaufnahme der ersten Instanz hat der Beklagte sich dem Genusse von Spirituosen in solchem Übermaße hingegeben — er hat täglich Rum, Kognak, Branntwein in großen Quantitäten, selbst aus Biergläsern und aus vollen Flaschen getrunken und schon am frühen Morgen damit begonnen, —, daß er nach dem Gutachten des Sachverständigen H. an Delirium erkrankt und seiner Stellung als Kantinenwirt zum 1. Januar 1903 verlustig gegangen ist, und hat infolge seiner Trunksucht mit seiner Frau nicht allein fast täglich Zank und Streit angefangen, sondern hat sie auch in der in dem landgerichtlichen Urteile vom 29. Mai 1903 näher angegebenen Weise auf das gröblichste beleidigt und wurde an wiederholten Angriffen auf die Klägerin mit gefährlichen Werkzeugen nur durch die Dazwischenkunft Dritter gehindert.

Vergeblich sucht der Beklagte zunächst der Auflösung seiner Ehe durch den Hinweis auf seinen Gesundheitszustand zu begegnen. Es ist für die Entscheidung ohne Bedeutung, ob man die unmittelbare Ursache der bekundeten Exzesse in der Trunkenheit des Beklagten zu finden hat, oder ob, wie der Beklagte behauptet, die Erregungszustände, in denen er gehandelt hat, zurückzuführen sind auf den geschwächten, seine moralische Willenskraft beeinträchtigenden körperlichen Zustand, in welchen er infolge seines Lasters geraten ist. Wie § 1568 BGB. ausdrücklich hervorhebt, müssen die den Schuldgrund bildenden Umstände, um das Verlangen der Scheidung zu rechtfertigen, dem verklagten Ehegatten zum Verschulden angerechnet werden können. Danach wird zwar bei Bemessung der Schwere des ehewidrigen Verhaltens eines Ehegatten dann auf seinen krankhaften Zustand, insbesondere auf seine leichte Erregbarkeit Rücksicht zu nehmen sein, wenn dieser Zustand nicht selbst wiederum durch ein Verhalten hervorgerufen ist, welches als eine Verletzung der durch die Ehe begründeten Pflichten anzusehen ist. Hier aber ist der angebliche Schwächezustand, in welchem der Grund zu den Exzessen liegen soll, nach dem eigenen Geständnis des Beklagten durch die Trunksucht hervorgerufen, mithin durch ein ‚ehrloses und unsittliches Verhalten', welches nach dem Gesetze als mit den Pflichten der Ehe unvereinbar anzusehen ist.

Es stellen sich also die Handlungen des Beklagten, auch wenn sie nicht in der Trunkenheit, sondern in einem Zustande krankhafter Erregung begangen sein sollten, als ein selbstverschuldetes ehewidriges Verhalten heraus. Unter diesen Umständen braucht nicht untersucht zu werden, ob nicht schon das Laster der Trunksucht für sich allein in Hinblick auf seinen hohen Grad und auf die Beharrlichkeit des Trinkens einen genügenden Scheidungsgrund bilden würde. Jedenfalls ist durch das Gesamtverhalten des Beklagten, die Trunksucht in Verbindung mit den zum Teil lebensgefährlichen Angriffen und den schweren Beleidigungen der Klägerin, auch nach der Überzeugung des Berufungsgerichts das eheliche Verhältnis der Parteien so tief zerrüttet, daß der Klägerin die Fortsetzung der Ehe nicht zugemutet werden kann.

Diese Beurteilung wird nicht alteriert durch das Vorbringen des Beklagten, die Klägerin sei, statt ihn in seinem Gesundheitszustande schonend und mit Sanftmut zu behandeln, barsch und rechthaberisch gewesen, habe gegen seinen Wunsch geschäftliche Anordnungen getroffen, habe ihn in der Zeit seiner Abwesenheit ohne Nachricht gelassen und ihn dadurch erregt. Denn sollte sich die Klägerin auch so, wie behauptet, benommen und zu ihrem Benehmen nicht gerechte Ursache gehabt haben, so ist doch dasselbe bei weitem nicht schwerwiegend genug, um darin eine Ursache zu den Exzessen des Beklagten und eine Mitschuld der Klägerin an der Zerrüttung der Ehe zu finden.

Wenn ferner der Beklagte jetzt behauptet, daß er schon seit längerer Zeit nicht mehr trinke, so ist auch dies ohne Belang. Trunkenheit kann, auch wenn sie verbesserlich ist, einen Scheidungsgrund abgeben. Hier genügt die Feststellung, daß die Trunksucht den Beklagten beharrlich und in hohem Grade beherrscht und zu der Zerrüttung des Eheverhältnisses beigetragen hat. Diese Tatsache kann durch zeitweilige Enthaltsamkeit des Beklagten während des Scheidungsprozesses nicht in Frage gestellt werden." Urteil des OLG. Braunschweig II. ZS. vom 29. Oktober 1903; RG. Warn. 1910 Nr. 124; RG. Warn. 1915/16 Nr. 108 und 249; JW. 1914 S. 248[9]; JW. 1915 S. 446[5].

10. In dem Urteile des RG. IV. ZS. vom 28. September 1903 116/03 in JW. 1903 Beil. 14 S. 127 S. 283; Staudinger IV 1 S. 672 unter b heißt es:

„Was die dem Beklagten vorgeworfene Trunkenheit betrifft, so kann es dahingestellt bleiben, ob der Ausspruch des Berufungsrichters:

als Scheidungsgrund würde Trunksucht nur dann anzusehen sein, wenn sie sich entweder dauernd in besonders abstoßender Weise zeige, oder zu Exzessen gegen den anderen Ehegatten führe

in dieser Allgemeinheit zu billigen sein möchte. Denn seitens der Klägerin ist nur behauptet, daß *der Beklagte in den letzten Jahren fast täglich angetrunken nach Hause gekommen sei*, und die Ausführungen des Berufungsrichters lassen erkennen, daß er *diese* Tatsache, *so wie sie hingestellt worden ist*, unter konkreter Würdigung der Sachlage *nicht* ausreichend erachtet hat." Die Revision der Klägerin ist zurückgewiesen.

11. Nach dem Urteile des RG. IV. ZS. vom 10. Mai 1909 452/08 in „Recht" 1909 Nr. 2964; *Sörgel 1909 S. 420 unter 37 und *Staudinger IV 1 S. 672 unter b „enthält Trunksucht, die weder ausschweifend, noch beharrlich ist, *keine schwere* Verletzung der durch die Ehe begründeten Pflichten, auch ist Trunksucht, selbst wenn sie *vorübergehend* zum Ausbruch des Säuferwahnsinns geführt hat, für sich allein als gesetzlicher Scheidungsgrund *nicht* anerkannt."

12. Nach dem Urteile des OLG. Rostock vom 4. März 1908 in der MecklZ. Bd. 27 S. 122; *„Recht" 1909 Nr. 1524; *Staudinger IV 1 S. 672 unter b; „liegt ein Scheidungsgrund *nicht* vor, wenn der Ehemann zwar *durch beharrliche Trunksucht* eine Zerrüttung der Ehe herbeigeführt hat, aber *dafür wegen geistiger Minderwertigkeit nicht verantwortlich* ist."

13. Die Klägerin durfte nach § 1574 Abs. 3 BGB. nur dann für mitschuldig erklärt werden, wenn gegen sie Tatsachen vorlagen, wegen deren der Beklagte auf Scheidung klagen konnte. Als eine solche Tatsache kommt die vom Ber. R. festgestellte Trunksucht nicht ohne weiteres, sondern nur dann in Betracht, wenn damit der vom Beklagten im vollen Umfange zu erweisende Tatbestand einer schweren Eheverfehlung im Sinne des § 1568 BGB. erfüllt ist. Allein der Beklagte selbst hatte geltend gemacht, das Trinken der Klägerin sei ein *auf erbliche Belastung* der Frau zurückzuführender Krankheitszustand. Der Ber.

R. durfte diesem Umstande nicht deshalb die Bedeutung absprechen, weil Geisteskrankheit der Klägerin nicht erwiesen sei. Denn auch eine hierdurch hervorgerufene bloße Geistes- und Willensschwäche konnte sie hinlänglich entschuldigen, um eine schwere Verfehlung im Sinne des Gesetzes zu verneinen. Es ist ferner nicht erwogen, ob dem Beklagten trotz der Trinkerneigung der Frau mit Rücksicht auf die ihm selbst zur Last fallenden groben Verletzungen der Ehepflichten nicht die Fortsetzung der Ehe zuzumuten sei. RG. 9. März 1914, 630/13 IV. JW. 1914, S. 592[9].

§ 33.

Drohung.

1. „Als schwere Verletzung der durch die Ehe begründeten Pflichten ist angesehen, daß der Ehemann häufig betrunken war, seine Ehefrau fortgesetzt beschimpfte, übermäßigen Geschlechtsverkehr von ihr beanspruchte und *sie und das gemeinschaftliche Kind mit Erschießen bedrohte*. Daß er wegen einer neuralgischen Erkrankung in seiner freien Willensbestimmung beeinträchtigt war, wurde als genügende Entschuldigung für seine Verfehlungen *nicht* angesehen." Urteil des RG. IV. ZS. vom 25. April 1907 $\frac{248}{06}$ in Sörgel Jahrg. 1907 S. 454 unter 53; vgl. Urteil des OLG. Dresden vom 30. November 1906 in Warn. 1906 S. 170 unter 10.

2. „Die Äußerung einer Ehefrau, sie wolle ihren Ehemann ins Zuchthaus oder nach Sibirien bringen, *kann* als Ausfluß gerechten Zorns und Unwillens über das ehewidrige Verhalten des Ehemannes entschuldbar sein." RGE. IV. ZS. vom 4. November 1907 $\frac{123}{07}$ in Sörgel Jahrg. 1907 S. 456 unter 63.

3. „Trotz der Untreue des Ehemannes enthält die zu einem Fremden getane Äußerung der Ehefrau, sie werde ihren Mann ins Zuchthaus bringen, eine *schwere* Eheverfehlung." RGE. IV. ZS. vom 26. Mai 1910 $\frac{493}{09}$ in Sörgel 1910 S. 391 unter 17.

4. Bezüglich der dem Beklagten vorgeworfenen *Bedrohung* der Klägerin bei dem Vorgange am 10. September 1900 mit dem Revolver führt das Berufungsgericht aus: „Ob der Beklagte seine Frau mit dem Revolver bedroht hat oder nicht, darauf kommt es nicht an, da schon sein unbestrittenes und durch den Polizeikommissar S. bewiesenes Hantieren mit dem Revolver in betrunkenem Zustande an und für sich für die Umgebung und speziell für die Klägerin aufregend, beängstigend und gefährlich wirken mußte, zumal der Beklagte auch

beim Weggehen die Bemerkung machte, ‚er werde sich schon wieder einen Revolver verschaffen‘. Mit Rücksicht auf den von dem Beklagten dafür angebotenen Beweis, daß er die Klägerin am 10. September 1900 mit dem Revolver nicht bedroht, und daß auch die Klägerin selbst sich in diesem Sinne dritten Personen gegenüber geäußert habe, macht die Revision hiergegen geltend einerseits, daß nicht abzusehen sei, wie das Verhalten des Beklagten, wenn es an dem Momente der Bedrohung fehle, einen Ehescheidungsgrund abgeben solle, und andererseits, daß das Berufungsgericht übersehe, daß die Beweisantretung sich darauf beziehe, wie die Klägerin das Verhalten des Beklagten aufgefaßt habe.

Dieser Angriff der Revision muß ohne weiteres versagen gegenüber der bedenkenfreien Würdigung der Wirkung des Hantierens des betrunkenen Beklagten mit dem Revolver auf den Gemütszustand der Klägerin, auch wenn diese das Verhalten des Beklagten als eine Drohung nicht empfunden, und von letzterem eine solche auch nicht beabsichtigt war. Daß auch eine derartige Verfehlung zur Erfüllung des bedingten Scheidungsgrundes aus § 1568 BGB. herangezogen werden kann — nur als eine solche kommt sie in Betracht, nicht als selbständiger Scheidungsgrund —, unterliegt keinem Zweifel. RG. vom 3. April 1902 $\frac{429}{01}$ in JW. 1902 Beil. 6 S. 223 f. unter 81.

5. Eine Eheverfehlung der Beklagten erblickt das KG. darin, daß sie dem Kläger fortgesetzt gedroht habe, sie bringe ihn ins Irrenhaus, eine Drohung, durch die sie ihn in ernste Furcht versetzt habe. Die Beklagte hatte unter Beweis gestellt, daß sie Dritten gegenüber erklärt habe, sie würde es nie fertig bringen, ihren Mann ins Irrenhaus zu bringen, dazu tue er ihr zu leid. Das KG. hat den Beweis nicht erhoben. Die Revision meint, der Beweis habe erhoben werden müssen; denn wenn er gelungen wäre, so wäre damit festgestellt gewesen, daß die Beklagte ihre Drohungen nicht ernst gemeint habe. Allein darauf, ob die Drohungen ernstlich gemeint waren, kommt es nicht entscheidend an. Drohungen, namentlich solche, die, wie hier festgestellt ist, in dem Bedrohten die Furcht vor ihrer Verwirklichung tatsächlich hervorgerufen haben, können vielmehr sehr wohl Pflichtverletzungen und auch schwere Pflichtverletzungen im Sinne des § 1568 BGB. schon dann darstellen, wenn sie nicht ernstlich gemeint waren, der Wille des Drohenden aber darauf gerichtet war, auf den Bedrohten den Eindruck ernstlich gemeinter Drohungen zu machen. Daß die Beklagte bei ihren Drohungen diesen Willen gehabt habe, spricht allerdings das KG. nicht

ausdrücklich aus, seine Ausführungen lassen indessen in ihrem Zusammenhalte keinen Zweifel darüber zu, daß es dies angenommen hat. U. v. 20. September 1915, 77/15 IV, JW. 1915 S. 1261 Nr. 5.

§ 34.
Unberechtigte Aufhebung der häuslichen Gemeinschaft seitens eines Ehegatten (bösliche Verlassung).

1. In dem Urteile des RG. IV. ZS. vom 30. Juni 1902 $\frac{114}{02}$ in JW. 1902 Beilage 10 S. 260 unter 178 ist bemerkt, „es kann dahingestellt bleiben, ob § 1568 BGB. unter Umständen auf Fälle eines nicht unter den § 1567 BGB. fallenden böslichen Getrenntlebens anwendbar sein möchte. Denn im vorliegenden Falle, wo das Fernbleiben der Beklagten *nicht gegen den Willen* des Klägers verstoßen hatte, kann von diesem ein Scheidungsgrund aus dem fraglichen Verhalten der Beklagten nicht hergeleitet werden." Vgl. RGE. IV. ZS. vom 17. Februar 1910 $\frac{210}{09}$ in Sörgel 1910 S. 388 unter 3.

2. Daraus, daß die bösliche Verlassung nur unter den in § 1567 BGB. aufgestellten Voraussetzungen einen Scheidungsgrund bilde, folge nicht, daß nicht die Tatsache der Trennung der Frau vom Manne mit anderen Tatsachen zusammen den Tatbestand des § 1568 BGB. erfüllen könne. Unter den Voraussetzungen, die § 1567 bestimmt, *bildet die ‚bösliche Verlassung' einen absoluten Ehescheidungsgrund.* Liegen die Voraussetzungen des § 1567 nicht vor, so kann wegen *böslicher Verlassung* die Scheidung *nicht* verlangt werden; immerhin *liegt in dem Verhalten eines Ehegatten, der sich in böslicher Absicht von der häuslichen Gemeinschaft fern hält,* eine *Verletzung der durch die Ehe begründeten Pflichten,* die, wie jede andere Eheverfehlung bei der Prüfung, ob der Tatbestand des § 1568 gegeben ist, Verwendung finden kann. Das Reichsgericht hat denn auch schon in dem Urteile vom 7. Juli 1904 IV. ZS. 1902/04 ausgesprochen: ‚Unter Umständen kann auch in der Aufhebung der häuslichen Gemeinschaft eine Verletzung der durch die Ehe begründeten Pflichten liegen, die, wenn nicht für sich allein, doch in Verbindung mit anderen Verfehlungen die Anwendung des § 1568 BGB. zu rechtfertigen vermag." RG. IV. ZS. vom 17. Oktober 1907 $\frac{106}{07}$ in Seuffert-Arch. Bd. 63 S. 234 f. Nr. 136; *JW. 1907 S. 702 unter 1; Staudinger IV 1 S. 671 unter d Abs. 1; *„Recht" 1907 S. 1406 Nr. 3526; vgl.

RG. IV. ZS. vom 6. Dezember 1909 $\frac{84}{09}$ in „Recht" 1910 Nr. 1592; RG. IV. ZS. vom 7. April 1910 $\frac{309}{09}$ in „Recht" 1910 Nr. 2566; *JW. 1910 S. 581 Abs. 16.

3. In dem Urteil des RG. IV. ZS. vom 1. Juli 1907 $\frac{85}{07}$ in Sörgel 1907 S. 449 unter 28 sind folgende Ausführungen enthalten: „Hat ein Ehemann sich Jahre hindurch von der Ehewohnung ferngehalten, der Ehefrau geflissentlich während der ganzen Zeit seinen Aufenthalt verschwiegen, jede persönliche Beziehung zu ihr vermieden und sich niemals bemüht, eine Aussöhnung oder ein Zusammenleben mit seiner Ehefrau zu ermöglichen, so ist die Annahme, daß ein ehewidriges Verhalten im Sinne des § 1568 BGB. vorliege, rechtlich nicht zu beanstanden.

Die von dem Ehemanne zu seiner Entschuldigung aufgestellte allgemeine Behauptung, seine Ehefrau habe ihn gekränkt, verleumdet und bloßgestellt, ist, wenn trotz Ausübung des richterlichen Fragerechts keine näheren Angaben gemacht werden, als zu allgemein gehalten, rechtlich nicht beachtlich." Vgl. Urteil des OLG. Cöln vom 24. Dezember 1906 in „Recht" 1907 S. 61 Nr. 50; *Staudinger IV 1 S. 671 unter d Abs. 1.

4. „Der böslichen Verlassung seitens des Ehemannes steht der Umstand nicht entgegen, das es zunächst die Frau gewesen ist, welche die eheliche Wohnung verlassen hat. Hat der Ehemann sich dann jahrelang nicht um die Frau gekümmert und überhaupt nichts von sich verlauten lassen, so kann darin der Tatbestand des böslichen Verlassens gefunden werden." Urteil des OLG. Hamburg vom 14. März 1910 in HansGZ. 1910, Beiblatt S. 232; *„Recht" 1910 Nr. 3938.

5. In dem Urteile des RG. IV. ZS. vom 6. Dezember 1909 $\frac{84}{09}$ in „Recht" 1910 Nr. 1592 ist ausgesprochen: „Liegen die Voraussetzungen, unter denen nach § 1567 BGB. bösliche Verlassung anzunehmen ist, nicht vor, so ist nicht ausgeschlossen, daß in der Art und Weise, wie der verklagte Eheteil die häusliche Gemeinschaft verlassen, und wie er während seines Fernbleibens sich verhalten hat, ein Scheidungsgrund aus § 1568 BGB. zu finden ist." Vgl. „Recht" 1907 Nr. 50 und 3526.

6. Nach dem Urteile des OLG. Dresden vom 16. Februar 1905, Sächs. OLG. 27, 158; „kann vor Ablauf der im § 1567 BGB. vorausgesetzten Jahresfrist unter Umständen eine Ehe wegen böslicher Verlassung unter dem Gesichtspunkte einer nach § 1568 BGB. zu beurteilenden schweren Verletzung der durch die Ehe begründeten Pflichten geschieden werden."

7. In dem Urteile des RG. IV. ZS. vom 7. April 1910 309/09 in JW. 1910 S. 581 unter 16 heißt es: „Allerdings sind die Voraussetzungen der böslichen Verlassung als absoluten Ehescheidungsgrundes nach § 1567 Abs. 2 BGB. gemäß der Feststellung des Berufungsgerichts nicht nachgewiesen. Allein die bösliche Verlassung kann, wie das Reichsgericht schon wiederholt, insbesondere im Urteile vom 17. Oktober 1907 in JW. 1907 S. 702 ausgesprochen hat, beim Hinzutritt der weiteren gesetzlichen Voraussetzungen auch einen Scheidungsgrund aus § 1568 BGB. abgeben. Vgl. RG. 4. Februar 1922, Recht 22 Nr. 1411; RG. 30. Januar 1923; Hans GZ. 23 Beibl. 131.

Wenn es zutreffend ist, daß die Beklagte ohne berechtigten Grund schon am Hochzeitsabend dem Kläger nicht in die eheliche Wohnung folgte und seitdem längere Zeit ihr grundlos fern blieb, so könne recht wohl in diesem Verhalten der Beklagten die Tatbestandsmerkmale des relativen Scheidungsgrundes aus § 1568 BGB. gefunden werden. Es ist auch anzunehmen, daß der Kläger bei dieser Sachlage ein Scheidungsverlangen nicht bloß auf § 1567 BGB., sondern auch auf § 1568 BGB. hat stützen wollen. Eine Prüfung aus diesem weiteren rechtlichen Gesichtspunkte hat das Berufungsgericht mit Unrecht unterlassen." *„Recht" 1910 Nr. 2566; vgl. Urteil des RG. IV. ZS. vom 17. Oktober 1907 106/07 in JW. 1907 S. 702 unter 1; Urteil des RG. IV. ZS. vom 6. Dezember 1909 84/09 in „Recht" 10 Nr. 1592; RG. 28. Mai 1923 Recht 23 Nr. 1167; Warn. 1913 Nr. 202; Warn. 1914 S. 294.

8. Nach dem Urteile des RG. IV. ZS. vom 3. Februar 1910 175/09 in „Recht" 1910 Nr. 1106 „ist ein vierjähriges Fernbleiben des Ehemannes von seiner Frau keine Eheverfehlung desselben, wenn die Frau ihn beschimpft und erklärt hatte, sie wolle nichts mehr von ihm wissen, und die Schwiegermutter ihn aus dem Hause vertrieben und ihm den ehelichen Hausrat vorenthalten hatte.

9. Die Frau hat kurz nach der Verheiratung ihren Mann gegen seinen Willen verlassen, „weil sie nicht geheiratet habe, um untertags zu verdienen und abends ihrem Manne die Hausarbeit zu verrichten". Das Verlangen des Mannes, sie solle in Stellung gehen, also auch verdienen, und zum gemeinschaftlichen Haushalt beitragen, stellt sich angesichts der Verhältnisse, in denen die Streitsteile leben, nicht als unbillige Zumutung dar, die der Frau ein Recht gegeben hätte, die häusliche Gemeinschaft aufzugeben. Dadurch, daß sie es getan hat, hat sie die durch die Ehe begründeten Pflichten schwer

verletzt und eine so tiefe Zerrüttung des ehelichen Verhältnisses verschuldet, daß dem Manne die Fortsetzung der Ehe nicht zugemutet werden kann. – München 12. Juni 1924 BayZ. 24, 295.

Während die vorstehend mitgeteilten Entscheidungen auf der Erwägung beruhen, daß bösliche Verlassung in Verbindung mit anderen Eheverfehlungen, oder auch unter besonderen Umständen allein als Scheidungsgrund nach § 1568 BGB. verwertet werden könne, ist in den nachbemerkten Urteilen unter 10 und 11 die Ansicht vertreten, daß wegen böslicher Verlassung eine Ehe nur geschieden werden kann, wenn die in § 1567 BGB. angegebenen Voraussetzungen vorhanden sind.

10. In dem Urteil des KG. III. ZS. vom 12. Januar 1900, abgedruckt in „Recht" 1900 S. 127 heißt es: „Der relative Scheidungsgrund des § 1568 BGB. darf nicht auf Fälle ausgedehnt werden, über welche andere Paragraphen des Gesetzes besondere Bestimmungen treffen, insbesondere dürfen die erschwerenden Voraussetzungen des § 1567 BGB. nicht dadurch umgangen werden, daß bösliche Verlassung irgendwelcher Art und Form unter die dem Ermessen des Richters den weitesten Spielraum lassende Vorschrift des § 1568 BGB. gebracht wird." *Staudinger IV 1 S. 671 unter d Abs. 1; vgl. Urteil des OLG. Breslau vom 7. Mai 1900 in Mugdan und Falkmann Bd. 1 S. 11 Nr. 6.

11. „Die Auffassung: schon ein wiederholtes grundloses Verlassen der häuslichen Gemeinschaft rechtfertige als ‚schwere Verletzung der durch die Ehe begründeten Pflichten' nach § 1568 BGB. die Scheidung, verstößt gegen den klaren Willen des Gesetzes. Denn dieses erkennt in § 1567 N. 1 BGB. eine Verlassung als ‚böslich' und damit als Scheidungsgrund nur dann an, wenn der beklagte Ehegatte, nachdem er zur Herstellung der häuslichen Gemeinschaft rechtskräftig verurteilt worden ist, ein Jahr lang gegen den Willen des anderen Ehegatten in böslicher Absicht dem Urteile nicht Folge geleistet hat. Das BGB. gestattet also dem Richter nicht, bei einer tatsächlich stattgehabten Trennung der Ehegatten sich die Überzeugung, daß der verlassene Teil vom anderen in einer den ernsten Willen, nicht wieder zurückzukehren, den animus dirimendi matrimonii des früheren gemeinen Rechts einschließenden Absicht verlassen sei, nach freiem Ermessen auf Grund irgendwelchen dafür verwertbaren Beweismaterials bilden zu dürfen, sondern bindet das Ermessen an die Voraussetzungen des im § 1567

BGB. ganz bestimmt vorgeschriebenen Tatbestandes. Damit würde den strengeren Anforderungen des § 1567 BGB. jede praktische Bedeutung entzogen werden, und das ist selbstverständlich nicht der Zweck des § 1568 BGB." Urteil des OLG. Hamburg I. ZS. vom 8. Mai 1903 in WarnBd. 2 S. 120 unter 4; *HansGZ. 24 B 156; *„Recht" 1903 S. 457 Nr. 2358.

12. „Eine *schwere* Eheverfehlung ist nach dem Urteile des RG. IV. ZS. vom 25. April 1907 $\frac{272}{06}$ in Sörgel 1907 S. 448 unter 22 darin gefunden worden, daß der Ehemann, nachdem *die Erlassung einer einstweiligen Verfügung gegen die Ehefrau auf Räumung der Ehewohnung abgelehnt* war, die Aufhebung der häuslichen Gemeinschaft mit seiner Frau, welche ihm einen Scheidungsgrund aus § 1568 BGB. gegeben hatte, dadurch herbeiführte, daß er selbst auszog und die Wohnung vermietete."

13. In RGE. IV. ZS. vom 28. Juni 1909 $\frac{585}{08}$ in „Recht" 1909, Nr. 2426; *Sörgel 1909 S. 420 unter 23 ist ausgesprochen worden, „daß die Aufnahme einer Bestimmung in den Mietvertrag der getrennt lebenden Ehefrau, *daß der Ehemann nicht berechtigt sei, die Wohnung zu betreten, keine* schwere Eheverfehlung enthalte, denn der Kläger hätte kein Recht, die von seiner Frau, nachdem er sich von ihr losgesagt hätte, selbständig gemietete Wohnung eigenmächtig zu betreten, und er könne sich nicht darüber beklagen, daß dies in dem Mietvertrage ausdrücklich festgesetzt sei. Übrigens sei die Erwägung des Berufungsrichters nicht zu beanstanden, daß die Festsetzung wesentlich dem Interesse der Wahrung des Hausfriedens gedient habe."

14. In dem Urteile des OLG. Jena I. ZS. vom 29. Januar 1900 in Mugdan und Falkmann Bd. 1 S. 91 unter 47 ist ausgeführt: „Von einem *böslichen Fernbleiben* werde man nicht reden können, wenn der fernbleibende Ehegatte *des guten Glaubens* sei, daß ihm der andere Ehegatte Grund zur Scheidung gegeben habe, und daß er aus diesem Grunde die Scheidungsklage noch erheben könne. (Motive zum BGB. Bd. 4 S. 590[1]; RGE. Bd. 40 S. 161.) Dieser gute Glaube muß vorliegend mindestens für die Zeit nach dem Tage der Erhebung der auf Ehebruch gegründeten Scheidungsklage als bei der Widerbeklagten vorhanden angenommen werden. Es ist nicht zu vermuten, daß sie diese Klage wider besseres Wissen oder auch nur fahrlässigerweise erhoben habe."

15. Nach dem Urteile des RG. IV. ZS. vom 14. Dezember 1908 163/08 in Sörgel 1909 S. 420 unter 32 „liegt *kein* Ehescheidungsgrund gegen den Ehemann vor, wenn dieser seine Ehefrau bei ihrer Rückkehr aus dem Krankenhause in schwangerem Zustande aus der Ehewohnung fortweist, weil er kurz zuvor von einem Ehebruch seiner Ehefrau Kenntnis erhalten hat".

16. Die Nichtaufgabe der Bühnentätigkeit, welche die Ehefrau *auf eine ganze Reihe von Jahren* aus dem Bereiche ihres häuslichen Lebens durch Spielverträge im Auslande entzieht, ist als Ehescheidungsgrund angesehen. Urteil des OLG. München vom 13. April 1907 in der BayZ. Bd. 3, 261; *Warn. 1906 S. 170 unter 12; *DJZ. 1907 S. 257 unter B. a. E.; *Staudinger IV 1 S. 671 unter d Abs. 2.

§ 35.
Verweigerung der ehelichen Pflicht.

1. In dem Urteile des RG. IV. ZS. vom 31. Januar 1907 286/06 in Sörgel 1907 S. 446 unter 11; *„Recht" 1907 S. 311 Nr. 604 ist ausgesprochen: „Ist der Mann zur Vollziehung des Geschlechtsakts fähig, unterläßt er aber hartnäckig und andauernd die Beiwohnung, damit das Recht der Frau auf Geschlechtsverkehr verletzend, und ist er weder durch geschlechtliche Unfähigkeit, noch durch Widerwillen gegen die Frau entschuldigt, so liegt darin eine *auf rücksichtsloser Eigensucht* beruhende Verletzung der ehelichen Pflichten." Vgl. Urteil des OLG. Augsburg vom 7. April 1900 in Warn. 1 S. 172 unter 11 a; *Staudinger IV. 1 S. 670 unter c *α*; RGE. vom 31. Januar 1907 in „Recht" 1907 S. 311 und *Staudinger a. a. O.; RG. IV. ZS. vom 8. Oktober 1910 715/09 in JW. 1910 S. 1005 unter 18.

2. Nach Urteil des RG. IV. ZS. vom 7. Juni 1909 444/08 in Sörgel 1909 S. 418 unter 16, ist *Verweigerung der Beiwohnung* während eines ganzen Jahres als Scheidungsgrund anerkannt.

3. „Eine *hartnäckige* Beischlafsverweigerung, die allein einen Scheidungsgrund bildet, kann bei bloßer schuldhafter Pflichtverletzung regelmäßig noch nicht angenommen werden. Es muß noch weiter hinzukommen, daß die Pflichtverletzung auf einer *Rücksichtslosigkeit*, auf einer rücksichtslosen Eigensucht beruht. Dies Erfordernis ist im vorliegenden Falle gegeben. Mag der Kläger nur durch seine geistigen Interessen in Verbindung mit den vielen Obliegenheiten seines Amtes davon abgehalten sein, den Pflichten gegen seine Ehefrau gerecht zu werden, so ist es doch nicht minder wahr, daß er seine

Interessen unter Nichtbeachtung der durch die Eheschließung übernommenen Pflichten den Interessen seiner Ehefrau vorangestellt und in bezug auf die Leistung der ehelichen Pflicht während *der letzten vier Monate* des Zusammenlebens und *auch schon früher* eine solche Gleichgültigkeit an den Tag gelegt hat, die nur als Rücksichtslosigkeit bezeichnet werden kann. Daß er hierbei nicht auf Kränkung seiner Ehefrau ausgegangen ist, und daß er in seinem Verhalten durch seine Anschauungen über den weit höheren Wert des geistigen Lebens beeinflußt ist, schließt das Vorhandensein einer hartnäckigen Beischlafsverweigerung nicht aus. Daß aber durch diese Eheverfehlung die eheliche Gesinnung der Beklagten zerstört und somit die Ehe zerrüttet ist, hat das Berufungsgericht in bedenkenfreier Weise dargelegt. Ohne jede Bedeutung hierfür ist es, daß es zu äußeren Zerwürfnissen in der Ehe nicht gekommen ist.“ RGE. IV. ZS. vom 8. Oktober 1910 $\frac{713}{09}$ in „Recht“ 1910 Nr. 4007.

4. Nach dem Urteile des OLG. Hamburg vom 27. September 1910 in Mugdan und Falkmann Bd. 21 S. 238, *„Recht“ 1911 Nr. 92 ist der Ehemann *nicht* für berechtigt gehalten, wegen zwei- bis dreimonatiger Weigerung des Geschlechtsverkehrs die Scheidung zu verlangen, wenn er oft angetrunken gewesen ist, mit der Frau Streit angefangen und sie mißhandelt hat.

5. „Erkannte der Kläger, daß sein Ersuchen auf die Beklagte keinen Eindruck machte, daß diese, statt ihm zu folgen, mit einem Gutenachtgruße sich von ihm verabschiedete, so mußte er hieraus entnehmen, daß sie sich auf Erfüllung ihrer Wünsche keine Hoffnungen mehr machte, und es wäre seine Sache gewesen, es nicht bei bloßen Worten bewenden zu lassen, sondern durch sein ganzes Verhalten, daß er sie zärtlich in seine Arme schloß usw., ihr zu beweisen, daß er den *ernsten Willen* hatte, seinen ehelichen Pflichten zu genügen. Für die Beurteilung ist auch in diesem Falle von der größten Bedeutung, daß Kläger, nachdem er *jahrelang* die Beklagte vernachlässigt hatte, alle Ursache hatte, aus seiner Zurückhaltung herauszutreten und der Beklagten einen deutlichen Beweis seiner Sinnesänderung zu geben.“ RGE. IV. ZS. vom 8. Oktober 1910 $\frac{713}{09}$ in „Recht“ 1910 Nr. 4096.

6. „Die Parteien haben seit der Eheschließung zehn Wochen lang zusammen gewohnt und in einem und demselben Bette zusammen geschlafen. Während dieser ganzen Zeit hat der Beklagte nicht ein einziges Mal der Klägerin geschlechtlich beigewohnt. Die Pflege des geschlechtlichen Verkehrs unter Eheleuten gehört aber zum Inhalt des

ehelichen Lebens, und jeder Teil hat die sich daraus ergebenden Pflichten zu erfüllen, ohne daß es einer besonderen Erinnerung durch den anderen Teil bedarf. Trifft den Mann der Vorwurf, derartige Pflichten zu vernachlässigen, so kann er sich nicht damit entschuldigen, daß es an einer Aufforderung durch die Frau, die meist durch ein natürliches Schamgefühl davon zurückgehalten wird, gemangelt habe.

Im vorliegenden Falle hat der Beklagte sogar zugestanden, daß die Klägerin einige Male die Ausübung des ehelichen Geschlechtsverkehrs verlangt, und daß er ihr das Verlangen abgeschlagen habe. Unfähigkeit zur Beiwohnung liegt auf seiten des Mannes nicht vor, wenigstens hat er — was ihm obgelegen hätte — einen derartigen Einwand nicht erhoben.

Seine Erklärung, er habe seine Frau, die er nach kurzer Bekanntschaft geheiratet habe, erst näher kennen lernen wollen, ist — wie auch das Berufungsgericht annimmt — nicht geeignet, seine Zurückhaltung zu rechtfertigen. Die Klägerin durfte gerade in der Zeit der jungen Ehe ein liebevolles Benehmen des Beklagten erwarten. Der Beklagte hat aber mit Standhaftigkeit und Ausdauer der Klägerin widerstanden und ihren berechtigten Erwartungen getrotzt. Die Verweigerung der ehelichen Pflicht seitens des Mannes muß daher als eine *grundlose* angesehen werden.

Der Nachweis, daß der Beklagte sich schon in der ersten Zeit des Ehelebens vorgenommen habe, seiner Frau niemals beizuwohnen, ist zur Annahme der Hartnäckigkeit nicht erforderlich. Ebensowenig kommt es darauf an, ob die Beischlafsverweigerung des Beklagten auf unabänderlicher, tief eingewurzelter Abneigung gegen seine Frau beruht, und ob er aus Haß gegen seine Frau die eheliche Pflicht verweigert habe. Auch wenn diese Voraussetzungen nicht zutreffen, kann die Beischlafsverweigerung als eine hartnäckige erscheinen. Wenn nun auch die eine oder mehrmalige grundlose Verweigerung der ehelichen Pflicht seitens eines Ehemannes zur Scheidung so lange nicht ausreicht, als es sich nur um *vereinzelte* Vorkommnisse handelt, so ist doch ein Scheidungsanspruch jedenfalls dann begründet, wenn die Erfüllung der ehelichen Pflicht *nicht nur grundlos, sondern auch hartnäckig verweigert* wird. Aber auch an diesen Erfordernissen fehlt es im vorliegenden Falle nicht." RG. IV. ZS. vom 8. Oktober 1908 $\frac{9}{8}$ in JW. 1908 S. 683 unter 15; *„Recht" 1908 S. 622 Nr. 3430; RGRKom. III S. 266 unter 4; *Staudinger IV 1 S. 670 unter c α.

7. „Das Berufungsgericht hält auf Grund der Beweisaufnahme für festgestellt, daß die Beklagte dem Kläger die ordnungsmäßige Beiwohnung fortdauernd verweigert habe, indem sie ihm die Beiwohnung nur gestattete, wenn er sich dabei eines Präservativs bediente. Hierin liege eine Verweigerung der ehelichen Pflicht, und es treffe auf eine solche Verweigerung der § 1568 BGB. zu.

Es kommt in Betracht, daß Kläger selbst zugegeben hat, er habe zeitweise in der Tat *mit Einverständnis der Beklagten* bei der Beiwohnung mit derselben das Präservativ benutzt, und daß auch die Zeugin M. geb. K. eine Äußerung der Beklagten bekundet hat, aus welcher ein zeitweises Einverständnis der Parteien in der bezeichneten Richtung entnommen werden könnte. Haben aber die Parteien in gewissen Zeitabschnitten *in beiderseitigem Einverständnis nur bei Benutzung des Präservativs* den Beischlaf vollzogen, so käme in Frage, ob nicht dadurch etwaige *frühere* Weigerungen der Beklagten, wie sie Kläger behauptet, für die Annahme der unrechtmäßigen Versagung der ehelichen Pflicht nicht mehr relevieren. Hat zeitweise der Kläger mit Willen der Beklagten Schutzmittel gegen die Empfängnis benutzt, so reicht auch weiter für die Annahme insbesondere der Halsstarrigkeit der Weigerung nicht die Feststellung aus, daß die Beklagte demnächst die ordnungsmäßige Beiwohnung unrechtmäßig verweigert habe. In Rücksicht auf die mit beiderseitigem Konsens geschaffene Sachlage hatte Kläger besonders darzulegen, daß der Kläger die nunmehrigen Forderungen auf ordnungsmäßige Beiwohnung als *ernstliche* erhoben und verlangt hat, daß die Beklagte *dauernd* den Beischlaf in *ordnungsmäßiger* Weise mit ihm vollziehe, und daß die Beklagte in diesem *Bewußtsein* der neu geschaffenen Sachlage gegenüber ihren Willen dahin geäußert hat, lediglich bei dem früheren ordnungswidrigen Beischlaf beharren zu wollen. Das Berufungsgericht läßt in den angegebenen Richtungen eine erschöpfende, dem § 286 ZPO. gerecht werdende Erörterung vermissen." Urteil des RG. IV. ZS. vom 2. Mai 1901 $\frac{\S\,2}{0\,1}$ in JW. 1901 S. 456; *Staudinger IV 1 S. 670 unter c α Abs. 1; RG. Warn. 1914 Nr. 59.

Käme es für die eheliche Lebensgemeinschaft lediglich auf die Vornahme des Geschlechtsaktes an, so würde es sich auch kaum rechtfertigen lassen, das Verlangen eines Ehegatten, bei der Beischlafsvollziehung ein sog. *Präservativ* zu benutzen, als Verweigerung des Geschlechtsverkehrs im Sinne des § 1568 BGB. anzusehen, wie dies indessen in der Entscheidung des RGE. vom 2. Mai 1901, IV. 62/1901 mit Recht angenommen worden ist. RGE. Bd. 94 S. 126.

8. Ein Mann, der nicht völlig bereit ist, die Folgen der Schwängerung auf sich zu nehmen, und seine Pflichten gegen die Schwangere und das Kind zu erfüllen, mißbraucht seine Stellung als Ehemann, wenn er trotzdem von seiner Frau die Duldung der ehelichen Beiwohnung fordert. Er kann, wenn seine Frau die Beiwohnung verweigert, den Scheidungsgrund der hartnäckigen Verweigerung der ehelichen Pflicht nicht gegen sie geltend machen, obwohl beide Teile dem Kindersegen vorbeugen wollten und nur in den Beweggründen und in der Wahl des Mittels nicht einig waren. (RG. Recht 1921 Nr. 2601.)

9. Nach dem Urteile des RG. IV. ZS. vom 27. Juni 1907 $\frac{572}{06}$ in „Recht" 1907 S. 978 Nr. 2325; *Sörgel 1907 S. 451 unter 35 „kann der Scheidungsanspruch nicht auf die Behauptung gestützt werden, daß der andere Teil die regel- und ordnungsmäßige Beiwohnung verweigert hat, wenn festgestellt wird, daß der regelwidrige Eheverkehr dem Willen beider Ehegatten entsprochen hat".

10. „Die während des Eheprozesses fortgesetzte Verweigerung der ehelichen Pflicht enthält nicht notwendig eine schwere Verletzung der durch die Ehe begründeten Pflichten, weil der Verweigernde davon ausgehen durfte, daß der andere Teil von ihm, als dem Prozeßgegner, die Erfüllung der ehelichen Pflicht garnicht verlange." Urteil des OLG. Dresden vom 2. Februar 1901 in *Warn. 2 S. 172 unter 11c; *Staudinger IV 1 S. 670 unter c α Abs. 4.

11. „Die Weigerung der Klägerin, dem Beklagten den Geschlechtsverkehr zu gestatten, kann als eine beharrliche oder endgültige um deswillen nicht angesehen werden, weil der Ehebruch des Beklagten schon zwei oder drei Monate später erfolgt ist, und damit der Klägerin für ihre Weigerung ein ausreichender Grund gegeben war. Zwei bis drei Monate sind eine verhältnismäßig kurze Zeit. Überdies erscheint das Verhalten der Klägerin in günstigerem Lichte, wenn man erwägt, daß der Beklagte seinerseits erheblichen Anlaß zum Zerwürfnis der Parteien gegeben hatte. Anstatt sich nach Begehung des ersten verziehenen Ehebruchs angemessen gegen seine Frau zu benehmen, ist der Beklagte, wie die Beweisaufnahme ergeben hat, oft angetrunken nach Hause gekommen und hat dann sofort mit der Klägerin Streit

angefangen. Da er kein einfacher Arbeiter, sondern Handlungsgehilfe ist, muß die von ihm an den Tag gelegte Roheit um so tadelnswerter erscheinen. Sollte selbst der Prinzipal des Beklagten bezeugen, daß dieser ein fleißiger und nüchterner Mann sei, so würde doch dadurch die Aussage des eigenen Freundes, des Zeugen R., nicht beseitigt werden. Dieser hat zugeben müssen, daß er den Beklagten mehrfach angetrunken gesehen, und daß er ihm wegen seines Trinkens einen Vorhalt gemacht habe. Auch ist durch die Bekundung R.s erwiesen, daß der Beklagte sich nicht gescheut hat, die Klägerin sogar in Gegenwart eines Dritten zu mißhandeln. Wenn unter solchen Umständen die Klägerin den Geschlechtsverkehr verweigert hat, so kann diese Tatsache nicht als geeignet angesehen werden, um die Widerklage zu stützen oder die Erklärung der Mitschuld der Klägerin zu rechtfertigen." Urteil des OLG. Hamburg VI. ZS. vom 27. September 1910 in Mugdan und Falkmann 1910 (Bd. 21) S. 238 unter γ.

Jedoch auch ein kürzerer Zeitraum kann genügen, um das Scheidungsrecht wegen Versagen der ehelichen Pflicht zu begründen. Vgl. JW. 08, 683; RG. 5. Juli 1923, LZ. 23. 648 und Recht 23 Nr. 1353.

12. „Hartnäckige, andauernde Verweigerung der Beischlafsvollziehung fällt regelmäßig als schwere Verletzung der ehelichen Pflichten unter § 1568 BGB. Die Verweigerung ist begründet, wenn dem die eheliche Pflicht Verlangenden in berechtigter Weise der Vorwurf der Verletzung der ehelichen Treue gemacht werden kann, auch dann, wenn die sechsmonatige Frist für Geltendmachung des Ehebruchs als Scheidungsgrund verstrichen ist." Urteil des OLG. Hamburg vom 14. Dezember 1901 in HansGZ. 1902 Beil. S. 63; *Görgel 1902 S. 179 unter 7, RG. 10. Januar 1922 Recht 1922 Nr. 980.

13a. Nach dem Urteile des RG. IV. ZS. vom 11. März 1907 $^{3}_{0}{}^{5}_{7}{}^{3}$ in Görgel 1907 S. 456 unter 59 „ist die Ehefrau zur Verweigerung der ehelichen Pflicht berechtigt, wenn der Ehemann Handlungen vornimmt oder Zumutungen stellt, die nach richterlichem Ermessen geeignet sind, das Sittlichkeits- und Anstandsgefühl oder die weibliche Ehre einer ehrbaren Frau zu verletzen".

b. „Die Zumutung perversen Geschlechtsverkehrs durch den einen Ehegatten an den anderen, der seine Abneigung dagegen zu erkennen gibt, enthält eine Verletzung der von den Ehegatten einander geschuldeten Rücksichtsnahme und Achtung. Nicht jede perverse Veranlagung stellt einen die freie Willensbestimmung ausschließenden krankhaften Zustand dar. Auch wer pervers veranlagt ist, kann imstande sein, die Lust zu perverser Betätigung durch eine pflichtgemäße Willensanspannung zu unterdrücken, und jeder Ehegatte ist gegenüber dem anderen, solcher Betätigung abgeneigten Ehegatten zu der ihm möglichen Selbstbeherrschung verpflichtet" RGE. 11. Oktober 1923 4. ZS., Warn. Rspr. 23/24 Nr. 129, 154, Recht 1924 Nr. 398.

14. „Der auf Verweigerung der ehelichen Pflicht gestützten Scheidungsklage gegenüber berief die Beklagte sich darauf, daß ihr Ehemann, der Kläger, nach einem von autoritativer Seite abgegebenen Gutachten — wahrscheinlich unheilbar — geisteskrank sei. Sie habe sich angesichts dieses Gutachtens für berechtigt halten dürfen, die eheliche Pflicht zu weigern, weshalb von schwerer Verletzung der durch die Ehe begründeten Pflichten im Sinne des § 1568 BGB. nicht die Rede sein könne. In dem Urteile der zweiten Instanz wurde dieser Weigerungsgrund für gerechtfertigt erklärt: Die Beklagte handele unter dem Drucke der Besorgnis, daß die Integrität der etwaigen Deszendenz gefährdet werde, nicht aber in schwerer Verletzung der durch die Ehe begründeten Pflicht zur Hingabe an ihren Ehemann." Urteil des OLG. Braunschweig, II. Sen. vom 16. Oktober 02 in BrschwZfR. Jahrg. 50 S. 27; *Warn. 3 S. 135 unter 11; *Staudinger IV 1 S. 670 unter c α Abs. 4.

15. Nach der eigenen Angabe des Klägers fällt die Beischlafsverweigerung seitens der Beklagten in die der Trennung der Parteien voraufgegangenen Monate, d. i. in den Sommer und Herbst 1906. Die Beweisaufnahme hat dargetan, daß in dieser Zeit die Beklagte nicht nur so schwere Not gelitten hat, daß sie von Mitbewohnern des Hauses unterstützt werden mußte, sondern in der Tat krank war. Es kann keinem Zweifel unterliegen, daß Krankheit und körperliche Erschöpfung die Verweigerung der Beiwohnung rechtfertigen, sowohl wegen begründeter Rücksicht auf den eigenen Gesundheitszustand der Beklagten, wie wegen begründeter Besorgnis für die Gesundheit des möglicherweise zu konzipierenden Kindes." Urteil des OLG. Braunschweig I Sen. vom 5. Februar 1909 in DJZ. Bd. 8 S. 552.

16. „Hartnäckige Beischlafsverweigerung der Frau muß, um als Scheidungsgrund zu gelten, auf rücksichtslose Eigensucht, auf Böswilligkeit zurückzuführen sein. (RG. Warn. 1913 Nr. 59 und 60; Warn. 1915/16 Nr. 142.) Das ist nicht der Fall, wenn eine Senkung der Gebärmutter nach der Geburt eines Kindes die

Gestattung des Beischlafs der Frau nicht erlaubte." (RG. LZ. 1920, S. 238[7]; vgl. RG. Warn. 1915 Nr. 289.

17. Mit dem Wesen der Ehe ist nicht unverträglich, wenn eine unterleibsleidende Frau sich der Beischlafsvollziehung, die ihr Schmerzen bereitet, zu entziehen sucht (RG. Recht 1922 Nr. 980).

18. „Ein sicherer Schluß, daß der leidende Zustand der Klägerin auf geschlechtlichen Mißbrauch durch den Beklagten zurückzuführen sei, lasse sich nicht gewinnen. In den bloßen Beischlafsübungen, ohne daß eine Schädigung der Gesundheit der Klägerin eingetreten sei, könne eine schwere Verletzung der ehelichen Pflichten im Sinne des § 1568 BGB. nicht gefunden werden. Eine zur Aufhebung des angefochtenen Urteils führende Rechtsnormverletzung ist in diesen Ausführungen nicht zu finden." RGE. IV. ZS. vom 13. Januar 1902 in JW. 1902 S. 205.

19. Standen die Eheleute bei der Eheschließung bereits in hohem Alter (Mann 60, Frau 59 Jahre alt) so kann daraus, daß der Mann während der kurzen Dauer des Zusammenlebens (2 Monate) der Frau den Geschlechtsverkehr nicht angeboten hat, noch nicht auf hartnäckige Verweigerung der ehelichen Pflicht geschlossen werden. RG. Recht 1920 Nr. 3393.

§ 36.

Geschlechtsleiden.

1. „Das bei Bestimmung der Scheidungsgründe — abgesehen von dem Falle der Geisteskrankheit § 1569 BGB. — auf dem Verschuldungsprinzipe beruhende BGB. kennt das Unvermögen des einen oder anderen Ehegatten zur Leistung der ehelichen Pflicht für sich und als solches nicht, nur ist nicht ausgeschlossen, daß ein Ehegatte geeigneten Falls auf Grund des § 1568 BGB. die Scheidung zu verlangen berechtigt sein kann, wenn der andere Ehegatte dieses sein Unvermögen schuldvollerweise durch unsittliches Verhalten verursacht hat. Vgl. Motive zu dem Entwurfe des BGB. 1. Lesung Bd. 4 S. 567 ff. unter 3. Das Berufungsgericht, welches übrigens das geschlechtliche Unvermögen des Beklagten keineswegs für dargetan erachtet, vermißt jedenfalls eine demselben dabei zur Last fallende Verschuldung und hat daher mit Recht das Vorliegen eines daraus herzuleitenden Scheidungsgrundes verneint, wie denn auch nach dieser Richtung ein Revisionsangriff seitens der Klägerin nicht erhoben ist." Urteil des RG. IV. ZS. vom 13. Dezember

1900 262/00 in JW. 1901 S. 54; *WarnJ. 1 S. 172 unter 9; *DJZ. 1905 S. 49 unter 14; RGRKom. III S. 265 unter 3; *Staudinger IV 1 S. 670 unter c ε.

2. Nach dem Urteile des OLG. Zweibrücken vom 8. November 1905 in „Recht" 1906 S. 938 Nr. 2242 und in *BayZ. 1906 S. 190 „berechtigt ein dauerndes, auf Impotenz beruhendes Beischlafsunvermögen zur Anfechtung der Ehe gemäß § 1333 BGB., nicht aber zur Scheidung, *wenn es an einem subjektiven Verschulden des betreffenden Ehegatten fehlt.*"

3. „Die Ehefrau kann aus § 1568 BGB. auf Scheidung klagen, wenn ihr Ehemann sie während der Ehe *syphilitisch infiziert hat* (Urteil des RG. vom 21. Dezember 1905 in Sörgel 1906 S. 353 unter 7; *Deutsche Rechtsanwaltszeitung Bd. 3 S. 3; *WarnJ. 1 Nr. 10, Bd. 4 S. 151 unter 10c), wenn auch der ansteckende Ehemann immun, d. h. an ihm keine Spur der Krankheit zu entdecken war." Urteil des RG. IV. ZS. vom 30. April 1903. „Die Tatsache, daß der Ehemann mit einer Geschlechtskrankheit behaftet ist, bildet *für sich allein keinen* Scheidungsgrund", kann aber die Verweigerung der Geschlechtsgemeinschaft, nötigenfalls die Aufhebung der häuslichen Gemeinschaft und die Anfechtung der Ehe rechtfertigen. RGE. IV. ZS. vom 16. November 1905 in RGRKom. III S. 270.

4. „Auch wenn man eine *vorsätzliche Körperverletzung* durch *Tripperansteckung nicht* für dargetan hält, so ist doch in der *Nichtaufklärung* der Ehefrau durch den Ehemann *über sein Geschlechtsleiden* und über die ihr daraus unmittelbar drohende Gefahr und *in der Ausübung des Beischlafs* mit ihr trotz Vorhersehbarkeit der wahrscheinlichen Folge der Gesundheitsschädigung, die er mittels Unterlassung des Geschlechtsverkehrs bis zu der von ihm zu erstrebenden Heilung zu vermeiden vermocht hätte, eine grobe Fahrlässigkeit zu erblicken, die sich als ein *unsittliches*, die durch die Ehe begründeten Pflichten schwer verletzendes Verhalten darstellt." Urteil des OLG. Dresden vom 4. Mai 1906 in Sörgel 1907 S. 450 unter 30; *DJZ. 1907 S. 106 unter 18; *Staudinger IV 1 S. 675 unter 6 Abs. 2; vgl. RGE. vom 29. November 1906 in JW. 1907 S. 48 ff.

5. „Daß *ein sträflicher Leichtsinn* sich als eine schwere Verletzung der durch die Ehe begründeten Pflichten kennzeichne, läßt sich in dieser Allgemeinheit nicht rechtfertigen. Dagegen ist diese Feststellung begründet, wenn ein Ehemann, nachdem er infolge — in-

zwischen verziehenen — ehebrecherischen Verkehrs drei Monate *an einer schweren ansteckenden Geschlechtskrankheit* gelitten hat, den Geschlechtsverkehr mit seiner Ehefrau wieder aufnimmt, ohne sich vorher *durch ärztlichen Ausspruch* seiner vollständigen Genesung vergewissert zu haben." Urteil des RG. IV. ZS. vom 21. März 1907 $\frac{577}{06}$ in „Recht" 1907 S. 1070 Nr. 2567; *DJZ. Jahrg. 8 S. 257 unter B.

6. „Der Umstand, daß ein Arzt dem geschlechtskranken Manne gestattet hat, zu heiraten, schließt seine Leichtfertigkeit bei Aufnahme des ehelichen Geschlechtsverkehrs nicht aus, wenn der Arzt den Mann in jedem einzelnen Falle, wo er ihn um Rat fragte, darauf hingewiesen hat, daß die Geschlechtskrankheit ansteckend sei." Urteil des RG. IV. ZS. vom 18. Juni 1908 in WarnJahrg. 7 S. 240 unter 20 und *WarnR. 1908 Nr. 647; *DJZ. 1909 S. 293 unter a.

§ 37.

Unschickliches, gesellschaftlich anstößiges Verhalten.

1. „Von einer Verletzung der durch die Ehe begründeten Pflichten kann erst dann gesprochen werden, wenn der eine Eheteil zu erkennen gibt, *daß er an dem Verhalten des anderen Eheteils Anstoß nimmt*, und wenn er *vergeblich versucht hat, denselben von seinem Verhalten abzubringen*." Urteil des RG. IV. ZS. vom 11. Februar 1907 $\frac{316}{06}$ in Sörgel 1907 S. 445 unter 4.

2. „Fortsetzung heimlichen Verkehrs der Ehefrau mit einem Manne, nachdem der Ehemann früheren ehewidrigen Verkehr mit demselben verziehen hatte, kann das Scheidungsverlangen rechtfertigen, auch wenn bei den weiteren Zusammenkünften sich nichts Ehewidriges ereignet hat. Der Umstand, daß die Ehefrau den *heimlichen Verkehr* mit dem *Dritten* nicht vermieden hat, kann sehr wohl für sich ausreichen, um bei dem Ehemanne nicht ohne Grund den Verdacht zu erregen, daß sie sich mit dem Dritten in Ehewidrigkeiten einlassen könne. Dies zu vermeiden, war aber nach der gewährten Verzeihung der früheren Vorkommnisse ihre durch das eheliche Verhältnis gebotene Pflicht". RG. 23. Mai 1922 in Recht 23 Nr. 658; früher vgl. JW. 02 Beil. 2 S. 207; auch Recht 20 Nr. 2873.

3. „Die Scheidungsklage ist auf § 1568 BGB. gestützt und mit der Behauptung begründet, daß die Beklagte ein Liebesverhältnis

mit dem Rentner K. unterhalte und den Kläger beschimpft und mißhandelt habe. Der Berufungsrichter nimmt auf Grund des eidlichen Zeugnisses des 74 Jahre alten K. als erwiesen an, daß dieser die Beklagte mit Geld unterstützt, sie mit dem Vornamen und mit „Du" angeredet habe, von ihr ebenso angeredet worden sei, mit ihr Arm in Arm ausgegangen sei, einen vertraulichen Briefwechsel mit ihr geführt, und daß beide sich auch gelegentlich geküßt haben.

Der Berufungrichter erblickt hierin zwar einen unpassenden und für eine verheiratete Frau ungehörigen Verkehr, glaubt ihm aber unter den obwaltenden Umständen, da Kläger die von ihm getrennt lebende Beklagte nur mit unzureichendem Haushaltungsgelde versah, und es daher zu entschuldigen sei, daß sie mit dem alten Manne, der ihr Wohltaten zuteil werden ließ, in näheren freundschaftlichen Verkehr getreten sei, die Bedeutung einer schweren Pflichtverletzung oder eines unsittlichen Verhaltens im Sinne des § 1568 BGB. absprechen zu müssen.

Ein Verkehr, wie ihn der Berufungsrichter als zwischen der Beklagten und dem Zeugen K. vorgefallen feststellt, kann sehr wohl gegen die der gesellschaftlichen Sitte entsprechenden Formen des Umgangs verstoßen und darum gesellschaftlich anstößig oder, wie es der Berufungsrichter bezeichnet, unpassend sein. Er braucht deshalb aber nicht unter allen Umständen sich auch mit den Geboten der Moral in Widerspruch zu setzen. Daß er diese Grenze nicht überschritten hat, nimmt der Berufungsrichter auf Grund einer Würdigung der Sachlage nach der Besonderheit der obwaltenden Umstände als erwiesen an, und es liegt nicht im Bereich der dem RG. obliegenden Nachprüfung, zu untersuchen, ob dies richtig ist oder nicht. Allerdings kann auch ein bloß unpassendes, gesellschaftlich anstößiges Verhalten den besonderen, durch die Ehe begründeten Pflichten zuwiderlaufen, und eine derartige Pflichtwidrigkeit scheint auch im vorliegenden Falle der Berufungsrichter angenommen zu haben. Wenn er aber für jeden Fall annimmt, daß die etwa der Beklagten zur Last fallende Verletzung der durch die Ehe begründeten Pflichten nicht so schwer wiegt, wie es die Anwendung des § 1568 BGB. erfordert, kann auch hierin ein im Gebiet der Rechtsfrage liegender, der reichsgerechtlichen Nachprüfung zu unterwerfender Ausspruch nicht gefunden werden." Urteil des RG. IV. ZS. vom 15. Januar 1903 $\frac{205}{02}$ in JW. 1903 Beilage 4 S. 36 Nr. 76; RGRKom. III S. 265 unter 3; *Staudinger IV 1 S. 670 unter c ζ Abs. 1.

4. „Im Sommer 1903 hat die damals 32 jährige Klägerin mehrere Wochen hindurch den 42 jährigen H. auf der Reise durch das Riesengebirge begleitet, beide ließen sich wiederholt zwei nebeneinander liegende, durch eine Tür verbundene Zimmer anweisen. *H. gab dem Hotelpersonal gegenüber die Klägerin mit deren Wissen als seine Ehefrau* oder seine Schwester *aus*. Wenn das Berufungsgericht in diesem Verhalten der Klägerin, insbesondere in der Duldung, daß sie als Ehefrau des H. ausgegeben wurde, eine schwere Verletzung der durch die Ehe begründeten Pflichten erblickt, so ist darin ein Verstoß gegen die Vorschrift des § 1568 BGB. nicht enthalten." Urteil des RG. IV. ZS. vom 4. Mai 1905 $\frac{627}{04}$ in JW. 1905 S. 395 Nr. 15; *„Recht" 1905 S. 647 Nr. 2682; *Staudinger IV 1 S. 670 unter c ζ Abs. 1.

5. „Das Berufungsgericht legt der Klägerin zur Last, daß sie 1899 den Sch. hinter dem Rücken ihres Ehemannes und obwohl sie wußte, daß dieser auf jenen eifersüchtig sei, zu sich in die Sommerfrische nach M. kommen ließ, dort in sehr zwangloser Weise und so, daß es auffiel, mit ihm Ausflüge machte, namentlich einmal mit zwei jungen Leuten, dem Sch. und dem S., bei einem Ausfluge auf den Wendelstein in demselben Zimmer übernachtete.

Die Frage, ob eine Verfehlung im Sinne des § 1568 BGB. anzunehmen sei, ist im wesentlichen der Beurteilung des Tatrichters überlassen. Gewiß war das Verhalten der Klägerin ungehörig und derart, daß auch dritte Personen Anstoß daran nahmen. Allein *bei Berücksichtigung von Zeit, Ort und Sitte* konnte doch namentlich hinsichtlich des offenbar bedenklichen Falls, des Übernachtens auf dem Wendelstein, in Frage kommen, ob nach der Schilderung des Zeugen S. mehr vorgefallen ist, als eine Verletzung des Anstandes. Vor allen Dingen läßt sich aus den bisherigen Feststellungen *nicht* entnehmen, daß *der Klägerin eine bösliche Handlungsweise* zur Last fällt. Das Berufungsgericht sagt, daß bei dem Nächtigen mit den jungen Leuten irgendwelche geschlechtliche Beziehungen nicht gegeben waren und gibt für das Verhalten der Klägerin eine Erklärung, die wie eine Entschuldigung lautet. *Daß sie das Bewußtsein gehabt habe*, durch die ihr jetzt zum Vorwurf gemachten Handlungen gegen ihre durch die Ehe begründeten Pflichten zu verstoßen, ist dagegen, abgesehen von der Einladung des Sch. in die Sommerfrische, *nicht festgestellt* oder auch nur erörtert; ohne solche Feststellung durfte aber ein Verschulden, durch das sie die Scheidung verwirkt hätte, nicht angenommen werden.

Urteil des RG. IV. ZS. vom 20. Oktober 1904 $\frac{124}{04}$ in JW. 1905 S. 23 unter 24; *WarnJ. Jahrgang 4 S. 150 unter 9a; *Staudinger IV 1 S. 670 unter c ζ Abs. 2.

6. „Vom Manne, der sich des Ehebruchs schuldig gemacht hat, kann verlangt werden, daß er die Ehe fortsetze, wenn die Frau nur unbedacht, aber nicht in unlauterer Absicht, im Verkehr mit ihren Pensionären sich Vertraulichkeiten hat zuschulden kommen lassen." Urteil des RG. IV. ZS. vom 10. Oktober 1910 $\frac{591}{09}$ in „Recht" 1910 Nr. 4099.

7. „Es steht fest, daß die Klägerin durch die Art und Weise, wie sie mit Fräulein K. verkehrte, bei ihrer Umgebung und insbesondere bei dem Beklagten, als ihrem Ehemanne, Anstoß erregt, ja daß dadurch *der Verdacht entstand, sie triebe mit der Genannten widernatürliche Unzucht*. Zur Aufrechterhaltung der sittlichen Grundlagen seiner Ehe mußte dem Beklagten darum zu tun sein, dieses Verdachtsmoment zu beseitigen. Auch wenn der Verdacht objektiv unbegründet war, so hatte er doch festgestelltermaßen eine Entfremdung der Ehegatten zur Folge, für welche die Klägerin nach der erwiesenen Sachlage *moralisch verantwortlich* zu machen ist, und auf deren Beseitigung sie durch Abbruch des Umgangs mit der K. hinwirken mußte.

Die hierbei getroffnenen Urteilsfeststellungen stehen auch nicht in Widerspruch mit der in den Entscheidungsgründen zur Klage erklärten Annahme, daß der Beklagte seinerseits eine schwere Eheverfehlung dadurch begangen habe, daß er die Klägerin dritten Personen gegenüber des Umgangs mit Frl. K. beschuldigte, und daß für die Richtigkeit dieser Beschuldigung nach der Urteilsbegründung auch nicht der Schatten eines Beweises vorliegt. Die bedenklichen Folgen des fraglichen Verkehr für das eheliche Verhältnis der Parteien wurden durch die Grundlosigkeit eines so weitgehenden Verdachts nicht aufgehoben und ebensowenig die Pflicht der Klägerin, das in ihrem Umgange mit Frl. K. hervorgetretene ehezerrüttende Moment auf Wunsch des Beklagten hinwegzuräumen." Das Reichsgericht hat die Revision der Klägerin zurückgewiesen durch RGE. II. ZS. vom 15. Oktober 1903 $\frac{140}{03}$ abgedruckt in JW. 1903 Beil. 14 S. 127 unter 285; *Staudinger IV 1 S. 670 unter c β Abs. 1.

8. „Der Kläger hat geltend gemacht, das Berufungsgericht habe bei seiner Würdigung der der Beklagten zur Last gelegten Verfehlungen — Verschwendung — seine, des Klägers, besondere Standespflicht und seine Standesehre als Offizier, die auch der Beklagten besondere Pflichten auferlegt hätte, nicht berücksichtigt. Diese Beschwerde erscheint unbegründet.

Zwar hatte die Beklagte auf Grund des ehelichen Verhältnisses die Verpflichtung, ihr Verhalten, namentlich soweit dasselbe in weiteren Kreisen bekannt werden konnte, so einzurichten, daß hierdurch nicht die Stellung und das Ansehen des Klägers als eines höheren Offiziers beeinträchtigt werde. Doch ergibt sich hieraus nicht die Notwendigkeit, daß jede der der Beklagten zur Last gelegten Verfehlungen, auch insoweit darin zugleich ein Verstoß gegen die hervorgehobene besondere Verpflichtung der Beklagten lag, ohne weiteres als schwere Verletzung der durch die Ehe begründeten Pflichten im Sinne des § 1568 BGB. zu erachten sei. Vielmehr ist die Frage, ob dieses der Fall ist, eine im wesentlichen tatsächliche, und kann hierbei außer den Standesverhältnissen der Ehegatten auch das subjektive Verschulden des einen oder anderen in bezug auf eine solche Verfehlung in Betracht kommen. Urteil des RG. II. ZS. vom 4. November 1904 104/04 in JW. 1905 S. 24 unter 25; *Sörgel 1905 S. 277 unter b; *DJZ. 1906 S. 45.

Umgekehrt ist „der Geiz eines Ehemannes, wenn er sich in einer wesentlichen Beeinträchtigung der Lebenshaltung äußert, auf welche die Ehefrau nach ihrer durch die Ehe begründeten gesellschaftlichen Stellung einen berechtigten Anspruch hat, mit den sittlichen Grundlagen, auf welche die eheliche Gemeinschaft aufgebaut sein soll, nicht vereinbar. Eine solche Verletzung der durch die Ehe begründeten Pflichten kann sowohl einen Scheidungsgrund abgeben, als auch geeignet sein, einem dadurch hervorgerufenen ehewidrigen Verhalten der Frau die Bedeutung eines Scheidungsgrundes aus § 1568 zu nehmen." (RG. 11. März 1918, IV 397/17.) Ein Rentner mit 26 000 Mark Jahreseinkommen stellte seiner Frau nur das geringe Haushaltungsgeld von monatlich 150 oder 200 Mark zur Verfügung. RGRKom. Bd. III Anm. 3 zu § 1568).

9. „Die Beklagte unterhielt einen Verkehr, den der Kläger als unpassend, auffällig und ungehörig bezeichnet.

Ohne weiteres kann zugegeben werden, daß eine verheiratete Frau dem Manne, gleichviel welchem Stande er angehört, die

Rücksicht schuldig ist, sich auch nur dem Verdacht eines unsittlichen Verhältnisses zu einem anderen Manne nicht auszusetzen, und daß ein Außerachtlassen dieser Rücksicht eine Eheverfehlung darstellt. Es lassen sich auch Fälle denken, in denen ein solches Verhalten, wie es der Beklagten vorgeworfen wird, als eine schwere Eheverfehlung selbst unter der Voraussetzung beurteilt werden darf, daß es objektiv zu keinerlei Ausschreitungen in sittlicher und insbesondere in geschlechtlicher Beziehung gekommen ist. Dies trifft dann zu, wenn die Frau in der Art, wie sie den Verdacht hervorruft und ihren guten Ruf aufs Spiel setzt, es so weit treibt, daß auch bei einem von wahrer ehelicher Gesinnung erfüllten Ehemann dadurch eine völlige Entfremdung hervorgerufen werden kann.

Was das gemeinsame Übernächtigen anlangt, so hat die Beklagte selbst eingesehen und ausdrücklich eingeräumt, daß es richtiger gewesen wäre, wenn V. und sie selbst in getrennten Zimmern geschlafen hätten. Allein, wenn daran festgehalten wird, daß geschlechtliche und sittenwidrige Ausschreitungen der Beklagten nicht nachgewiesen sind, so handelt es sich um einen vereinzelten Fall, in dem der Ehefrau nicht mehr als ein unüberlegtes und unpassendes Verhalten vorgeworfen werden kann. Dabei könnte erschwerend ins Gewicht fallen, wenn auch immerhin nicht schlechthin die Annahme einer schweren Eheverfehlung rechtfertigen, daß die Beklagte damit gleichzeitig die sich aus der Beamtenstellung des Ehemannes ergebenden besonderen Standesrücksichten außer acht gelassen haben soll. Allein in dieser Beziehung hat der Berufungsrichter die Behauptung der Beklagten außer acht gelassen, daß der Kläger ihren Verkehr mit V. seit Jahren gekannt hat. Hatte der Kläger selbst das eheliche Zusammenleben mit der Beklagten seit vielen Jahren aufgegeben und legte er trotzdem darauf Wert, daß die Beklagte durch die Art und Weise ihres Verkehrs mit anderen Männern in besonderer Weise den Anforderungen seiner Beamtenstellung Rechnung trug, so war es seine Sache, sie darauf hinzuweisen, sobald er wahrnahm, daß sie die durch diese Anforderungen gezogenen Grenzen überschritt. Hat er dies fortdauernd unterlassen, so kann er aus einem vereinzelten Fall, in dem die Rücksichten der Schicklichkeit in erheblicherem Maße verletzt wurden, nicht ohne weiteres einem Anlaß entnehmen, der Beklagten eine schwere Verletzung der durch die Ehe begründeten Pflichten vorzuwerfen. RG. 8. Mai 1913 Warn. 1913 Nr. 368.

10. „Eine Frau, die einen früheren Offizier und Mitglied einer angesehenen adligen Familie heiratet, muß sich dem Tone und der Lebensart des Kreises, dem der Mann angehört, fügen und darf nicht durch große Mißachtung dieser Rücksichten ihren Ehemann empfindlich verletzen.“ Urteil des RG. IV. ZS. vom 17. Januar 1907 $\frac{308}{06}$ in Sörgel 1907 S. 445 unter 5.

11. „Das Verhalten eines Ehemanns ist objektiv geeignet, ehezerrüttend zu wirken, wenn er sich eines Abends allein mit einem Mädchen stundenlang in einer Wirtschaft und dann während der halben Nacht in der einsamen Wohnung ihrer Dienstherrschaft aufhält, sie in der Wirtschaft und auf dem Heimwege umarmt und küßt und später im Einverständnis mit ihr den nächtlichen Besuch gegenüber ihrer Herrschaft leugnet. Dies gilt auch dann, wenn das Mädchen, dem sonst nichts Schlechtes nachzusagen ist, mit dem Manne schon jahrelang befreundet war.“ Urteil des RG. IV. ZS. vom 14. Januar 1909 in WarnR. 1909 Nr. 220 unter 5.

12. „Der gelegentliche Verkehr eines höheren Beamten in öffentlichen Tanzlokalen und der damit verbundene gelegentliche, als unzüchtig nicht erwiesene Umgang mit Frauenspersonen, wie sie in solchen Lokalen zu verkehren pflegen, insbesondere eine mit einer Frauensperson dieser Art gemeinsam unternommene Droschkenfahrt ist zwar als Verletzung der durch die Ehe begründeten Pflichten, aber doch nicht als eine so schwere angesehen worden, daß schon deswegen dem anderen Ehegatten die Fortsetzung der Ehe nicht zugemutet werden könnte.“ Urteil des RG. IV. ZS. vom 17. Oktober 1907 $\frac{80}{07}$ in Sörgel 1907 S. 453 unter 46.

13. „Die Klägerin, die Ehefrau eines Arbeiters und Schlafstellenvermieterin im Alter von 53 Jahren, die in der Ehe 13 Kinder gebar, hat öfter zur Nachtzeit im bloßen Hemde dem bei ihr wohnenden Schlafburschen die Vorsaaltür aufgeschlossen. Hierin liegt zwar eine die Grenze der Schicklichkeit überschreitende Unachtsamkeit, aber in Anbetracht der Lebensverhältnisse der Klägerin kein ehewidriges Verhalten.“ Urteil des RG. IV. ZS. vom 29. Oktober 1908 $\frac{53}{08}$ in „Recht“ 1908 S. 702 Nr. 3809.

14. „Lebt der Ehemann unter den Augen seines zehnjährigen Sohnes mit einer ledigen Frauensperson im Konkubinat, so geben ihm die Verfehlungen seiner Ehefrau, die ihm fast täglich vor dem Bureau aufgelauert, ihn beschimpft und dadurch um seine Stelle gebracht, ihn

auch einmal hinterrücks auf den Kopf geschlagen hat, *keinen Ehescheidungsgrund*.

Läßt sich auch nicht allgemein sagen, daß der Ehegatte, der in schwerer Weise gegen den anderen Ehegatten sich vergeht, hierdurch für dessen gegen ihn sich richtende Verfehlungen weniger empfindlich werde, so durfte doch der Berufungsrichter unter den Umständen des vorliegenden Falles, wo der Beklagte durch seine Handlungsweise einen gänzlichen Mangel an sittlichem und ehelichem Empfinden bekundet hat, ohne Rechtsirrtum annehmen, daß die mit seinem Verhalten im Zusammenhange stehenden Verfehlungen der Klägerin *nicht ehezerrüttend* auf ihn gewirkt haben." Urteil des RG. IV. ZS. vom 29. Oktober 1908 $\frac{33}{08}$ in „Recht" 1908 S. 702. Nr. 3809.

15. „Einer Frau, die trotz ihr gewordener Verzeihung ein ehebrecherisches Verhältnis fortsetzt, muß zugemutet werden, die Ehe mit ihrem Manne fortzusetzen, auch wenn dieser in der Zeit der Trennung der Parteien einen vorübergehenden Verkehr mit einem Mädchen angeknüpft und sich mit ihm geduzt und geküßt hat." Urteil des Kammergerichts vom 27. Juni 1921 in Kammergerichtsbl. 1921 S. 97.

16. „Knüpft der Ehemann nach Erlaß des die Ehe wegen böslicher Verlassung der Frau scheidenden erstinstanzlichen Urteils ein Liebesverhältnis mit einer Frauensperson an, so braucht darin *keine schwere* Eheverfehlung erblickt zu werden, namentlich wenn die Frau bemüht war, baldigst von dem Manne loszukommen." Urteil des RG. IV. ZS. vom 14. Dezember 1908 in Sörgel 1909 S. 419 unter 28.

17. „Ist Ehescheidung *wegen Ehebruchs* des anderen Teils begehrt, so kann bei *nicht* erwiesenem Ehebruch die Scheidung *nicht* aus § 1568 BGB. ausgesprochen werden, wenn der klagende Teil nicht das Scheidungsbegehren auch mit der *vorsorglichen* Behauptung begründet hat, daß der behauptete *anstößige Verkehr* des anderen Teils als eine schwere Verletzung der durch die Ehe begründeten Pflichten jedenfalls unter § 1568 BGB. falle.

Die Behauptung des Ehebruchs schließt keineswegs eine dem § 1568 BGB. entsprechende Klagebegründung als das Mindere in sich." Urteil des RG. IV. ZS. vom 15. Juni 1908 $\frac{554}{07}$ in „Recht" 1908 S. 540 Nr. 3037; vgl. Urteil des RG. IV. ZS. vom 6. Mai 1909 $\frac{561}{08}$.

18. Der bloße, durch keine tatsächlichen Anhaltspunkte unterstützte *Verdacht des Ehebruchs* kann zur Scheidung weder aus § 1565 noch aus § 1568 führen. Es liegt dann weder Ehebruch noch ein unsittliches Verhalten vor. Hier steht die Sache aber nicht so harmlos.

Zwar ist ein ehebrecherischer Verkehr der Klägerin nicht erwiesen, aber sie ist in der Zeit vor und nach der Trennung wiederholt *in auffallend feiner Kleidung ausgegangen*, zuweilen *über Nacht weggeblieben* und erst morgens nach Hause zurückgekehrt. Sie hat sich auf Vorhalt damit entschuldigt, daß sie solange in größerer Gesellschaft gekneipt habe, aber auch durch Äußerungen, daß sie *ohne Mann nicht leben könne, ihr Ehemann könne sie nicht befriedigen*, sie müsse sich deshalb etwas anderes aussuchen, sie habe südländisches Blut, zu verstehen gegeben, sie habe es auf den Umgang mit anderen Männern abgesehen. Das Kammergericht nimmt sogar an, das Verhalten der Klägerin sei geeignet den Verdacht zu begründen, sie treibe gewerbsmäßige Unzucht. Ein solches Benehmen der Klägerin war nicht nur geeignet den Ehebruchsverdacht zu erwecken, sondern es war auch tatsächlich ehewidrig. Die Klägerin hat auch nicht etwa nur unvorsichtig gehandelt, sondern sie war sich über die Ehewidrigkeit ihres Verhaltens auch im Klaren. — RG. VI, 13. 3. 1913; 581/12 in Recht 1913 Nr. 1609.

§ 38.

Mißbräuchliche Ausübung des dem Ehemanne nach § 1354 Abs. 1 Satz 2 BGB. zustehenden Rechts.

Nach dem Urteile des RG. IV. ZS. vom 23. April 1908 437/07 in Sörgel 1908 S. 389 unter 53 — ohne Mitteilungen von Entscheidungsgründen in Bezug genommen — „kann der Ehemann bei Ausübung seines Rechts, den Wohnsitz und die Wohnung der Ehegatten zu bestimmen, die durch die Ehe begründeten Pflichten verletzen."

§ 39.

Nichtgewährung des Unterhalts seitens des Ehemanns.

1. In dem Urteile des OLG. Dresden V. ZS. vom 15. Juni 1901 in Mugdan und Falkmann Bd. 4 S. 91 Nr. 3 heißt es: „Die Beklagte bringt noch vor, der Kläger habe ihr *nicht hinreichenden, Unterhalt* gewährt. Hierin würde ein Scheidungsgrund nur dann zu finden sein, wenn dem Kläger die Nichtgewährung *als Verschulden* angerechnet werden könnte. Allein der Unterhalt ist zunächst in Natur zu gewähren. Die Beklagte, die an ihrem derzeitigen Aufenthaltsort einigen Verdienst hat, weigert sich jedoch auch jetzt noch,

sich an den gegenwärtigen Aufenthaltsort des Klägers zu begeben, obwohl wenigstens zurzeit noch nicht feststeht, daß sie berechtigt sei, die Herstellung des ehelichen Lebens zu verweigern, z. B. ihr ein Scheidungsgrund zur Seite stehe."

2. „Die jahrelange Nichtgewährung des Unterhalts ist auch dann eine schwere Eheverfehlung, wenn sie *nicht auf Vorsatz, sondern auf Mangel an gutem Willen oder tatkräftigem Vorgehen beruht.*

Der Beklagte hat nichts gezahlt, obgleich er nach seinen persönlichen Fähigkeiten und den damaligen Zeitverhältnissen sehr wohl in der Lage gewesen wäre, sich eine neue Erwerbsstellung zu verschaffen, nachdem er die früher eingenommene Stellung verloren und den Offenbarungseid geleistet hatte. Um seiner Unterhaltspflicht gegenüber seiner Familie nachzukommen, hatte er die Pflicht, seine Kräfte aufs äußerste anzuspannen. Er hätte jedenfalls mit einer geringen Stelle anfangen, und sich emporarbeiten müssen." Urteil des RG. IV. ZS. vom 20. September 1909 $\frac{596}{08}$ in „Recht" 1909 Nr. 3089; *Sörgel 1909 S. 421 unter 39.

3. Nach dem Urteile des RG. IV. ZS. vom 3. Februar 1910 $\frac{175}{09}$ in „Recht" 1910 unter Nr. 1106 und *Sörgel 1910 S. 394 unter 38 „ist die Verletzung der Unterhaltspflicht seitens des Ehemannes nicht ohne weiteres auch eine *schwere* Verletzung der durch die Ehe begründeten Pflichten, wenn die Leistungsfähigkeit des Ehemannes *durch vor der Ehe eingegangene Schulden gemindert* ist, und wenn *zugleich der Klägerin der tatsächliche Unterhalt von ihren Eltern gewährt oder doch mitgewährt worden* ist. Unter diesen Umständen kann ihm schlechterdings nicht zum Verschulden angerechnet werden, daß er eine Ehewohnung nicht beschafft, ferner Bemühungen die Frau zur Rückkehr zu veranlassen, aufgegeben und schließlich auswärts Beschäftigung gesucht hat".

4. „Ein Scheidungsgrund aus § 1568 BGB. liegt *nicht* vor, wenn eine Ehefrau, welche berechtigt ist, die eheliche Lebensgemeinschaft zu verweigern und eine angemessene Unterhaltsrente von ihrem Ehemanne zu fordern, wegen dieser Forderung im Wege unerlaubter Selbsthilfe — *ohne diebische Absicht* — sich dadurch bezahlt macht, daß sie bei Verlassung des Ehemannes Geldbeträge mitnimmt." RG. IV. ZS. vom 4. März 1907 $\frac{441}{06}$ in Sörgel 1907 S. 449 unter 24. vgl. RG. IV. ZS. vom 22. Juni 1905 $\frac{73}{04}$ in JW. 1905 S. 496 unter 24 (mitgeteilt oben in § 6 unter 2).

§ 40.
Vorenthaltung der der Ehefrau im Haushalt der Ehegatten zukommenden Stellung seitens des Ehemannes.

Die Ehefrau hat Scheidung der Ehe unter anderen aus dem Grunde begehrt, weil ihr Ehemann ihr eine unwürdige Stellung in seinem Haushalt geschaffen habe; der Ehemann hat widerklagend Herstellung der häuslichen Gemeinschaft verlangt. Letzterer hat gegen das Berufungsurteil Revision verfolgt. In den Entscheidungsgründen des ergangenen reichsgerichtlichen Urteils sind hinsichtlich des vorbemerkten Scheidungsgrundes und der Verteidigung gegen die Widerklage folgende Ausführungen enthalten:

„Zur Scheidungsklage hat das Berufungsgericht erwogen, daß die Klägerin von dem Beklagten sich getrennt habe, nicht weil ihr das Zusammenleben mit ihm unerträglich gewesen sei, sondern weil sie sich mit dessen im Hause lebenden Tochter erster Ehe nicht habe vertragen können. Ferner ist auf Grund der Beweisaufnahme zur Scheidungsklage angenommen worden, daß der Beklagte bei Streitigkeiten zwischen der Klägerin und der Stieftochter sich auf die Seite der letzteren gestellt und diese mit Schimpfen und Drohen unterstützt zu haben scheine. Aus dem Tatbestande des Berufungsurteils und aus den Erwägungen zur Scheidungsklage ergibt sich weiter, daß die Klägerin Zeugenbeweis darüber angetreten hat, daß der Beklagte seiner Tochter erster Ehe eine Stellung im Hause und in der Wirtschaft eingeräumt habe, die mit der Stellung der Klägerin unvereinbar gewesen sei. Endlich ist nach dem angefochtenen Urteile von der Klägerin auch vorgebracht worden, daß der Beklagte im Laufe des Rechtsstreits sein landwirtschaftliches Anwesen seiner Tochter erster Ehe übertragen habe, und daß er bei dieser im Altenteil lebe.

Diese Umstände, auf welche die Berufungsbeklagte zur Begründung der Vorklage und zur Verteidigung gegen die Widerklage sich bezogen hat, hätten dem Berufungsgerichte ausreichenden Anhalt bieten müssen für die Annahme, daß das Verlangen des Beklagten auf Herstellung der häuslichen Gemeinschaft sich als Mißbrauch seines Rechts darstelle.

Wenn von der Klägerin die Erfüllung der Verpflichtungen einer Hausfrau verlangt wird, dürfen ihr im ehelichen Haushalte auch *die Rechte nicht vorenthalten werden, die ihr als Hausfrau zukommen*, und wenn der Beklagte sein Besitztum, auf welches die Klägerin durch ihre Verheiratung als Herrin kommen sollte, ohne Not — wie die Berufungsbeklagte behauptet hatte —, nur in der Absicht, sie zu schädigen, an seine Tochter abgegeben hat und bei dieser im Altenteil lebt, so hat er damit Verhältnisse geschaffen, unter denen die Klägerin nicht mit ihm zusammen zu leben braucht. Die Klägerin würde, wenn sie unter solchen Verhältnissen die häusliche Gemeinschaft mit dem Beklagten herstellen müßte, in eine ganz unwürdige Lage geraten, der sie sich nicht auszusetzen hat. Urteil des RG. IV. ZS. vom 28. Mai 1903 $\frac{4}{0}\frac{1}{3}$ in JW. 1903 Beil. S. 103 unter 232; *„Recht" 1903 S. 431 Nr. 2274.

§ 41.

Pflichtwidrigkeiten der Ehegatten hinsichtlich der Wirtschaftsführung und Unreinlichkeit.

1. „Unsauberkeit der Ehefrau rechtfertigt die Scheidung in der Regel noch nicht, sie könnte höchstens dann in Betracht kommen, wenn die Frau nicht gedankenlos, sondern mit der Vorstellung davon gehandelt hat, daß ihr Verhalten ehezerrüttend wirken könne." Urteil des OLG. Jena vom 8. März 1905 in Sörgel 1905 S. 278 unter e; *WarnJ. Bd. 4 S. 150 unter 10a; vgl. Urteil des OLG. Hamburg vom 20. Dezember 1907 in Mugdan und Falkmann Bd. 16 S. 220; *WarnJ. Bd. 7 S. 239 unter 10; *Staudinger IV 1 S. 671 unter c η, „wonach Unsauberkeit bei kurzer Dauer der Ehe — acht Monate — als Ehescheidungsgrund nicht gelten kann"; vgl. auch Recht 1921 Nr. 2188.

2. „Unsauberkeit und wirtschaftliche Nachlässigkeit eines Ehegatten kann als Ehescheidungsgrund nur dann in Frage kommen, wenn sie in besonders hohem Grade vorliegt und in besonders beharrlicher Weise trotz der Ermahnungen des anderen Teils betätigt worden ist." Urteil des RG. IV. ZS. vom 25. April 1910 $\frac{3}{0}\frac{6}{9}{}^{8}$ Warn. 1908 Nr. 525, 1911 Nr. 39; RG. JW. 1912 S. 352[18], auch RG. LZ. 1917 S. 1052; Recht 1923 Nr. 205.

Fehlt es an der Feststellung, daß der Mann jemals der Frau ihr Verhalten in bezug auf die Wirtschaftsführung verwiesen hat, so kann die Vernachlässigung der Haushaltspflichten nicht zur Scheidung führen RG. 17. Dezember 1914, IV 390/14; RG. 16. September 1915, IV 75/15.

3. Eine Frau, die es trotz nachdrücklicher und ernster Ermahnungen des Mannes unterläßt, ihren Körper, insbesondere ihre Geschlechtsteile

durch Baden und Waschen sauber zu halten, gibt dem Manne Grund zur Scheidung. RG. Recht 1920 Nr. 2872.

4. „Vernachlässigt die von ihrem Ehemanne nichtachtend behandelte Ehefrau ihre Pflichten als Hausfrau, so liegt darin keine schwere Eheverfehlung. Sie kann unter solchen Verhältnissen an der Erhaltung der Ordnung und Sauberkeit in der Wirtschaft begreiflicherweise kein großes Interesse mehr haben, ebenso darf auch der Ehemann in dieser Beziehung keine zu großen Anforderungen mehr stellen.“ Urteil des RG. IV. ZS. vom 28. Juni 1909 $\frac{585}{08}$ in „Recht“ 1909 Nr. 2427; Sörgel 1909 S. 149 unter 24, vgl. auch RG. JW. 1911 Nr. 35 S. 589; Recht 1922 Nr. 9811.

5. Ist die Frau infolge ihres schlechten Zustandes zur ordentlichen Führung eines Haushaltes unfähig, so kann die nicht ordentliche Führung des Haushalts nicht eine von ihr verschuldete schwere Eheverfehlung darstellen. RG. 10. Dezember 1921 in Recht 1922 Nr. 977.

6. Vgl. hierzu auch RG. Warn. 1920 Nr. 167, wo die von der Frau, verschuldete, zu einem dauernden Zustand gewordene große Unsauberkeit und Unordnung im Haushalt und Verwahrlosung der Kindererziehung als Scheidungsgrund anerkannt wurde, da die Frau trotz Abnahme eines Beines imstande war, ihre Pflichten zu erfüllen.

7. Wenn die Verfehlungen, Schuldenmachen der Frau nicht vor Augen des Ehemannes, sondern hinter dessen Rücken geschehen waren, so bedarf es zur Annahme einer schweren Eheverfehlung nicht der Feststellung, daß der Mann bemüht gewesen ist, durch Einwirkung auf die Frau Abhilfe zu schaffen (RG. 18. Dezember 1916, IV 207/16).

8. Schuldenmachen der Frau in Verbindung mit falschen Vorspiegelungen gegenüber dem Manne trotz dessen Verwarnung als Scheidungsgrund anerkannt in RG. Warn. 1921 Nr. 146.

9. Ist die mangelhafte Führung des Haushaltes nicht auf bloße Nachlässigkeit, sondern auf Böswilligkeit der Frau dem Mann gegenüber zurückzuführen, so bedarf es zur Annahme eines Verstoßes gegen § 1568 nicht der Feststellung, daß der Mann bemüht gewesen ist, durch Einwirkung auf die Frau Abhilfe zu schaffen. (RG. Warn. 1913 Nr. 203; RG. 18. Dezember 1916 IV 207/16).

10. Einer schweren Eheverfehlung macht sich unter Umständen die Frau eines Landwirts schuldig, wenn sie bei der Wirtschaftsführung in einer die Wirtschaft gefährdenden Weise die Anordnungen des Mannes durch Gegenanordnungen durchkreuzt, zumal vor dem Gesinde, und ihre Mitarbeit verweigert (RG. JW .1912, 1924).

11. Eine mit ihrem Mann in Errungenschaftsgemeinschaft lebende Frau, die trotz auskömmlicher Einnahme heimlich und hinter dem Rücken ihres Mannes in unehrenhafter Weise Schulden auf Schulden häuft und dadurch das Konkursverfahren über ihr Vermögen veranlaßt, gibt dem Manne einen Scheidungsgrund (RGWarn. 1914, Nr. 295).

12. Die Einleitung des Scheidungsverfahrens seitens der Frau überhebt sie grundsätzlich nicht ihrer Hausfrauenpflichten, solange sie mit dem Manne die häusliche Gemeinschaft teilt. (RG. 9. März 1911, IV 191/10.)

§ 42.

Verfehlungen eines Ehegatten gegenüber den gemeinschaftlichen Kindern.

1. „Lieblose Behandlung und unmäßige Züchtigung eines gemeinschaftlichen Kindes enthalten einen Scheidungsgrund nur dann, wenn darin auch grobe Verfehlungen gegen den anderen Ehegatten zu erblicken sind." Urteil des RG. IV. ZS. vom 11. Mai 1908 $\frac{566}{07}$ in Sörgel 1909 S. 416 unter 9; *„Recht" 1908 Nr. 3807; Warn. 1913, Nr. 204 und 326.

2. „Gröbliche Vernachlässigung der Erziehung der gemeinschaftlichen Kinder seitens eines Ehegatten ist als schwere Verletzung der durch die Ehe begründeten Pflichten anzusehen." Urteil des RG. IV. ZS. vom 21. März 1901 $\frac{8}{01}$ in JW. 1901 S. 297 (oben in § 12 Nr. 3 mitgeteilt); *WarnJ. Bd. 1901 S. 172 unter 7; *Sörgel 1900 und 1901 S. 173 unter g; *Staudinger IV 1 S. 670 unter c δ; *Gruch. Bd. 46 S. 133.

3. Die Pflicht, zur Erziehung der Töchter mitzuwirken, liegt der Frau nicht nur als Mutter, sondern auch als Gattin ob. (RG. JW. 1901, 296.)

4. Begünstigt die Frau trotz Einspruch des Mannes einen unziemlichen Verkehr der Töchter mit jungen Männern, so macht sie sich einer schweren Eheverfehlung schuldig. (RG. Warn. 1911 Nr. 39.)

§ 43.

Unberechtigte Wegnahme von Kindern durch die Mutter.

1. „Die Ehe der Parteien war, wie beide Vorinstanzen übereinstimmend annehmen, zu der Zeit, als die Klägerin die gemeinsame Ehewohnung in A. im Juli 1904 verließ, bereits durch Ver-

schulden des Beklagten in dem Maße zerrüttet, daß die Klägerin ein Recht auf Scheidung und auf Schuldigerklärung des Beklagten hatte. Die Klägerin durfte — wie sich jetzt herausstellt — mit gutem Grunde darauf rechnen, daß ihr Ehemann in dem anzustrengenden Scheidungsprozesse allein für den schuldigen Teil erklärt werden, und daß ihr gemäß § 1635 BGB. die Sorge für die Person ihrer fünf Kinder zustehen würde, sobald das Scheidungsurteil Rechtskraft erlangt haben würde. Wie die Klägerin vorträgt, und das Berufungsgericht selbst als wahr oder doch als möglich unterstellt, hat die Klägerin die drei von ihr mitgenommenen minderjährigen Kinder lediglich in der Absicht mitgenommen, um sich ihrem Ehemanne gegenüber den Besitz dieser noch im zarten Knabenalter stehenden Kinder zu sichern, wozu sie sich aus Furcht, ihr Ehemann könne, wie schon früher einmal in M., die Kinder gegen ihren Willen sich wegholen, genötigt gesehen habe. Das Berufungsgericht glaubt auch der Klägerin, daß sie, wie sie angegeben, sich von den Kindern nicht habe trennen können und die Hoffnung auf eine Änderung der Entscheidung des Vormundschaftsgerichts zu ihren Gunsten festgehalten habe. Bei dieser Sachlage ist der Schluß, die Klägerin habe sich gegenüber ihrem Ehemanne einer schweren Verletzung der durch die Ehe begründeten Pflichten schuldig gemacht, nicht gerechtfertigt.

Nach § 1634 BGB. hat während der Dauer der Ehe die Mutter neben dem Vater das Recht und die Pflicht, für die Person der Kinder zu sorgen. Beide Ehegatten haben gemeinschaftlich die Kinder zu erziehen und ihren Aufenthalt zu bestimmen. Sie sind in dieser Beziehung grundsätzlich gleich berechtigt. Bei Meinungsverschiedenheiten der Eltern steht allerdings nach § 1354 Abs. 1 BGB. dem Vater die Entscheidung zu, und nur wenn dieser sein Recht mißbraucht, ist die Frau nicht verpflichtet, seiner Entscheidung Folge zu leisten. § 1354 Abs. 2 BGB. Daß auf seiten des Beklagten ein Mißbrauch seines Rechts vorliege, ist nicht festgestellt. Die Klägerin handelte daher an sich rechtswidrig, wenn sie dem Willen des Beklagten zuwider und der Entscheidung des Vormundschaftsgerichts ungeachtet die drei Kinder bei sich behielt und vor dem Beklagten verbarg. Allein die Beweggründe ihrer Handlungsweise zeigen, daß sie es dabei nicht auf eine Kränkung ihres Ehegatten, sondern lediglich auf Befriedigung ihrer mütterlichen Gefühle abgesehen hatte, und es kann aus der festgestellten Sachlage, namentlich mit Rücksicht auf ihre begründete Hoffnung auf einen ihr günstigen

Ausgang des Ehescheidungsprozesses nicht entnommen werden, daß sie sich der Rechtswidrigkeit ihrer Handlungsweise bewußt gewesen sei. Mag die Handlungsweise der Klägerin auch zur Folge gehabt haben, daß die väterlichen Gefühle des Beklagten zu den Kindern verletzt wurden, eine schwere Eheverfehlung im Sinne des § 1568 BGB. liegt darum noch nicht vor.

Ein solches Verhalten kann unsittlich sein. In der einseitigen Erziehung gemeinsamer Kinder durch einen Ehegatten kann dem anderen Ehegatten gegenüber eine Unsittlichkeit, ja eine Straftat im Sinne des § 235 StGB. liegen. Die im vorliegenden Falle festgestellten Umstände stehen aber der Annahme eines unsittlichen oder strafbaren Verhaltens entgegen. Hiernach ist dem Beklagten ein Scheidungsgrund aus der bezeichneten Handlungsweise der Klägerin nicht erwachsen." Urteil des RG. IV. ZS. vom 22. Februar 1906 $\frac{4\ 4\ 9}{0\ 5}$ in JW. 1906 S. 200 unter 19; *„Recht" 1906 S. 621 Nr. 1498; *DJZ. 1907 8. Spruchsammlung S. 107; *Warn J. Bd. 5 S. 153 unter 3; *Staudinger IV 1 S. 673 unter h.

2. „Darin, daß die von ihrem Manne getrennt lebende Ehefrau diesem ein Kind entführt, liegt eine Eheverfehlung auch dann, wenn der Frau hinterher durch richterliche Anordnung die Sorge für die Person des Kindes übertragen wurde, auch dann, wenn sie ein natürliches Recht darauf hatte, das erst zwei Jahre alte Kind in ihre Obhut zu nehmen." Urteil des RG. IV. ZS. vom 28. April 1910 $\frac{5\ 7\ 1}{0\ 9}$ Sörgel 1910 S. 392 unter 21; vgl. RG. JW. 1906 S. 200 Nr. 19; Warn. 1914 Nr. 194.

§ 44.
Verheimlichung einer Frühgeburt seitens der Ehefrau.

„Das Berufungsgericht hat § 1568 BGB. verletzt, indem es den allgemeinen Rechtssatz aufstellt, die Verheimlichung einer Frühgeburt seitens einer Ehefrau sei als schwere Eheverletzung anzusehen. Ob ein derartiges Verhalten einer Ehefrau als schwere Verletzung der durch die Ehe begründeten Pflichten aufzufassen ist, hängt von den Umständen des einzelnen Falles ab. Die Annahme einer schweren Eheverfehlung ist daher so lange zu beanstanden, als nicht die Umstände dargetan sind, unter denen die Verheimlichung stattgefunden hat.

Als schwere Ehekränkung des Beklagten und als schwere Verletzung der durch die Ehe begründeten Pflichten hat das Berufungsgericht sodann den Verkehr der Klägerin mit dem Dr. J. angesehen. Die Annahme des Berufungsgerichts, daß in dem Verkehr eine *schwere* Verletzung der durch die Ehe begründeten Pflichten liege, ist zu beanstanden. Ob während des ehelichen Zusammenlebens die Klägerin Dienstleistungen oder Gefälligkeiten des Dr. J. — wie die Klägerin zum Beweise gestellt hatte, sind ihre Familien und die Familie J. seit vielen Jahren eng befreundet — aus Rücksicht auf die krankhafte Eifersucht ihres Mannes hätte ablehnen müssen, kann dahingestellt bleiben. Jedenfalls ist darin, daß die Klägerin nach der Trennung von ihrem Manne und nach Erhebung der Scheidungsklage auf die unbegründete Eifersucht ihres Mannes keine Rücksicht nahm und die Vermittlung des Dr. J. wegen des Verkaufs der Apotheke, wegen der Wohnungsmiete in Anspruch nahm oder duldete, und einmal seinen Besuch annahm, keine *schwere* Eheverfehlung zu finden.

Das Berufungsgericht hat auch das Gesetz verletzt, indem es die Klägerin für schuldig erklärte, ohne die Frage zu prüfen, ob die durch die Klägerin verschuldete Zerrüttung des ehelichen Verhältnisses *so tief* sei, daß dem Beklagten die Fortsetzung der Ehe *nicht* zugemutet werden könne. Das Berufungsgericht hat nur angeführt, das Verhalten der Klägerin habe *zur Verstärkung und Vertiefung* der vorhandenen Zerrüttung des ehelichen Verhältnisses *nicht wenig* beigetragen. Das genügt nicht zur Anwendung des § 1574 Abs. 3 in Verbindung mit § 1568 BGB." Urteil des RG. IV. ZS. vom 15. Juni 1908 $\frac{4}{08}$ in JW. 1908 S. 484 unter 18; *WarnJ. Jahrg. 7 S. 239 unter 13; *Fuchsberger 1. Jahrg. Heft 2/3. Nr. 2 der Rechtssprüche; *DJZ. 1909 Spruchsammlung 16 S. 293; vgl. JW. 1903 Beil. 72 Nr. 167 und 1905 S. 693 unter 18 sowie Urteil des RG. IV. ZS. vom 22. Juni 1905 $\frac{73}{04}$ (oben im § 6 unter 2 mitgeteilt).

§ 45.

Benutzung eines ausländischen Rechts zur Herbeiführung der Ehescheidung.

„Die Beklagte hat dadurch, daß sie den Kläger — einen im Inlande wohnenden Deutschen — bei einem amerikanischen Gerichte verklagt und Scheidungsurteil gegen ihn erwirkt hat, erzielt, daß sie in Amerika nach dortigem Recht als geschieden gilt und alle Rechte einer unverheirateten Person zurückerhalten hat, wogegen der Kläger nach deutschem Recht bislang Ehemann der Beklagten mit allen sich daraus ergebenden Pflichten geblieben ist, so daß er insbesondere eine neue Ehe nicht eingehen kann, was die Beklagte getan hat. Die Herbeiführung eines solchen Zustandes ist mit dem Wesen der Ehe als einem vorwiegend sittlichen Verhältnis nicht vereinbar und enthält eine schwere Verletzung der durch die Ehe begründeten Pflichten, es sei denn, daß dem diesen Zustand herbeiführenden Ehegatten besondere Entschuldigungsgründe zur Seite stehen. (RG. in JW. 1906 S. 167.) Solche Entschuldigungsgründe sind nicht ersichtlich. Selbst wenn man unterstellt, daß die Beklagte, als sie die Ehescheidungsklage gegen den jetzigen Kläger erhob, durch einen amerikanischen Sachwalter beraten war, und daß sie nicht wußte, daß das ergehende Urteil der Gültigkeit in Deutschland entbehren werde, so muß gleichwohl in der Umgehung der deutschen Gerichte eine schwere Pflichtverletzung gefunden werden. Denn die Beklagte hat sich durch die Eheschließung in betreff des rechtlichen Bestandes ihrer Ehe dem Rechte ihres Ehemannes, d. h. dem deutschen Rechte unterworfen. Demgemäß war es ihre Pflicht, das deutsche Recht fortdauernd für ihre Ehe entscheidend sein zu lassen, um so mehr, als sie sehr wohl in der Lage war, von Amerika aus die Scheidung bei dem deutschen Gerichte zu betreiben.

Eine grobe Pflichtverletzung liegt selbst dann vor, wenn man der Meinung sein sollte, daß die Beklagte sich der Pflichtwidrigkeit ihres Vorgehens nicht bewußt gewesen sei. Denn dann liegt mindestens eine grobe Fahrlässigkeit vor, die schon für sich allein mit Rücksicht auf ihre schwerwiegenden Folgen als schwere Pflichtverletzung angesehen werden muß." Staudinger IV 1 S. 671 unter c y; Recht 1908 S. 166 Nr. 985; wegen der hier immer wichtigen Zuständigkeitsfrage vgl. BayOLG. 30. April 1924 in DJZ. 24 S. 918, RG. in Warn. 13 S. 302.

§ 46.

Unüberwindliche Abneigung.

Der Ehescheidungsgrund der unüberwindlicher Abneigung ist dem geltenden deutschen bürgerlichen Rechte unbekannt. Nach dem BGB. kann nur aus Verfehlungen ein Ehescheidungsgrund hergeleitet werden. Wenn diese auch bei dem klagenden Ehegatten zu einer unüberwindlichen Abneigung führt, so kann die schwere Verfehlung das Ehescheidungsbegehren begründen, niemals aber ist die ev. Folge des Verschuldens — die unüberwindliche Abneigung — ein selbständiger Scheidungsgrund.

Sachregister.

Die beigesetzten Zahlen beziehen sich auf die Seiten.

B.

C.

D.

F.

G.

H.

J.

K.

L.

W.

Druck von Julius Beltz in Langensalza

FSC
www.fsc.org
MIX
Papier | Fördert gute Waldnutzung
FSC® C083411

Kolibri 360 GmbH
Ferdinand-Jühlke-Straße 7
99095 Erfurt, Deutschland
produktsicherheit@kolibri360.de